**DA1 건축** The Fundamentals of Architecture

| | | | |
|---|---|---|---|
| 초판 발행 | 2013년 8월 13일 | **First Edition Published** | August 2013 |
| 지은이 | 로레인 파렐리 | **Author** | Lorraine Farrelly |
| 옮긴이 | 윤정원 | **Translator** | Jeong-won Yoon |
| 펴낸이 | 서경원 | **Publisher** | Kyong-won Suh |
| 편집 | 표미영, 이현지, 정준기 | **Editor** | Mi-young Pyo, Hyun-ji Lee, Jun-ki Jeong |
| 디자인 | 정준기 | **Designer** | Jun-ki Jeong |
| 펴낸곳 | 도서출판 담디 | **Publishing Office** | DAMDI Publishing Co. |
| 등록일 | 2002년 9월 16일 | **Address** | 2F 410-310, Suyu 6 dong, Kangbuk-gu, Seoul, 142-076, Korea |
| 등록번호 | 제9-00102호 | | |
| 주소 | 서울시 강북구 수유6동 410-310 2층 | **Tel** | +82-2-900-0652 |
| 전화 | 02-900-0652 | **Fax** | +82-2-900-0657 |
| 팩스 | 02-900-0657 | **E-mail** | dd@damdi.co.kr |
| 이메일 | dd@damdi.co.kr | **Homepage** | www.damdi.co.kr |
| 홈페이지 | www.damdi.co.kr | | |

The Fundamentals of Interior Architecture by John Coles & Naomi House © AVA Publishing SA 2007, UK.
AVA Publishing is an imprint of Bloomsbury Publishing PLC. This book is published by arrangement with Bloomsbury Publishing PLC, of 50 Bedford Square, London WC1B 3DP, UK" through Icarias Agency, Seoul, Korea.
Copyright © DAMDI Publishing Co. Korea 2013

이 책의 한국어판 출판권은 이카리아스 에이전시를 통해 영국 AVA사와 독점 계약한 도서출판 담디에 있습니다.
AVA 출판사는 BLOOMSBURY PUBLISHING PLC의 임프린트입니다.
저작권법에 의해 한국 내에서 보호를 받는 저작물이므로 책 내용 및 사진, 드로잉 등의 무단 복제와 전재를 금합니다.

정가 25,000원

Printed in Korea
ISBN 978-89-6801-016-3 (94540)
ISBN 978-89-6801-015-6 (94540) (set)

DAMDI Academic series 1 건축

# The Fundamentals of
# Architecture

# 목차

서문     06

**제1장 건축 시작하기**     10
    대지     12
    장소와 공간     22
    도시 컨텍스트     24
    경관 컨텍스트     26
    케이스 스터디: 대학 캠퍼스 재설계     28
    연습: 대지분석     32

**제2장 역사와 선례**     34
    연대별 건축 영향     36
    고대     38
    고전     42
    중세     46
    르네상스     48
    바로크     52
    모더니즘     56
    케이스 스터디: 박물관의 재설계     62
    연습: 스카이라인     66

**제3장 시공**     68
    재료     70
    요소들     82
    프리패브리케이션     90
    구조     92
    혁신     94
    혁신적인 재료들     96
    케이스 스터디: 파빌리온 디자인     98
    연습: 액소노메트릭 그리기     102

**제4장 표현**     104
    캐드 도면     106
    스케치     110
    스케일     120
    정사영도     124
    투시도     130
    3차원 이미지     132

    모형     136
    캐드 모델링     138
    레이아웃 및 프리젠테이션     140
    스토리보드     142
    포트폴리오     144
    케이스 스터디: 리노베이션     150
    연습: 포토몽타쥬     154

**제5장 현대의 아이디어**     156
    보편적 사고와 원칙들     158
    기능주의     164
    형태주의 건축     168
    기념주의     172
    시대정신     174
    케이스 스터디: 도시 경관과의 통합     178
    연습: 분석 다이어그램     182

**제6장 실현**     184
    프로젝트의 연대표     186
    프로젝트     188
    참가자들과 그들의 역할     190
    지침     194
    컨셉     196
    대지 분석     198
    디자인 과정     200
    세부 발전     202
    완공 건물     204

**결론**     206

참고 문헌 및 참고 웹사이트     208
용어 해설     210
이미지 출처     216

# CONTENTS

**INTRODUCTION** 06

**CHAPTER 1  Placing Architecture** 10
- Site 12
- Place and space 22
- City context 24
- Landscape context 26
- Case study: Redesigning a university campus 28
- Exercise: Site analysis 32

**CHAPTER 2  History and Precedent** 34
- A timeline of architectural influences 36
- The ancient world 38
- The classical world 42
- The medieval world 46
- The Renaissance 48
- Baroque 52
- Modernism 56
- Case study: Reconstructing a museum 62
- Exercise: Skylines 66

**CHAPTER 3  Construction** 68
- Materials 70
- Elements 82
- Prefabrication 90
- Structure 92
- Innovation 94
- Innovative materials 96
- Case study: Designing a pavilion 98
- Exercise: Axonometric drawing 102

**CHAPTER 4  Representation** 104
- CAD drawing 106
- Sketching 110
- Scale 120
- Orthographic projection 124
- Perspective 130
- Three-dimensional images 132

- Physical modelling 136
- CAD modelling 138
- Layout and presentation 140
- Storyboarding 142
- Portfolios 144
- Case study: Renovation 150
- Exercise: Photomontage 154

**CHAPTER 5  Contemporary Ideas** 156
- Universal ideas and principles 158
- Functionalism 164
- Form-driven architecture 168
- Monumentalism 172
- Zeitgeist 174
- Case study: Integrating with an urban landscape 178
- Exercise: Analytical diagrams 182

**CHAPTER 6  Realization** 184
- Project timeline 186
- The project 188
- Contributors and their roles 190
- The brief 194
- The concept 196
- Site analysis 198
- The design process 200
- Detail development 202
- The finished building 204

**CONCLUSION** 206

BIBLIOGRAPHY & WEBOGRAPHY 208
GLOSSARY 210
PICTURE CREDITS 216

# 서문

## 건축

1. 건물을 디자인하고 시공하는 예술 또는 실무
2. 건물을 디자인하고 시공하는 양식

'건축의 기초'는 많은 대중에게 건축을 소개하기 위해 건축가가 건물, 장소, 공간을 디자인할 때 고려해야 할 기초적인 생각들을 탐구할 것이다. 이 책의 목적은 건축의 기본 원칙들을 소개하는 것이다. 생각을 발전시키고, 건물을 짓는 과정을 설명하는 시각 자료가 많이 수록되어 있다.

실현되지 않은 건축 아이디어들은 많다. 건물은 실현되어 시각화되어야 하지만, 아이디어가 컨셉이나 이미지로만 머물러 있을 수도 있다. 건축은 시각적 언어이다. 건축가는 도면, 모형, 그리고 실제로 시공하는 공간과 장소를 통해 소통한다.

이 책은 건물 디자인 과정 중 다양한 아이디어를 요약하는 장들로 나누어졌다. 디자인은 컨셉이나 아이디어로부터 시작된다. 이는 설계 지침- 건물의 기능에 의해 촉진될 수 있다. 건물의 시공이나 재료가 컨셉에 영감을 줄 수도 있으며, 역사적이거나 현대적인 선례 또는 기존 건물을 통해 영감을 받을 수도 있다.

건축은 복합적이고 매우 흥미로운 주제이다. 건물은 우리를 둘러싸고 우리의 물리적인 세계를 구성한다. 건물을 만들기 위해서는 여러 단계의 아이디어와 탐구가 필요하다.

가장 단순하게는, 건축을 우리 주변의 물리적인 공간으로서 이야기한다. 예를 들면, 건물 안의 방과 사물이다. 이것은 집일 수도, 고층건물일 수도 있으며, 일련의 건물이나, 도시 마스터플랜의 일부일 수도 있다. 건물의 규모에 상관없이 건물은 점차적으로 컨셉 스케치나 도면에서 거주 공간이나 건물로 발전해간다.

→ SECC 컨퍼런스 센터
포스터 앤드 파트너즈, 1995-1997
(스코틀랜드 글래스고)
글래스고의 클라이드 강을 따라 놓인 이 건물은 대지 위에 강한 윤곽을 지니고 있다. 중심을 이루고 있는 곡면의 알루미늄 지붕은 아르마딜로의 딱딱한 껍질처럼 보인다. 건물의 형태와 모양에서 강력한 형태적 은유를 보여준다.

→ **SECC Conference Centre Foster + Partners, 1995–1997 (Glasgow, Scotland)**
This building has a strong profile on its site along the River Clyde in Glasgow. The centre has a curved aluminium roof, which looks much like the hard shell of an armadillo, suggesting a strong, formal metaphor for the building's form and shape.

## INTRODUCTION

### Architecture

1. The art or practice of designing and constructing buildings.
2. The style in which a building is designed and constructed.

This second edition of The Fundamentals of Architecture introduces architecture to a wide audience. It will explore fundamental ideas that architects need to consider when designing buildings, places and spaces. The intention of this book is to introduce the fundamental principles of architecture. There are many visual references and illustrations that explain the thinking process required to develop an idea and, eventually, build a building.

Many architectural ideas are never realized; buildings require a vision and ideas can remain conceptual or stay on the drawing board. Architecture is a visual language and architects communicate through drawings, models and eventually through the spaces and places we construct.

This book has been divided into chapters that summarize various aspects of thinking during the process of designing buildings. This process starts with a concept or idea. This may be stimulated by an aspect of the brief – the intended function of the building. It may be an aspect of the material or construction of the building that inspires the concept, or some historical or contemporary precedent or existing building.

Architecture is a complex and compelling subject. Buildings surround us and make up our physical worlds. Making a building requires many layers of thinking and exploration.

At its simplest, architecture is about defining the physical space around us, for example, a room and the objects within it. It can be a house, a skyscraper or a series of buildings, or part of a master plan of a city. Whatever the scale of the building, it evolves incrementally from concept sketch or drawing to inhabited space or building.

## 각 장 요약

이 책은 전체 디자인 과정을 다루기 위해 일련의 주제들로 구성되고 나누어졌다.

첫 번째 장 '건축 시작하기'는 계획 전에 건물이 지어질 대지를 어떻게 분석하고 이해해야 하는지를 다룬다. 두 번째 장 '역사와 선례'에서는 모든 건축이 이전 생각들로부터 영향 받았음을 보여준다. 이는 평면, 재료의 사용 또는 구조에 관한 아이디어의 참조일 수도 있다. 어떠한 건축도 완전히 새롭지는 않다. 그것은 내재적이든지 외재적이든지에 상관없이 역사적 선례의 방대한 지식과 연결되어 있거나 최근 또는 먼 과거로부터 영향을 받는다.

세 번째 장은 '시공'으로, 건물 기술의 기초적 측면을 소개한다. 이 장은 또한 구조와 재료의 측면과 건물의 제작과 본질을 다룬다.

네 번째 장인 '표현'은 프리핸드 스케치부터 컴퓨터 도면과 모형에 이르기까지 아이디어의 소통을 다룬다. 다섯 번째 장은 '현대의 아이디어'로, 건축이 성행한 '시대정신'으로부터 영향받는 여러 방식을 탐구한다.

마지막 장은 컨셉을 잡는 첫 단계부터 대지에 건물이 지어지는 마지막 단계에 이르기까지의 건물의 실현을 탐구한다. 이 단계에서는 모든 아이디어, 대지 조건, 선례, 재료, 구조가 모두 합쳐진다. 성공적인 건물이나 구조물을 만들 때에는 정보를 계획하고 시공하는 시공업자와 그리고 이것을 가능하게 하는 전문가들로 팀을 조직해야한다. 건물의 성공은 건축주의 반응과 건물이 기본 지침을 얼마나 충족시켰는가에 달려 있다.

↗ **슈뢰더 하우스**
**게리트 리트벨트, 1924-1925**
**(네덜란드 위트레흐트)**
예술 운동은 건축 형태에 영향을 미칠 수도 있다. 네덜란드의 데 스틸 운동은 게리트 리트벨트의 건축 발전에 큰 영향을 미쳤으며, 특히 위트레흐트에 있는 슈뢰더 하우스가 데 스틸의 영향을 받았다.

↓ **슈뢰더 하우스 스케치**
이 학생의 드로잉은 슈뢰더 하우스의 기하학 분석을 보여준다. 건물의 입면이 겹쳐질 때, 각 요소가 어떻게 비례적으로 연결되는가를 보여준다. 빨간 선은 '황금 분할'의 통합을 나타낸다. 황금분할은 140페이지에서 말하는 것처럼 기하학적인 비례 체계이다.

↘ **슈뢰더 하우스의 분석**
이 슈뢰더 하우스의 3차원 투시도는 교차하는 수평 및 수직 판에 의해 건물의 내부 공간이 어떻게 정의되는가를 보여준다. 도면의 바닥에 투영된 그림자는 건물의 평면과 연결된다.

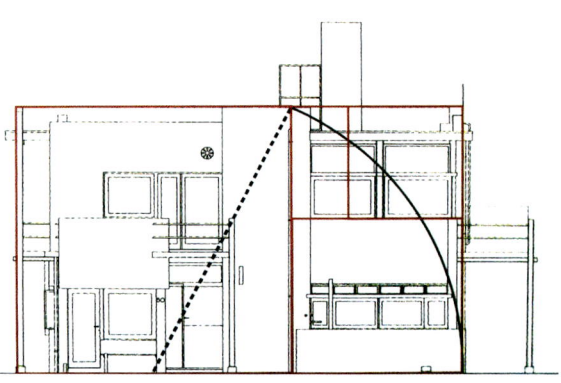

↗ **The Schröder House
Gerrit Rietveld, 1924–1925
(Utrecht, The Netherlands)**
Artistic movements can also influence architectural form. The De Stijl (the style) movement in The Netherlands strongly influenced the development of Gerrit Rietveld's architecture, in particular his Schröder House in Utrecht.

↓ **Sketch of the Schröder House**
This student drawing shows a geometric analysis of the Schröder House. When laid over an elevation drawing of the building, it shows how each element is proportionally connected. The red lines show the incorporation of the 'golden section' (see page 140), which is a geometric proportioning system.

↘ **Analysis of the Schröder House**
This three-dimensional perspective drawing of the Schröder House suggests how the internal spaces of the building are defined by intersecting horizontal and vertical planes.
The shadow projected at the bottom of the drawing directly connects to the building's plan.

**CHAPTER BY CHAPTER** This book has been structured and divided into a series of subjects in order to cover the full design process.

The first chapter, Placing Architecture, refers to the site the building occupies and how that needs to be analysed and understood before starting the idea. The next chapter, History and Precedent, shows that all architecture is informed by ideas that have preceded it – this could be a reference to a plan, a use of material or a structural idea. No architecture is completely new; it connects to a vast knowledge of historical precedent, whether implicit or explicit, or informed by the recent and distant past.

The third chapter, Construction, introduces the basic aspects of building techniques. This chapter includes aspects of structure and material, and the making and substance of building.

The next chapter, Representation, refers to the communication of ideas, from freehand sketching, to computer drawing and modelling. The fifth chapter, Contemporary Ideas, explores the many ways in which architecture can be influenced by the prevalent 'zeitgeist', or spirit of the age.

The final chapter explores the realization of a building, from the first stages of conceptual thinking, through to the final stages of implementation of a building on site. This is where all the thinking, the consideration of the site, precedent, materials and structure come together. Making a successful building or structure requires the planning of information and organizing teams of professional people who do the facilitating and building contractors who do the making. The success of a building can be judged by the response of the client and how it fulfils its original brief.

# 제1장
# 건축 시작하기

건축 용어에서 '컨텍스트'는 일반적으로 건축이나 건물이 위치한 장소를 의미한다. 컨텍스트는 구체적이고 건축적인 아이디어가 어떻게 생기는가에 큰 영향을 미친다. 많은 건축가들은 컨텍스트를 이용하여 그들의 건축 컨셉에 명확하게 연결시켜, 이것의 결과물인 건축가의 건물이 주변 환경으로부터 거의 구분되지 않도록 만든다. 다른 반응들은 환경에 대응하여 반응할 수도 있지만, 그 결과물인 건물은 명확하게 그 주변으로부터 분리된다. 주요 쟁점은 어떠한 방식으로든 컨텍스트를 연구하고, 분석하여, 세심하고 명료하게 대응하는 것이다.

→ **도시 경관 모델**
레이저 컷으로 만들어진 이 지도 모형은 도시 경관의 면모들을 부각시킨다. 프로젝트 대지가 일련의 빨간 블록으로 표시되어 주변 도시 지역과 구분된다.

**Chapter 1**
**Placing Architecture**
In architectural terms, 'context' generally refers to the place in which architecture or buildings are located. Context is specific and significantly affects how an architectural idea is generated. Many architects use context to provide a clear connection with their architectural concept, so the resultant building is integrated and almost becomes indistinguishable from the surrounding environment. Other responses may react against the environment, and the resultant buildings will be distinct and separate from their surroundings. Either way, the critical issue is that the context has been studied, analysed and responded to deliberately and clearly.

→ **Townscape model**
This model of a laser-cut map highlights aspects of a townscape: a project site is identified as a series of red blocks to distinguish it from the surrounding city site.

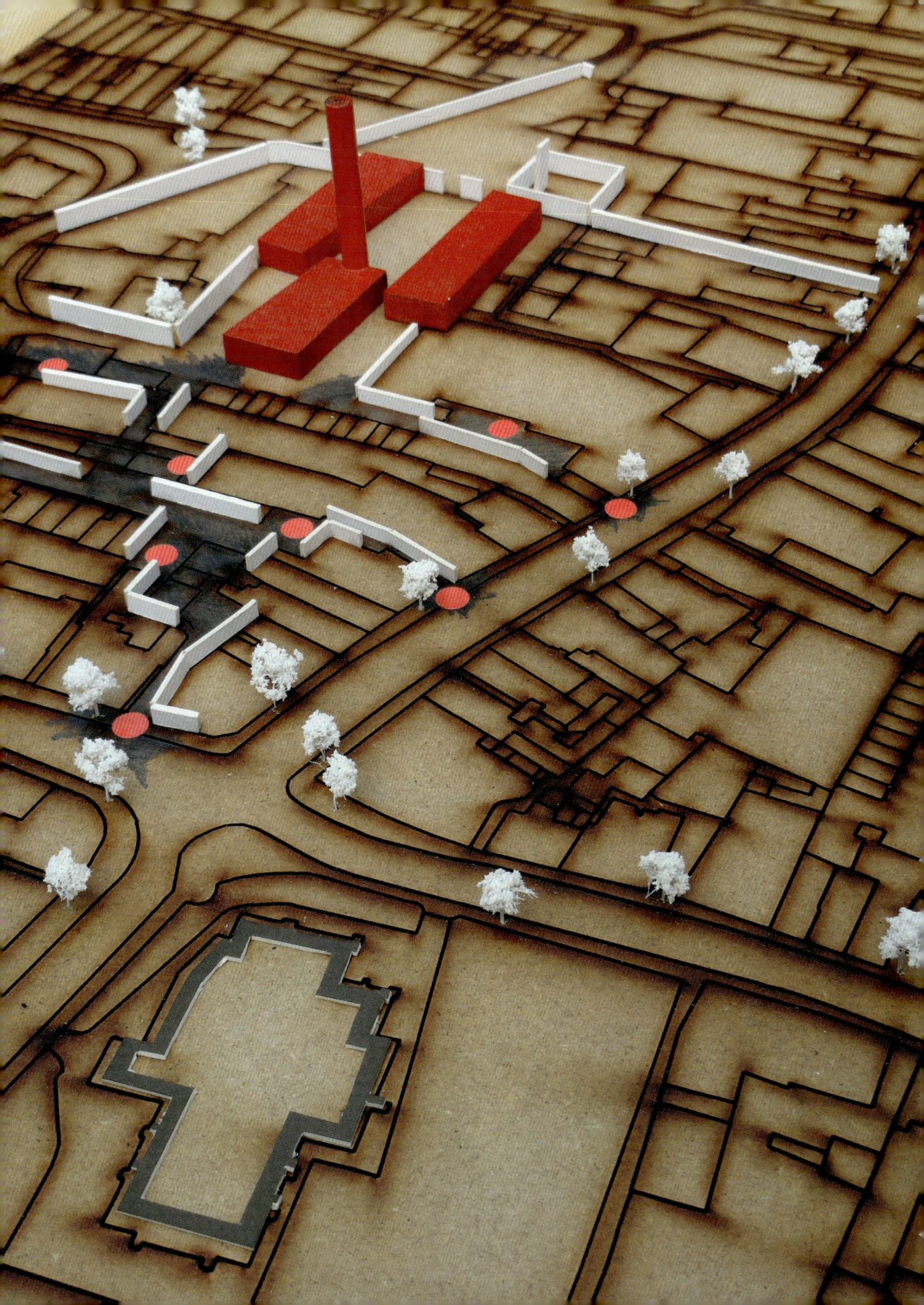

# 대지

어딘가에 속하는 건축은 특정 장소, 즉 대지에 놓인다. 대지는 지형, 위치, 역사적 정의의 관점에서 특징적인 성격을 가질 것이다.

**대지의 이해**

도시의 대지는 건축 컨셉에 영향을 미치는 물리적인 역사가 있을 것이다. 대지에는 다른 건물들의 기억과 흔적들이 있을 것이다. 또한 재료나 그것들의 형태와 높이, 사용자가 마주치게 될 물리적인 특징과 세부 사항에 이르기까지 그 자체의 중요한 특징을 지닌 주변 건물들이 있을 것이다. 경관 대지는 덜 명확한 역사를 가질지도 모른다. 하지만 경관 대지의 물리적인 성격, 지형, 지질과 식생과 같은 것들도 건축 디자인의 지표가 될 것이다.

기본적으로 건축가는 건물이 놓일 대지를 이해하는 것이 필요하다. 대지는 건축 디자인에 영향을 미칠 일련의 변수들을 제시할 것이다. 예를 들면, 방향(대지에서의 태양의 움직임)과 접근성(어떻게 대지에 도착하는가?, 건물에서 건물로 어떠한 이동이 있는가?)에 대해 광범위하게 고려되어야 한다.

건물의 위치는 대지뿐만 아니라, 그 주변 환경과도 관련있다. 이는 주변건물의 규모와 건물들 짓는데 사용되었던 그 지역의 재료들과 같이 더 생각해보아야 할 것들을 제시한다.

대지에서 형태, 매스, 재료, 입구와 조망에 대해 상상해 보는 것은 중요하다. 대지는 디자인에 제약을 주는 동시에 놀라운 기회를 제공하기도 한다. 어떠한 대지도 똑같을 수 없으므로 대지는 건축을 특별하고 독특하게 만들어 준다. 이것에 대한 해석과 이해는 디자인을 더욱 다양하게 만드는 각 대지만의 라이프 사이클을 가지고 있다. 건축에서 대지 분석은 건축가가 작업하게 될 기준을 제공하기 때문에 중요하다.

↗ **말라파르트 빌라**
**아달베르토 리베라, 1937-1943**
**(이탈리아 카프리)**
아달베르토 리베라는 경관에 반응한 건물의 명확한 사례를 보여준다. 말라파르트 빌라는 이탈리아 카프리 섬의 동쪽에 바위로 이루어진 노두면 꼭대기에 위치한다. 조적조로 이루어져 그 대지와 본질적으로 연결되고 경관의 일부처럼 보인다.

→ **도시 스카이라인**
**(영국 런던)**
도시 환경에서 역사적이고 현대적인 건물들은 서로 잘 어울릴 수 있다. 런던의 스카이라인은 이 사진에서 볼 수 있듯이, 사우스 뱅크에서 바라보면 재료, 형태, 스케일에서 서로 연결된 각각의 요소들이 수백 년에 걸쳐 발전된 도시를 보여준다.

**Casa Malaparte(Villa Malaparte)**
**Adalberto Libera, 1937–1943**
**(Capri, Italy)**
Adalberto Libera provides us with a clear example of a building responding to its landscape. The Casa Malaparte sits on top of a rocky outcrop on the eastern side of the Island of Capri in Italy. It is constructed from masonry, and is so intrinsically connected to its site that it actually appears to be part of the landscape.

**→ A city skyline**
**(London, UK)**
In an urban environment, a mixture of historical and contemporary buildings can work well together. The London skyline, viewed here from the South Bank, shows a city that has evolved over hundreds of years, each element connecting to the other in terms of material, form and scale.

## SITE

Architecture belongs somewhere, it will rest on a particular place: a site. The site will have distinguishing characteristics in terms of topography, location and historical definitions.

**Understanding site**   An urban site will have a physical history that will inform the architectural concept. There will be memories and traces of other buildings on the site, and surrounding buildings that have their own important characteristics; from use of materials, or their form and height, to the type of details and physical characteristics that the user will engage with. A landscape site may have a less obvious history. However, its physical qualities, its topography, geology and plant life for example, will serve as indicators for architectural design.

There is a fundamental need for an architect to understand the site that a building sits on. The site will suggest a series of parameters that will affect the architectural design. For example, broad considerations might include orientation (how the sun moves around the site) and access (how do you arrive at the site? What is the journey from and to the building?).

The location of a building relates not only to its site, but also to the area around it. This presents a further range of issues to be considered, such as the scale of surrounding buildings and the materials of the area that have been previously used to construct buildings.

On site it is important to imagine ideas of form, mass, materials, entrance and view. The site is both a limitation to design and a provider of incredible opportunities. It is what makes the architecture specific and unique as no two sites are exactly the same. Every site has its own life cycle, which creates yet more variables in terms of its interpretation and understanding. Site analysis is critical for architecture, as it provides criteria for the architect to work with.

## 대지분석 및 매핑

대지를 기록하고 이해하는 방법은 실제 조사(그곳에 무엇이 있는지 정량적으로 측정)에서부터 빛, 음향, 경험적 측면을 정성적으로 해석하는 것까지 다양하다. 가장 간단하게는 대지의 라이프 사이클을 관찰하고 기록하기 위해 대지를 방문하는 것이다. 이 방법은 어떻게 적합한 디자인을 만들지에 대한 실마리를 제공해 줄 수 있다.

컨텍스트적 대지에 대한 반응은 대지의 변수들을 받아들이고, 반컨텍스트적 반응은 섬세하게 변수들에 대항하여 대조와 반응을 만든다. 어떠한 접근방식이든지 건축가는 대지를 읽고 다양한 형태의 대지 분석을 위해 적합하게 이해할 필요가 있다.

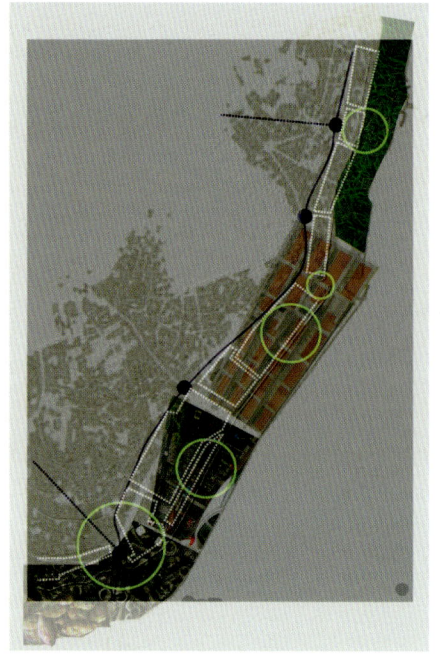

↗ **이스탄불: 카라코이 분석**
이것은 이스탄불의 물가 주변 구역의 지도이다. 이 연구는 지도를 따라 일어나는 활동의 주요 지점을 표시하고 색을 사용하여 다양하게 의도된 '특정 구역'을 보여준다.

↘ **대지의 개인적 해석**
런던 콜라주 이미지는 열차 노선도 위에 여행 스케치를 겹쳐 구성됐다. 런던 방문을 개인적으로 해석한 사례이다.

대지를 적합하게 분석하기 위해서는 매핑이 필요한데, 매핑은 대지에 존재하는 여러 형태의 정보를 기록하는 것을 의미한다. 매핑은 대지의 실체적 측면들뿐만 아니라, 장소의 경험과 개인적 해석인 정성적 측면들을 포함해야 한다.

대지를 매핑하고, 조사하며, 지표로부터 디자인을 만드는데 사용되는 도구는 여러가지가 있다. 이것은 대지를 다양한 방식으로 측정할 수 있는 분석 도구이다.

## 도구 하나: 대지의 개인적 해석

우리가 장소로부터 받는 첫인상은 중요하다. 대지의 전반적인 성격에 대한 개인적인 해석은 부수적인 디자인에 영향을 미칠 것이다. 첫인상은 정직하게 그리고 즉시 기록하는 것이 중요하다.

대지에서의 개인적 여정에 대한 견해와 해석은 골든 컬런이 그의 저서 '도시 경관(1961)'에서 '일련의 시각'의 관점을 기술할 때 주목했던 것이다. 이 컨셉은 연구 중이던 지역을 지도로 그린 후, 그 지도 위에 일련의 점들로 표시하여, 각각의 대지에 서로 다른 시각을 갖도록 제시한다. 이러한 관점들은 간단한 스케치로 그려지며, 이는 대지에 대해 개인적인 인상을 남긴다.

일련의 시각은 대지가 어떻게 공간적으로 작동되고, 중요성을 확인하기 위해 대지(또는 건물)에 적용되는 유용한 방법이다. 이 것은 시각 자료들을 조합하고 순서대로 읽는 일련의 스케치들이나 여정의 사진들로 만들 수 있다.

↙ **Istanbul: Karaköy analysis**
This is a map of an area of Istanbul, alongside the water edge, the study identifies the key centres of activity along the map and also describes the various intended 'character areas' through use of colour.

↘ **Personal interpretations of a site**
A collage image of London comprises a set of sketches of a journey, overlaid on a train map; a personal interpretation of a visit to London.

**Site analysis and mapping**  Techniques to record and understand a site are varied, from physical surveys (measuring quantitatively what is there) to qualitatively interpreting aspects of light, sound and experience. Most simply, just visiting a site to watch and record its life cycle can provide clues about how to produce a suitable design response.

Contextual site responses respect the known parameters of the site. Acontextual responses deliberately work against the same parameters to create contrast and reaction. For either approach it is necessary for the architect to have read the site, and properly understood it via various forms of site analysis.

To properly analyse a site it must be mapped, which means recording the many forms of information that exist on it. The mapping needs to include physical aspects of the site, but also more qualitative aspects of the experience and personal interpretations of the place.

There are a range of tools that can be used to map a site, investigate it and produce a design from its indicators. These are analytical tools that allow the site to be measured in a range of different ways.

**Tool one: personal interpretation of a site**  The first impression we have of a place is critical. Our personal interpretations of the overall character of a site will inform subsequent design decisions, and it is important to record these honestly and immediately.

The idea of a personal journey around a site and the interpretation of it is something that Gordon Cullen focuses upon when he describes the concept of 'serial vision' in his book The Concise Townscape(1961). This concept suggests that the area under study is drawn as a map, and a series of points are then identified on it, each one indicating a different view of the site. These views are then sketched out as small thumbnails, which offer personal impressions of the site's space.

Serial vision is a useful technique to apply to any site (or building), in order to explain how it operates spatially and to identify its significance. The visuals can be created either as a series of sketches or as photographs of the journey, as long as they are assembled and read in sequence.

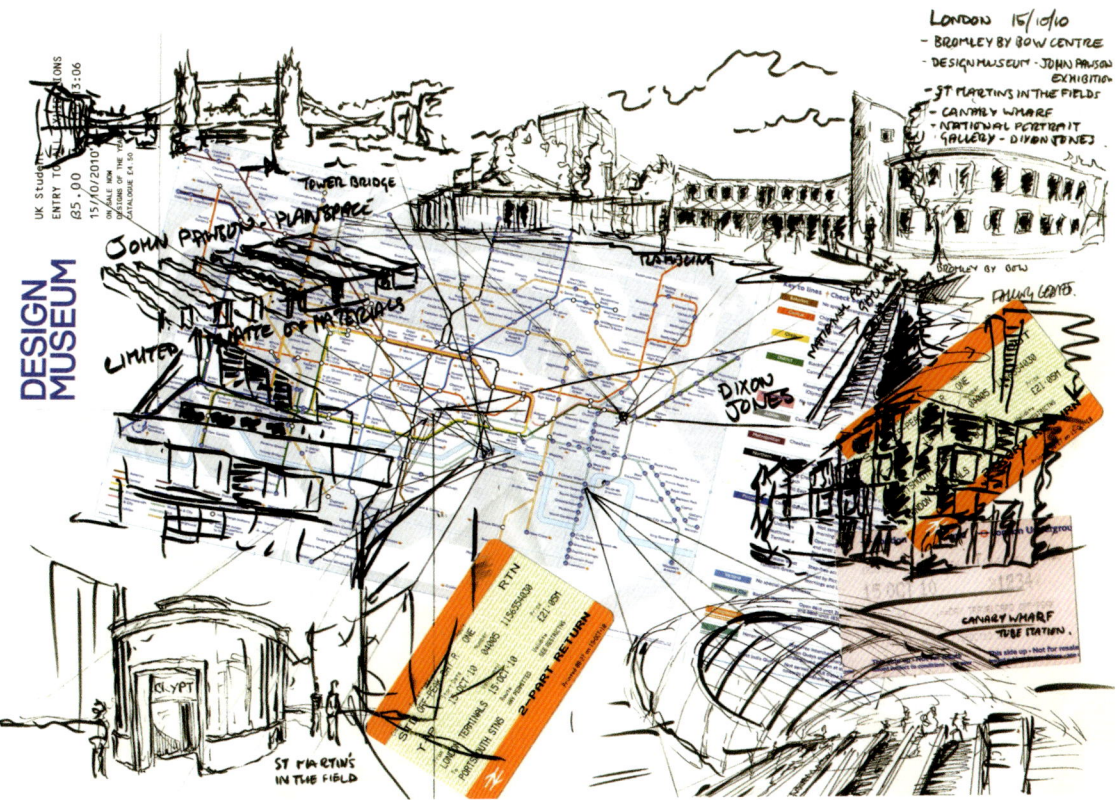

## 도구 둘:
## 흑백 도시지도

흑백 도시지도는 건물을 검은색으로 지도에 표현한 도면 유형으로, 주변 공간을 명확하게 나타낸다. 이 지도는 공간과 솔리드의 구역으로 도시를 보여주고, 추상적인 대지분석을 생산한다. 이 방법은 형태(상, 건물)와 대지(건물 주변의 공간)에 집중할 수 있도록 만든다. 역사적으로 흑백 도시지도는 도시의 서로 다른 유형의 공간을 표현하는 데 사용되었다.

**흑백 도시지도**

↗ 런던 템즈 강의 흑백 도시지도는 오픈 스페이스로 명확하게 나타난다.

↓ 영국의 구 포츠마우스의 대지: 파란색 부분들은 수변 구역을, 주도로들은 회색으로, 건물들은 검은색으로 표현되었다.

↘ 방향과 관련된 대지의 위치를 이미지로 보여준다.

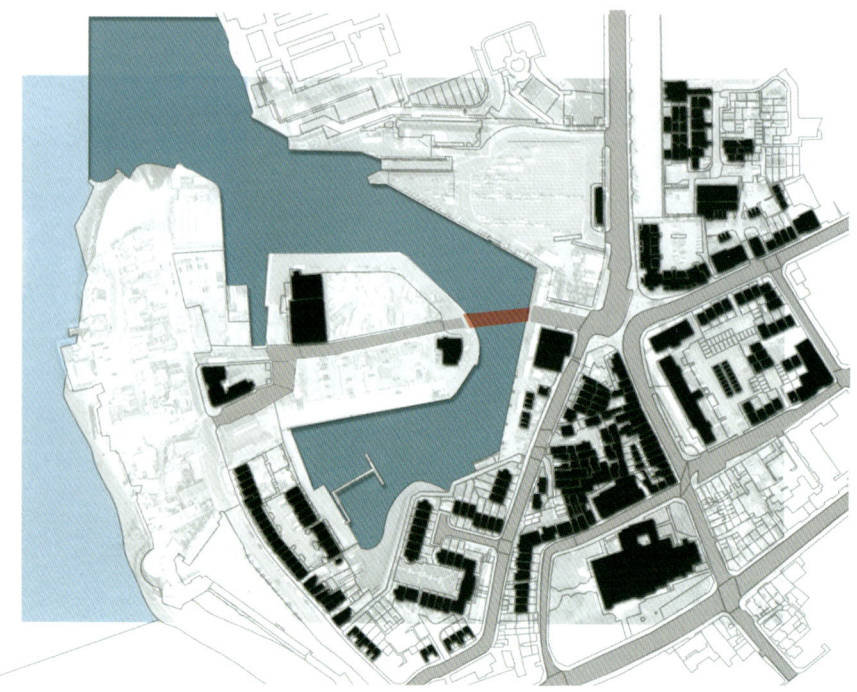

**Figure ground studies**

↗ Figure ground study of London with the River Thames clearly indicated as an open space.

↓ A site in Old Portsmouth, UK; the blue areas indicate the water's edge, major roads are grey and the buildings are black.

↘ This series of images illustrates the position of a site in relationship to its orientation.

**Tool two: figure ground study**   A figure ground study is a type of drawing that maps buildings as solid blocks, clearly identifying the space around them. A figure ground study presents a city as areas of spaces and solids, producing an abstract site analysis. This method allows for a focus on the figure (building) and the ground (space around the building). Historically, figure ground studies have been used to identify the different types of space in cities.

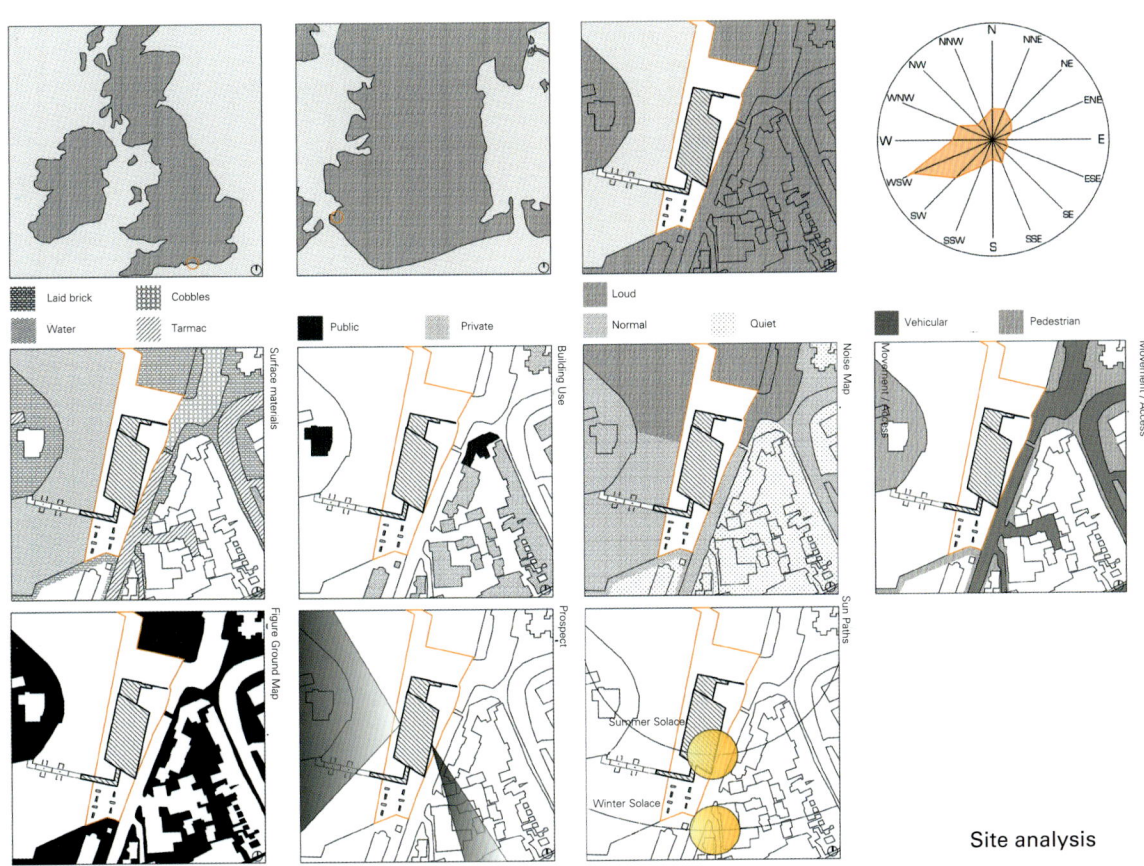

Site analysis

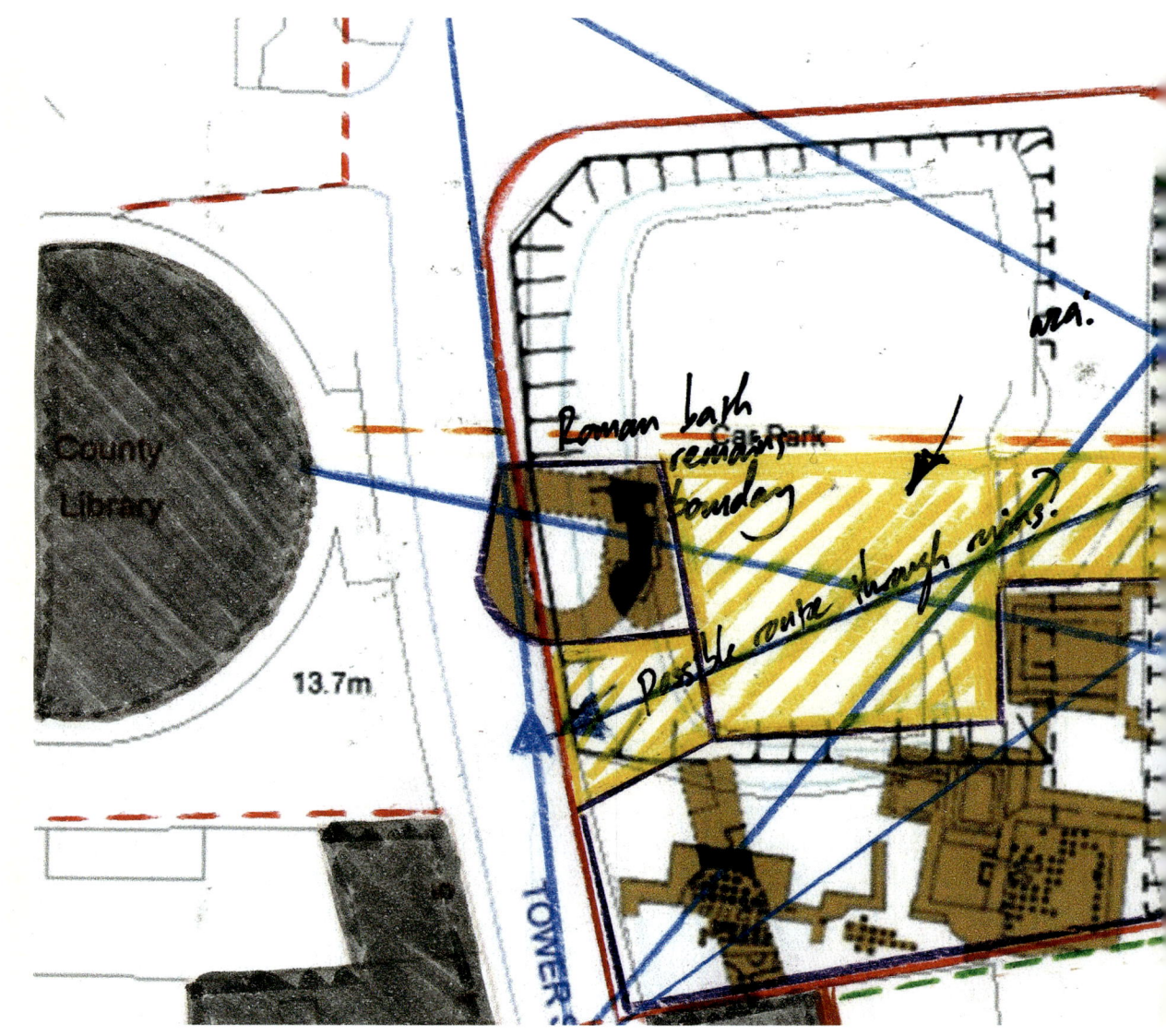

↑ **대지의 역사 트레이싱**
역사적 대지 매핑은 대지의 수명에서 모은 중요한 개발을 합칠 수 있다. 이는 대지의 '완전한' 그림을 제공하고, 미래 컨셉을 위한 영감의 원천으로 사용될 수 있다.

**도구 셋:**
**대지의 역사 트레이싱**

대지를 매핑하는 것은 역사의 중요한 시기의 장소의 삶과 기억을 보여준다. 역사 트레이싱은 같은 대지에 같은 스케일의 지도를 겹쳐 만들 수 있는데, 각각은 대지 개발의 다른 단계를 묘사한다. 이렇게 하는 것은 모든 지도가 동시에 읽히게 하여, 과거와 현재 모두를 파악할 수 있는 대지의 이미지를 생산할 수 있기 때문이다.

역사 트레이싱은 디자인 아이디어에 중요한 계기를 제공한다. 여기에는 중요한 축을 제시할 수 있는 역사적인 루트, 길, 도로나 철로가 있을 수 있다. 그리고 이는 디자인 아이디어가 될 수 있다. 또한, 로마 벽이나 다른 중요한 구조물들의 흔적이 새로운 건물의 제안이 될 수 있다. 역사적인 대지 분석은 대지의 과거 고고학과 연결되어 현대 아이디어에 영감을 줄 수 있다.

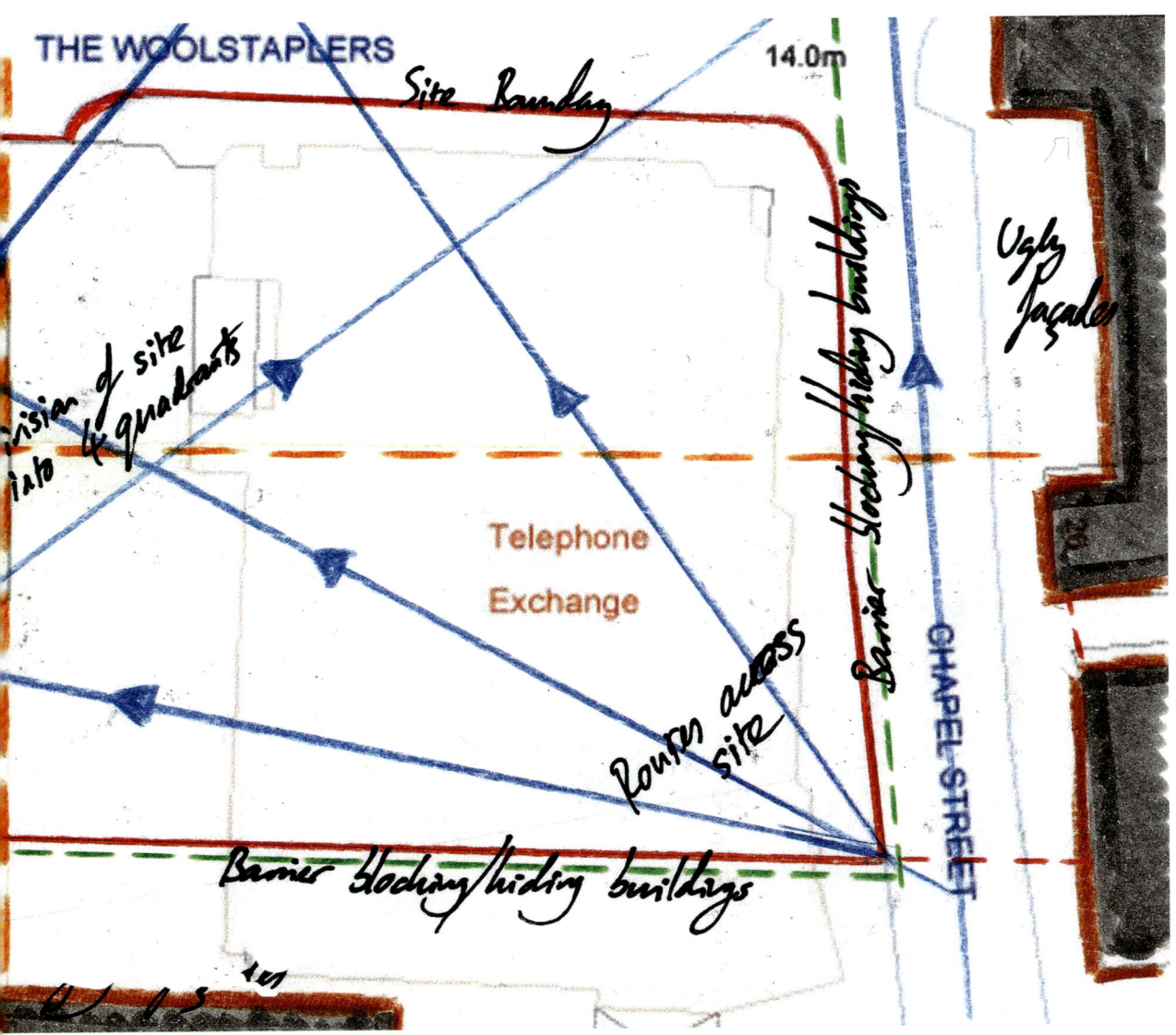

↑ **Historical tracing of a site**
Historical site mapping can bring together all the significant developments in a site's lifespan. This provides a 'complete' picture of the site, which can then be used as a source of inspiration for future concepts.

**Tool three: historical tracing of the site** Mapping a site over a series of significant stages in the course of its history provides a description of the life and memory of a place. Historical tracing can be achieved by overlaying a range of same-scale maps from the same site, each one depicting a different stage of the site's development. Doing so allows all the maps to be read concurrently and produces an image of the site that captures both its past and present.

Historical tracing can provide important triggers for a design idea. There may be a historic route, path, road or railway line that could suggest a significant axis, which could be acknowledged in a design idea. Similarly, remains of Roman walls or other important structures could also be recognized in a new building proposal. Historical site analysis can provide inspiration for a contemporary idea that connects directly with the past archaeology of a site.

## 대지분석

대지 상태는 조사를 통해 기록되어야 한다. 조사는 이미 기록되어있는 것을 통해 설명될 수 있다. 지도나 모델의 형태로 생산되거나, 주변 건물과의 상대적인 높이, 대지를 가로지르는 지면 높이나, 입면 정보와 같은 구체적인 정보뿐만 아니라 문, 창문 또는, 경계를 설명하는 측정된 도면의 형태로 보여줄 수 있다.

세밀한 대지분석은 대지의 물리적인 측면들을 수치화할 것이다. 대지조사는 대지의 폭과 깊이의 치수를 제공할 것이고, 무엇이 현존하는 주변건물을 정확하게 기록하기 위해 일정 높이에서 표현된 평면도, 입면도, 단면도를 통해(124페이지 참고) 보여줄 것이다. 이 과정은 디자인에서 반드시 필요하다.

대지분석은 서로 다른 '높이'들을 기록할 수 있다. 대지 높이는 다양한 등고선의 경사를 보여주며, 디자인 컨셉을 발전시키도록 방법을 제안하는데 사용될 수 있을 것이다.

↗ **대지분석**
영국의 하반트 마을에 대한 도시 스터디 스케치들은 서로 다른 유형의 공간을 그림으로 표시한다.

↓ **입체모형**
이스탄불의 실제 입체모형은 도시의 밀도를 보여준다.

↘ **통합 이미지들**
이러한 통합 이미지들은 디지털 항공 이미지와 도시 경관의 캐드 모델을 사용한다.

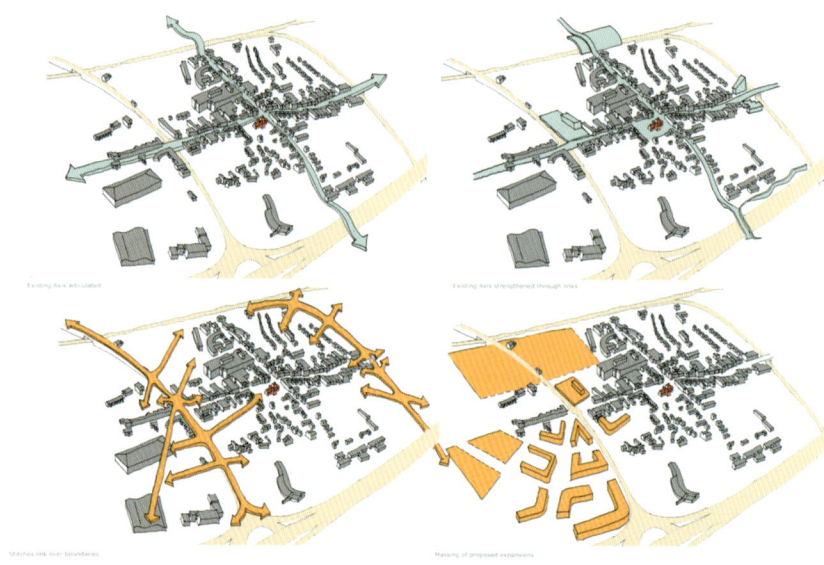

↗ **Site surveys**
A series of sketch urban studies of the town of Havant, UK, to illustrate the different types of spaces.

↓ **Massing model**
A physical massing model of Istanbul indicating the density of the city.

↘ **Combination images**
These combination images use a digital aerial view and CAD model of a townscape.

**Site surveys**  The condition of any site will need to be recorded in a survey. A survey can be described as a record of something already in existence, and can be produced either in the form of a physical map or model, or a measured drawing that explains where doors, windows or boundaries exist, as well as specific information such as relative heights of surrounding buildings, elevation details or heights of ground level across a site.

Detailed site analysis will measure physical aspects of the site. A site survey will provide dimensions of its width and depth and indicate any adjacent building at the levels of plan, elevation and section (see page 124) to create an accurate record of what currently exists. This is an essential part of the design process.

Site surveys can also record different 'levels'. A level site survey shows the variations of contours and inclines and these may also be used to suggest ways in which to develop the design concept.

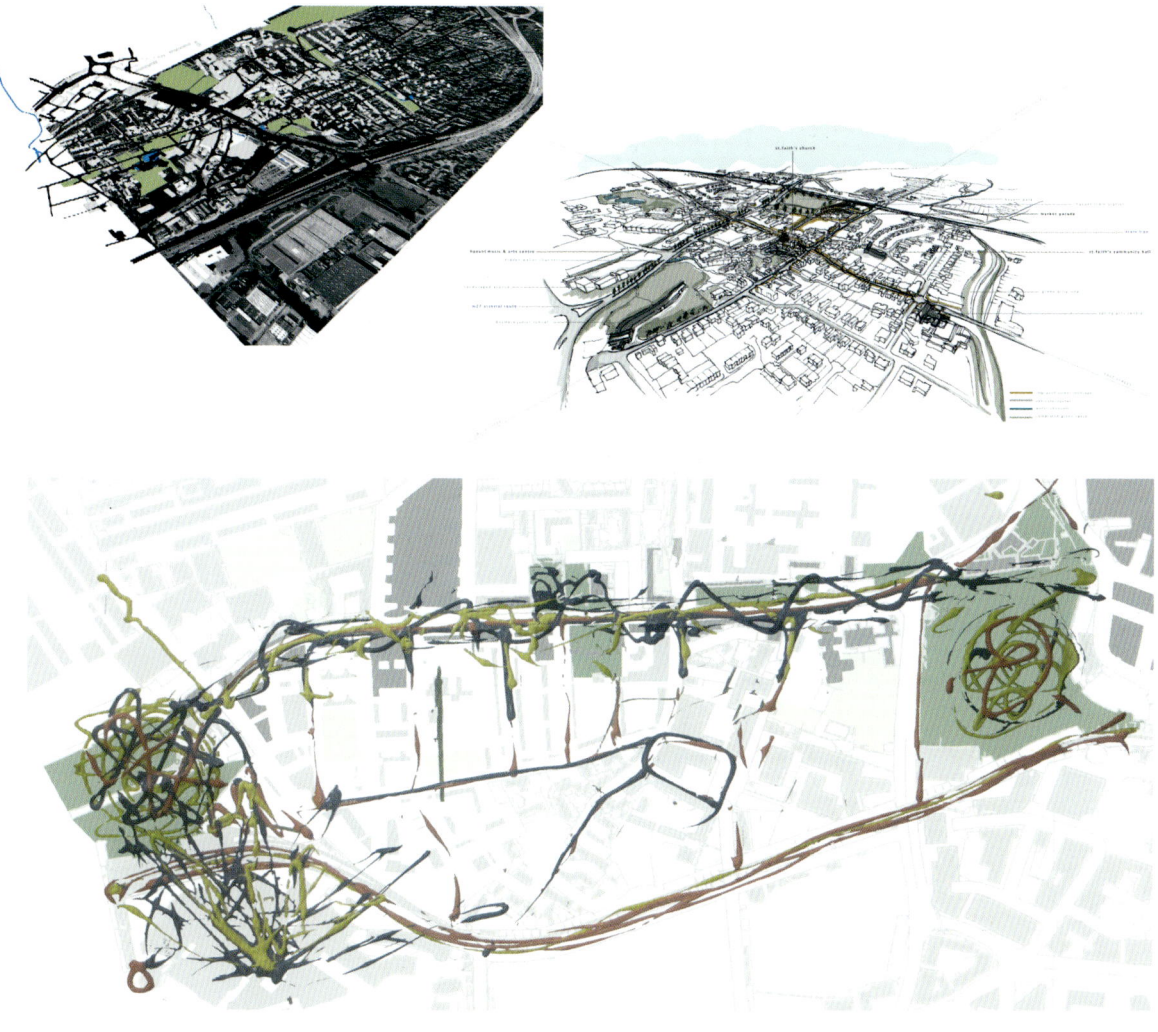

# 장소와 공간

공간은 언제 장소가 되는가? 공간은 물리적이고, 치수를 가지고 있으며, 어딘가에 위치하고, 시간에 따라 변화를 경험하며, 기억을 간직한다. 장소는 활동, 이벤트, 사건들이 일어나는 곳이다. 건물은 하나의 장소 또는 일련의 장소들이 될 수 있다. 마찬가지로, 도시도 장소 그 자체가 될 수 있을 뿐 아니라 다양한 주요 공간들로 구성될 수 있다. 장소는 기억을 가지며 일종의 정체성도 지닌다.

**장소의 기억**

'장소의 기억'이란 컨셉은 인상 깊은 장소들이 인상 깊게 기억된다는 전제에 기초한다. 그 장소들은 기억되겠끔 만드는 중요한 성격, 소리, 질감, 사건을 가진다. 건축가들에게 장소의 감각을 이해하는 것은 예를 들어 보존 구역 안의 역사적인 장소나 건물에 반응해야 할 때 특히 중요하다. 이는 강화되어야 할 대지의 기억이나 역사적 측면이 있을 것이다. 건축과 도시를 장소로 디자인하는 것은 이미 일어난 일과 더불어, 일어날지도 모르는 일들에 대한 이해가 필요하다. 어떤 이벤트가 일어날 수 있는 무대로서의 건물이나 공간을 상상할 필요가 있다.

↗ 까스텔베키오(복원)
까를로 스카르파[1], 1954-1967
(이탈리아 베로나)
까스텔베키오(옛 성)는 역사적인 이탈리아의 성이다. 스카르파의 복원 작업은 그 성을 역사 깊고 현대적인 건축 작품으로 변형시켰다. 여전히 성으로 읽힐 뿐만 아니라 현대적인 조각 정원과 박물관으로 읽힐 수 있다.

↘ 이벤트 시티2의 라 빌레뜨 매트릭스(MIT 프레스, 2001)
베르나르 츄미
베르나르 츄미는 그의 저서 '이벤트 시티2'에서 생활, 공연, 구매 또는 판매와 같은 사건들이 일어날 수 있는 일련의 잠재적인 장소들로서 도시의 가능성을 탐구한다. 이러한 지도들은 사건들의 물리적 위치를 제안한다.

---

**1) 까를로 스카르파 1906-1978**
이탈리아 건축가인 까를로 스카르파는 자신의 현대 건축을 기존 환경에 놓아, 역사적 대지에 접근하였다. 그는 매우 조심스럽고 세심하게 이러한 작업을 하였고, 기존의 건물들에서 확연하게 눈에 띄지만, 여전히 상호보완적인 다양한 형태와 재료들을 사용하였다. 스카르파는 신중하게 대지를 연구하였고, 자신의 디자인을 통해 경로, 운동, 조망과 강화된 생각들을 존중하였다. 이러한 방식을 통해 대지의 기억을 존중하고 탐구하였다.

↙ **Castelvecchio Restoration by Carlo Scarpa[1], 1954–1967 (Verona, Italy)**
Castelvecchio (old castle) is a historic Italian castle and Scarpa's restoration transformed it into a relevant, contemporary piece of architecture. It can still be read as a castle, but also as a contemporary sculpture garden and museum.

↘ **La Villette Matrix from Event-Cities 2 (MIT Press, 2001) Bernard Tschumi**
In his book, Event-Cities 2, Bernard Tschumi explores the possibility of a city as a series of potential places for events (such as living, performing, buying or selling) to occur. These maps suggest the physical location of these events.

## PLACE AND SPACE

When does a space become a place? A space is physical, it has dimensions, it is located somewhere, it experiences change through time and it inhabits memory. A place is somewhere that activities, events and occasions happen. A building can be a place or a series of places. Equally, a city can be made up of many important spaces as well as being a place itself. A place has memory and some sense of identity.

**The memory of place**     The concept of memory of place is based on the premise that impressive places are strongly remembered; they have significant characteristics, sounds, textures, events that make them memorable. For architects, understanding the sense of place is particularly important when responding to, for example, a historic site or a building in a conservation area. There will be aspects of the history and the memory of the site that need to be reinforced. Designing architecture and cities as places requires an understanding of the events that may take place, as well as the events that have already occurred. There is a need for imagined buildings or spaces that can be considered as arenas for these events to occur.

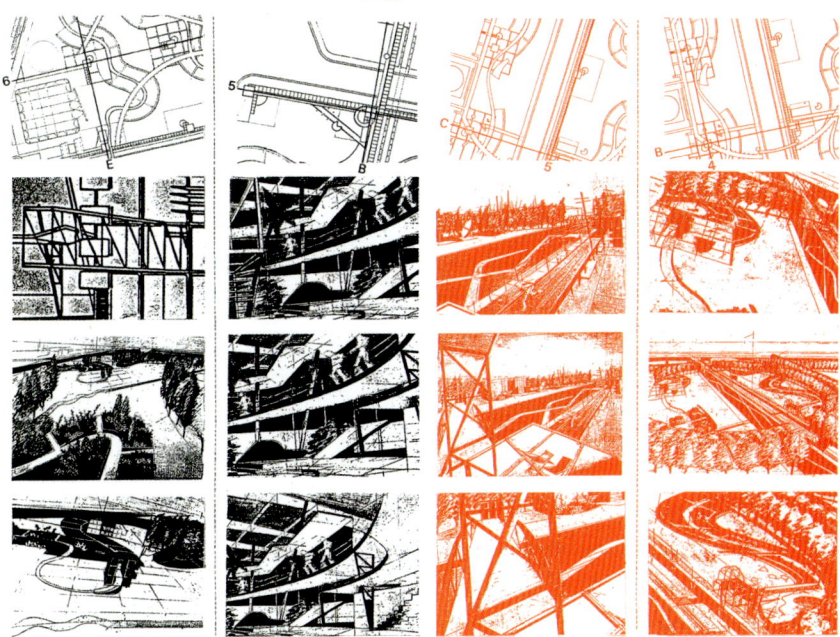

---

**1) Carlo Scarpa 1906–1978**
An Italian architect, Carlo Scarpa approached historic sites by placing his own contemporary architecture within an existing environment. He did this with great care and deliberation, using a range of forms and materials that are clearly identifiable from the existing building, yet still complementary. Scarpa carefully studied his site and respected important aspects of route, movement, view and reinforced these ideas with his own designs. In this way, he respected and explored aspects of the memory of the site.

# 도시 컨텍스트

도시는 수많은 새로운 건축이 놓여지는 환경이다. 이것은 현대 사회의 주거와 업무의 컨텍스트다. 도시는 건축을 위한 선례를 제공하며, 건축이 상호작용하고 풍부해질 환경을 제공한다.

**창조물**

도시는 사건들이 일어나고 삶이 전개되는 장소로, 수천 명의 사람들에 의해 만들어지고 그들은 구조물과 관련된다. 도시는 수많은 혁신가, 건축가, 정치가, 예술가, 작가와 디자이너들에 의해 상상되고 묘사된다.

도시에 대한 수많은 상상이 있다. 이러한 생각들의 상당수는 도시가 무엇이 될 수 있고 우리가 우리의 삶을 어떻게 누릴 수 있는가에 대한 유토피아를 표현한다. 이러한 이상 실현은 어느 정도 미국의 시사이드, 영국의 밀턴 케인스, 인도의 찬디가르에서 보여줬다. 이러한 새로운 도시들은 처음에는 상상되고 그 다음에는 주거에 대한 새롭고 완전한 컨셉들로 만들어진다. 디자인은 역사적인 기반시설이나 현존하는 재료만 쓸 수 있는 것에 제약받지 않았다. 대신 새롭게 시작하고 새로운 미래를 짓는 건축적 기회가 있었다.

↘ **교회 대지의 해석**
사진 위에 대지를 분석한 키워드가 이미지와 함께 콜라주 방식으로 활동과 대지를 위한 잠재력을 보여준다.

↗ **라 빌레뜨 공원**
**베르나르 츄미, 1982-1998**
**(프랑스 파리)**
라 빌레뜨 공원 내의 35개의 빨간 폴리(파빌리온)는 카페, 간의 안내소와 활동 센터를 수용한다.

↘ **이스탄불에 대한 어느 학생의 인상**
이스탄불에 대한 일련의 스케치들은 도시에 대한 개인적 관점을 보여주며, 장소뿐만 아니라 사람들을 포착하고 있다.

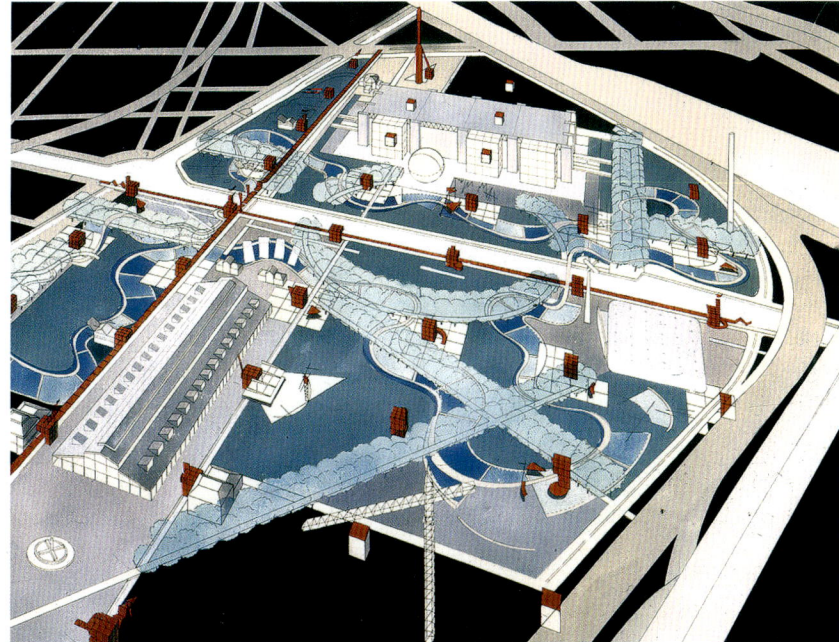

↘ **An interpretation of a church site**
A collage image that uses a site photo as a basis for analysis with keywords and texts describing activity and potential for the site.

↗ **Parc de la Villette
Bernard Tschumi, 1982–1998
(Paris, France)**
One of Parc de la Villette's 35 red follies (pavilions), which house cafés, information kiosks and other activity centres.

↘ **A student's impression of Istanbul**
This series of sketches of Istanbul presents a personal view of the city, capturing people as well as places.

## CITY CONTEXT

The city is an environment in which much of our new architecture is placed. It is a context for living and working in contemporary society. The city provides precedent for architecture and an environment to interact with and enrich.

**A creation** Cities are places for events to occur and for life to unfold, they are constructs created by and engaged with thousands of people. Cities are imagined and depicted by many innovators, architects, politicians, artists, authors and designers.

There are many imagined views of the city. Many of these ideas represent a utopia of what a city could be and how we might live our lives. Realization of these ideals has been seen, to a certain degree, in Seaside in the US, Milton Keynes in the UK and Chandigarh in India. These new cities were first imagined and then created as new and complete concepts for living. Their design was not restricted by issues of historical infrastructure or a limited palette of available materials, instead there was an architectural opportunity to start afresh and build a new future.

건축 시작하기|Placing Architecture 25

# 경관 컨텍스트

경관 컨텍스트 안에서 건물들은 환경의 일부가 되기도 하고 환경으로부터 분리되거나 구분될 수도 있다. 공항, 공원, 주요 기차역처럼 수많은 대형 건물이나 구조물들은 경관의 유형으로 여길 수 있다. 이것들은 스케일이 매우 커서 그 안에 건물들이나 다른 구조물들을 포함할 수 있다.

**경관과 컨텍스트**  경관은 스케일에 상관없이 거주, 정주, 주거를 위한 새로운 가능성을 창출해낸다. 대지가 도시에 있거나 시골에 있든, 열려있거나 닫혀있든 건축가가 그 대지에 디자인 제안으로 반응하기 위해서는 정량적이고 측량적인 평가와 직감적이고 개인적인 방식으로 이해되어야 한다.

이러한 이해의 다양한 측면들은 건축적 해결안을 제안하기 위한 중요한 매개변수들을 제공한다. 이 건축적 해결안은 그 장소와 장소의 의미에 적합해야 하며, 장소의 컨텍스트의 특정 부분에 기여할 것이다.

→ 마드리드 바라하스 공항
로저스 스터크 하버 앤 파트너스,
1997-2005
(스페인 마드리드)
공항과 같이 현대 건물들은 거대한 스케일로 존재하여, 그 자체가 경관이 되기도 한다. 이 공항은 경관 내에서 형성되어 온 유기적 형태를 보여준다. 건물의 읽기 쉬운 모듈러 디자인은 사전 제작된 철로 만들어진 거대한 날개들이 연속적으로 반복되는 파도 모양을 만들어낸다. 중심의 '나무형태의 기둥들'에 지지되어, 지붕에는 공항 터미널의 상층 전체에 걸쳐 세심하게 조절되는 자연 채광을 제공하는 천창으로 구멍이 뚫려 있다.

## LANDSCAPE CONTEXT
Within the context of landscape, buildings can either become part of the environment or distinct and separate from it. Many large buildings or structures can themselves be considered as types of landscape, such as airports, parks or mainline train stations. They are structures so large in scale that they contain buildings and other structures within them.

## LANDSCAPE AND CONTEXT
A landscape, whatever its scale, creates new possibilities for dwelling, inhabiting and living. Whether a site is urban, open, closed or rural, in order for an architect to respond to it with a design proposal it needs to be understood, in both intuitive and personal ways, as well as through quantitative and measured assessment.

Together, these varying aspects of understanding provide important parameters to suggest an architectural solution, one that will be appropriate to the place and its meaning, and one that will contribute something to its context.

→ **Madrid Barajas Airport**
**Rogers Stirk Harbour + Partners,**
**1997–2005**
**(Madrid, Spain)**
Contemporary buildings, such as airports, exist at such a vast scale that they become in themselves a landscape. This airport shows the organic form that has been created within a landscape. The building's legible, modular design creates a repeating sequence of waves formed by vast wings of prefabricated steel. Supported on central 'trees', the roof is punctuated by roof lights providing carefully controlled natural light throughout the upper level of the terminal.

건축 시작하기 Placing Architecture

# 대학 캠퍼스 재설계

프로젝트: 옥스퍼드 브룩스 대학교 헤딩턴 캠퍼스
건축가: 디자인 엔진 아키텍츠
건축주: 옥스퍼드 브룩스 대학교
연도/위치: 2009-진행 중/영국 옥스퍼드

이 장은 건축 및 그 주변 공간에 상대적인 향, 전망, 스케일, 볼륨, 형태적 측면뿐만 아니라 건물이 놓이는 대지를 광범위하게 고려해야 하는 건물의 컨텍스트를 다루었다.

옥스퍼드 브룩스 대학교가 교내의 주요 헤딩턴 캠퍼스를 재개발하기로 하였을 때, 그들은 영국 건축가인 디자인 엔진 아키텍츠에게 2,276㎡의 대지를 위한 새로운 마스터 플랜을 제작하도록 의뢰하였다. 그들은 대학의 단계별 개발의 일환으로 일련의 서로 연결된 건물들을 디자인하도록 요청받았다. 디자인 엔진의 계획은 승인되어 2011년에 1억 2천3백만 달러 상당의 공사가 시작되었다. 이 프로젝트는 새로운 도서관, 학생조합, 건설환경 학교를 포함하고, 이 모두는 새로운 내부 안뜰의 주변에 정렬되며, 상업 공간이 새로운 광장을 만든다.

이 대지에 대한 설계는 마을이나 작은 도시의 스케일로 계획 안에 있는 기존의 건물과 공간으로 작업 해야 한다는 것이었다. 프로젝트 지침서는 다양한 건물들과 공간의 이해를 요구하였다. 일부는 도서관과 같이 크고 열린 공간들이었고, 이외 다른 것들은 교실, 세미나, 보완적인 서비스 공간과 같은 작은 공간들이었다.

학생들이 서로 교류할 수 있는 각각의 다른 스케일과 다른 유형의 공간이 있는데, 이는 그룹 학습 환경을 사회 공간과 결합한다. 이러한 공간들은 학생들의 변화하는 요구에 적응할 것이며, 개인 및 그룹 학습이 모두 가능한 유연성을 가질 것이다.

또한, 이 곳에는 안뜰과 내부 광장과 더불어 열린 외부 공간들이 있다. 마침내, 대지 가장자리의 다양한 공간들은 더욱 공적인 공간들이고, 그것들은 주변 도시와 공동체의 공공 공간 및 도로 일부를 형성한다. 공간과 건물들은 경관의 일부가 되며, 장소의 새로운 감각, 새로운 캠퍼스 환경과 대학의 정체성을 형성하기 위해 함께 작동한다. 도로와 보도들은 건물들, 교실, 학생들을 위한 다른 학습 시설들을 연결하는 데 이용된다.

→ **컨셉 드로잉**
이 3차원의 컨셉 드로잉은 이 프로젝트의 주요 요소들과 대지의 서로 다른 다양한 요소들을 연결하는 루트와의 관계를 보여준다.

→ **Concept drawing**
This three-dimensional concept drawing shows the relationship between the main elements of the project for the proposed campus and the route that connects the various different elements of the site.

**Redesigning a university campus**
Project: Headington Campus, Oxford Brookes University
Architect: Design Engine Architects Ltd.
Client: Oxford Brookes University
Date / Location: 2009–ongoing / Oxford, UK

This chapter has considered the context of building, which requires a broad consideration of the site on which the building sits, as well as aspects of orientation, view, scale, massing and form, which are relative to the buildings and spaces around them.

When Oxford Brookes University decided to redevelop their main Headington campus, they commissioned British-based architects Design Engine to produce a new master plan for the 2,276 square meters site. They were asked to design a series of interconnected buildings as part of a phased development for the university. Design Engine's plans were approved and work began on the £80 million (USD$123 million) scheme in 2011. The project encompasses a new library, student union and School of the Built Environment; all arranged around new internal courtyards, and commercial space leading off a new public piazza.

The challenge on this site was to work with a range of existing buildings and spaces on a scheme the scale of a village or small town. The brief for the project required an understanding of a range of buildings and spaces: some large, open spaces such as libraries; other smaller spaces, such as classrooms, seminars and complementary services spaces.

There will be a range of different scales and types of spaces for students to interact with each other, combining social space with group learning environments. These spaces will adapt to the students' changing needs and have the flexibility to enable both individual study and group learning.

In addition, there are open, external spaces as well as courtyards and internal squares. Finally, a range of spaces at the edge of the site are more public spaces; they form part of the streets and public space of the city and community around them. The spaces and buildings are part of a landscape, working together to create a new sense of place, a new campus environment and identity for the university. A set of streets and walkways are used to connect buildings, classrooms and other learning facilities for students.

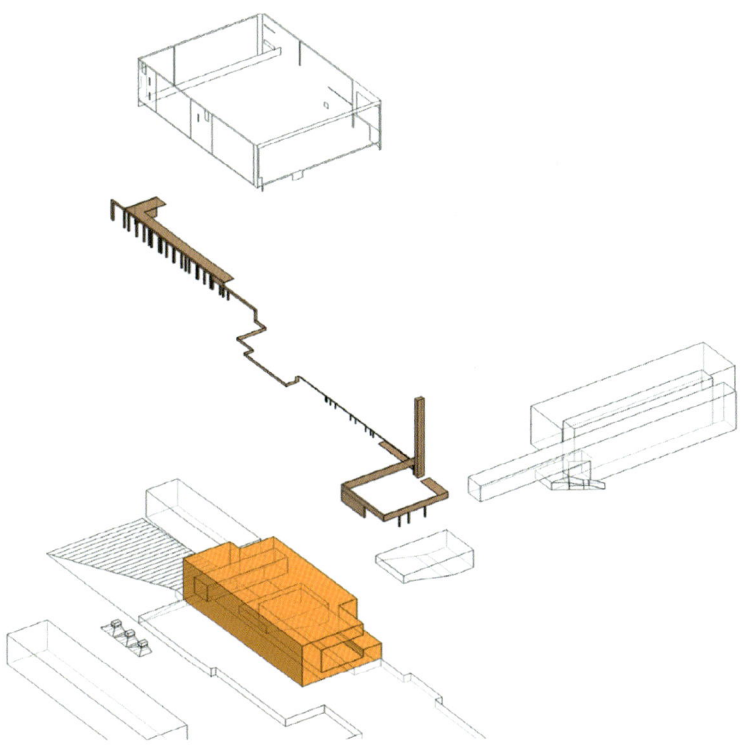

**컨셉**

이 계획의 컨셉은 모든 건물과 공간을 연결하는 대지 전체의 선형적 연결이다. 계획 내의 '블록'인 주요 공간은 도서관과 학습 공간이다. 건물의 독특한 시각적 효과를 위해 외장은 특수 처리된 유리로 이루어질 것이다. 건물의 아이디어는 일련의 블록이 공간들을 형성한다는 것이다. 건물의 벽은 종합적인 시각적 방식으로 대지의 모든 요소를 묶는 층위인 피부와 유사하다.

이 '피부'는 의도적으로 프로젝트를 위해 디자인된 외장 판과 유리 시스템으로 구성된다. 건물 그 자체는 연구와 조사의 주체가 될 것이다. 대학의 환경 의제의 시작으로 연결되기 위해서뿐만 아니라, 자연을 건물로 이입하기 위해 나무의 세포 구조 이미지를 활용한다.

건물의 이러한 마감은 매우 독특한 효과를 만들어낼 것이다. 건물 안으로 빛을 여과하므로 내부뿐만 아니라, 표면이나 파사드와 같은 외부에도 효과가 있을 것이다.

↓ **대지 다이어그램**
이 다이어그램은 기존 건물의 요소, 제안된 요소, 캠퍼스의 새로운 열린 공간을 보여준다.

→ **마스터 플랜**
경관, 기존 건물 및 주변 컨텍스트를 표시한 캠퍼스의 전체 마스터 플랜 평면

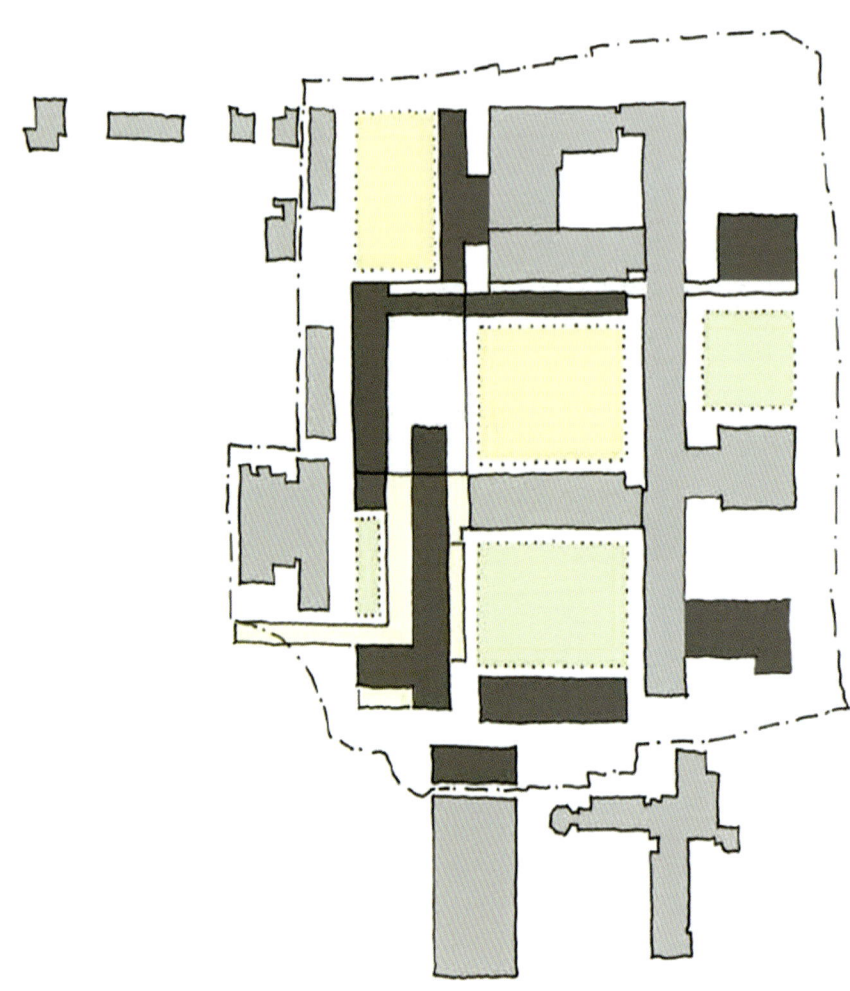

↓ **Site diagram**
This diagram indicates the existing building elements, the proposed elements and the new open spaces of the campus.

→ **Master plan**
An overall master plan view of the campus indicating landscape, existing buildings and surrounding context.

**The concept**  The concept of the scheme is a linear connection through the site that links all the buildings and spaces. The main space or 'block' within the scheme is a library and student learning space, which will be clad with a specially treated glazing that will create a distinctive visual effect for the building. The idea of the building is that it forms a series of blocks and spaces. The wall of the buildings is analogous to a skin; a layer that brings together all elements of the site in a comprehensive visual way.

This 'skin' is comprised of cladding panels and a glazing system that has been purposely designed for the project. The building itself will be a subject of aspects of research and investigation. The wall cladding and glazing system uses images of the cellular structure of trees to connect in a visual way to the university's environmental agenda, but also to bring nature into and onto the building.

This finish to the building will create a very distinctive effect; both internally, as it filters the light into the building and externally, as surface or façade.

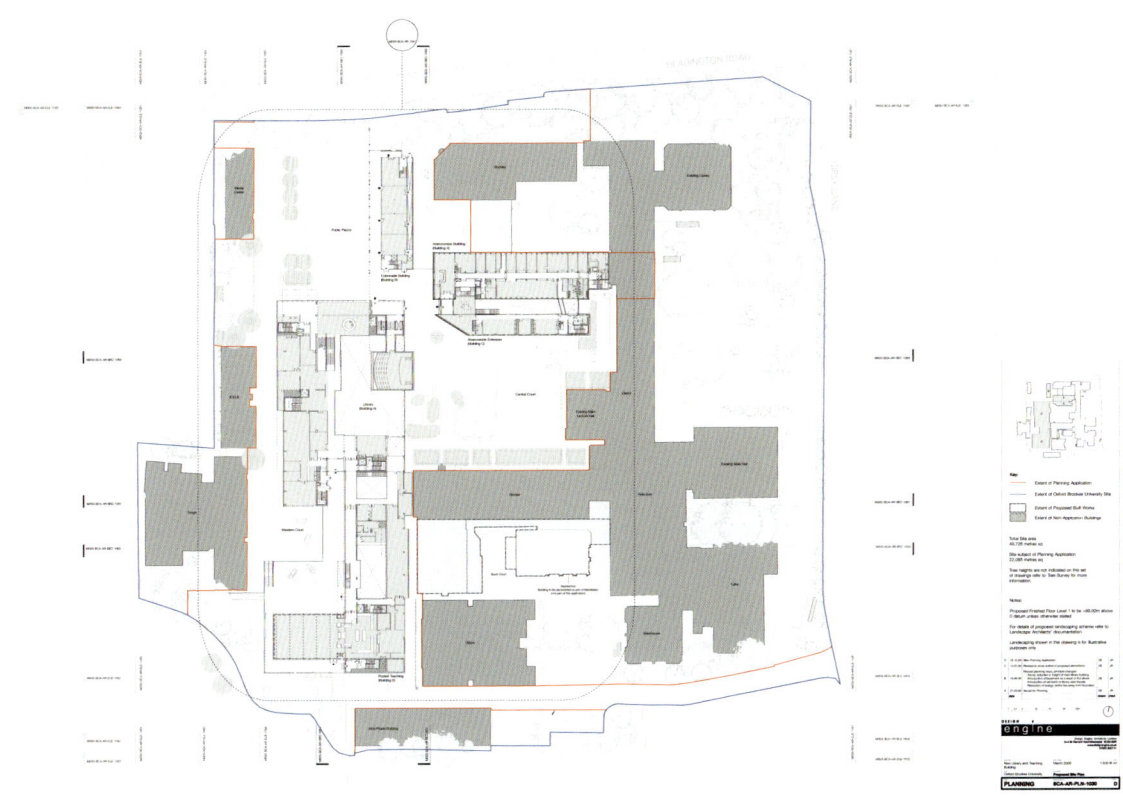

# 대지분석

대지분석은 프로젝트 대지의 면모들을 기록하여 프로젝트가 발전됨에 따라 디자인에 정보를 알려준다. 각 대지는 서로 다르며, 고려해야 할 서로 다른 조합을 기록해야 할 것이다. 대지를 '읽고' 대지를 가로지르거나 그 주변을 걷고, 대지를 경험하며, 크기나 향과 같은 물리적 정보, 데이터와 흥미로운 열린 공간이나 중요한 조망과 같이 조금더 개인적인 해석과 대지를 함께 기록하기 위해 시간을 투자하는 것은 중요하다. 이러한 모든 정보는 프로젝트 지침서를 계획할 때 참조할 수 있다.

대지 분석은 제안에 정보를 주어야 한다. 이를 위해 다음과 같이 실행한다:
1. 대지를 선정하고 배치도를 그려라.
2. 배치도에 디자인에 영향을 미칠 대지의 쟁점들을 표시하라.
3. 다이어그램을 이용하여 대지를 가로지르며 서로 다른 쟁점들을 연결해보아라. 서로 다른 색과 그림자를 사용하여 이러한 아이디어들을 시각적으로 분리해보아라. 같은 기본 평면을 사용하고 대지의 주요 주제들에 집중하는 일련의 다이어그램들이 있을 것이다.

**디자인에 영향을 미치는 요소:**
기후 / 풍경 / 축 / 교통 / 역사 / 스케일 / 기존 구조물 / 재료

→ **축척도**
대지의 컨텍스트를 분석할 때 축척도는 대지의 위치와 주변 특징들을 이해하는 데 중요하다. 이는 풍향이나 향 등과 같은 대지의 정보를 나타내기 위해 색상이나 글을 사용하여 발전될 수 있다.

## Site analysis

Site analysis involves recording the aspects of a project site to inform the design as it develops. Each site is different and will have a different combination of considerations to record. It is important to take time to 'read' a site, to walk across and around it; to experience it and to try to record it in terms of physical information and data, such as size and orientation, but also more personal interpretation, such as interesting open spaces and important views. All this information can be referred to when designing to a project brief.

Site analysis should inform your site proposal. For this exercise:
1. Pick a chosen site and locate a site plan.
2. Tracing over the top of your site plan, indicate site issues that may influence your design.
3. Use diagrams to connect different issues across the site. Use different colours or shading to visually separate these ideas. There may be a series of diagrams that use the same base plan and concentrate on the key themes of the site.

**Some issues that may affect your design:**
Climate / Vistas / Existing axes / Transport / History / Scale / Existing structures / Material

→ **Scale map**
When analysing site context a scale map is important for understanding the location of a site and surrounding features. This base map can then be developed using colour and text to describe information about the site, such as wind direction, orientation and so on.

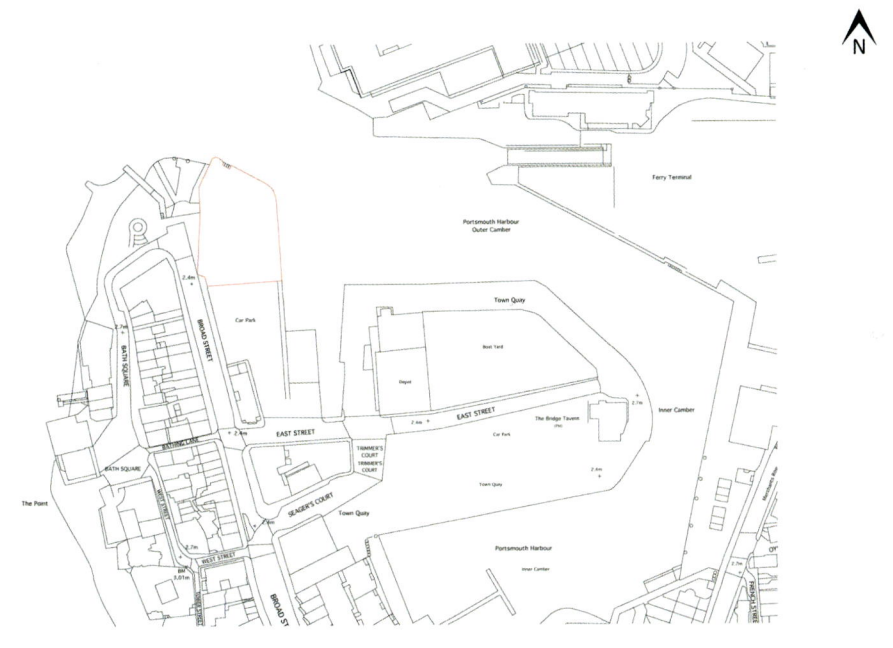

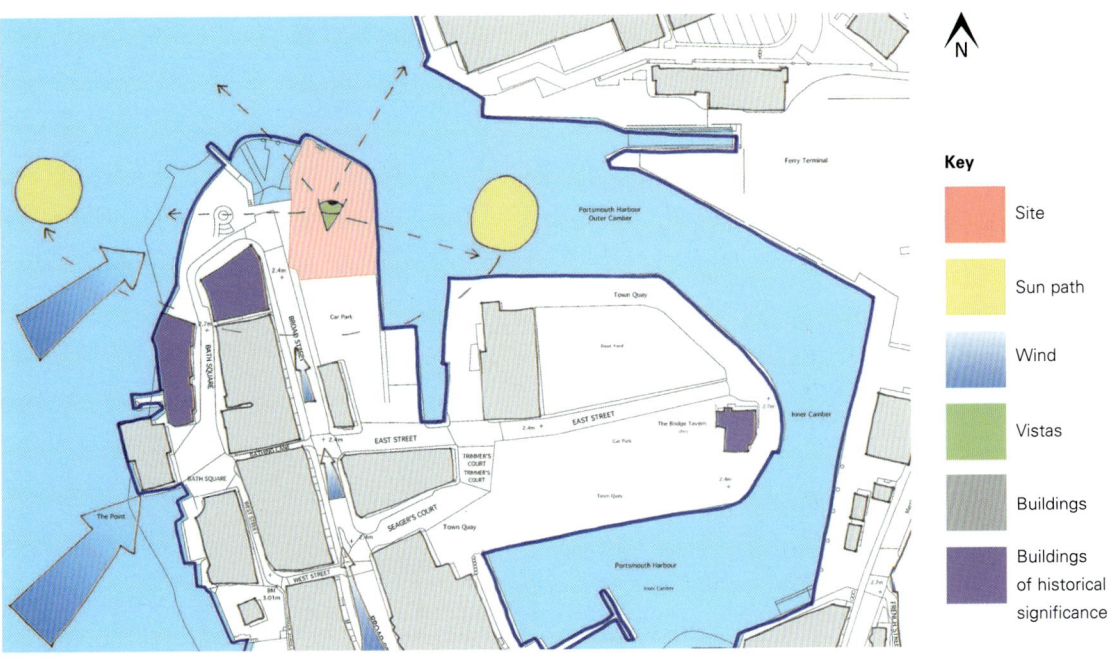

**Key**
- Site
- Sun path
- Wind
- Vistas
- Buildings
- Buildings of historical significance

# 제2장
# 역사와 선례

디자인과 혁신은 시간을 거쳐 진화해온 선례와 아이디어 그리고 컨셉 위에 지어진다. 건축은 사회 및 문화 역사로부터의 선례를 통해 이러한 영향들을 현대의 건물, 형태, 구조물에 적용한다. 건물을 역사적으로 이해하는 것은 건축 디자인에 있어서 필수적인 부분이다. 이는 과거 다른 건축가들이 탐구하였던 재료, 물리적이고 형태적 발전 사이의 관계를 가능하게 하기 때문이다. 이러한 아이디어들에 대응하거나 반응하는 것은 건축 진화의 기초가 되어왔다.

→ **콜롬바**
**피터 줌터, 2003-2007**
**(독일 쾰른)**
콜롬바 미술관은 2007년 피터 줌터가 완성한 것으로 기존 고딕 양식 교회의 역사적 컨텍스트에 반응 및 대응한다. 신·구의 구조물이 물리적으로 연결된다.

**Chapter 2**
**History and Precedent**
Design and innovation builds on precedent, on ideas and concepts that have evolved over time. Architecture uses precedents from social and cultural history and applies these influences to contemporary buildings, forms and structures. Having a historical understanding of buildings is an essential part of architectural design because it allows a relationship between the material, physical and formal developments that have been previously explored by other architects. Reacting against, or responding to, these ideas has been the basis of architectural evolution.

→ **The Kolumba**
**Peter Zumthor, 2003–2007**
**(Cologne, Germany)**
The Kolumba art museum, completed in 2007 by Peter Zumthor, responds and reacts to the existing historic context of a Gothic church. The new and old are physically connected.

**BC 3100년** 영국 윌트셔의 스톤헨지는 거대한 돌들이 원형으로 구성되어 만들어진 기념물이다. 여기에 쓰인 대사암 각각의 무게는 50t에 이르며 50km 떨어진 곳에서 왔다. 이 구조물은 하지, 동지, 춘분, 추분과 같은 태양의 위치에 따라 배열되어 오늘날에도 이러한 이벤트를 기념하는데 쓰인다.

**BC 450년** 그리스 아테네의 아크로폴리스는 아크로폴리스 언덕 위에 지어진 건물군이다. 파르테논, 에렉타이온, 아테나 니케의 신전이 있으며, 고전 건축 및 문화에서 가장 오래된 상징물이다.

**1194년** 프랑스 파리 근교의 샤르트르 대성당은 고딕 건축 양식을 상징하며, 37m의 신랑은 내부 높이를 획득하며 깊은 인상을 준다. 플라잉 버트레스는 벽을 지지하여 이 같은 높이를 획득할 수 있도록 도와준다.

**1492년** 레오나르도 다빈치의 비트루비우스 인간은 인체와 기하학 사이의 관계를 표현한다. 다빈치는 인간의 비례와 치수에 따라 다양한 치수나 모듈을 기술한 비트루비우스에 관해 연구하면서 영감을 받아 만들어졌다.

**1755년** 로지에의 오두막 (원시 오두막)은 아베 로지에가 기술한 건축에 영향력 있는 에세이이다. 여기에서 건축을 자연에 비유하는데, 나무의 몸통은 기둥을 형성하고, 가지와 잎들은 지붕을 형성한다. 이는 가장 초기의 단순한 형태의 주거지를 표현한다.

## 연대별 건축 영향

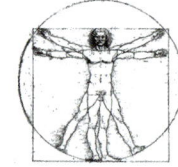

**BC 2600년** 이집트 기자의 피라미드는 가장 오래된 건축물로 여겨진다. 이 체오프 파라오와 그의 계승자들의 무덤은 돌로 지어졌으며, 건설 현장에 수천 명의 인부가 동원되었다. 피라미드는 세계에서 가장 유명하고 경이로운 기념물 중 하나이다.

**AD126년** 판테온은 로마의 하드리안 황제가 지었으며, 모든 신을 위한 신전이다. 그는 콘크리트를 사용하여 내부 공간 전체에 걸쳐 빛이 움직일 수 있도록 꼭대기에 열린 둥근 창이 있는 인상 깊은 돔 구조물을 만들어냈다.

**1417년** 필리포 브루넬레스키는 이탈리아 플로렌스 출신의 건축가로 유명한 플로렌스의 두오모를 디자인하였다. 브루넬레스키는 투시도를 분석하여 작도할 수 있는 기계를 개발하였다. 그 기계는 그가 보이는 것을 분석할 수 있게 하는 여러 거울로 만들어졌다. 투시도에 대한 컨셉적이거나 수학적인 이해가 없었기 때문에, 이때까지도 회화나 이미지들은 투시도를 정확하게 구현하지 못하였다.

**1779년** 영국의 쉬로프셔의 주철로 건설된 철교는 산업혁명과 건물 형태의 대변혁을 일으킨 새로운 재료와 기술을 상징한다. 철은 더 가볍고 거대한 구조물과 건물을 만들 수 있는 잠재력이 있다.

## A TIMELINE OF ARCHITECTURAL INFLUENCES

**3100 BC** Stonehenge in Wiltshire, England, is a monument made of a circle of stones. These sarsen stones weigh up to 50tonnes each and originated over 50km away. The structure is aligned with solstice and equinox points and is still used to celebrate these events today.

**2600 BC** The pyramids at Giza in Egypt represent the most enduring of architectural symbols. Intended as tombs for the Pharaoh Cheops and his successors, they were built from stone and involved the organization of several thousand men to construct. The pyramids represent one of the most famous and wondrous monuments in the world.

**450 BC** The Acropolis in Athens, Greece, is a collection of buildings constructed on the Acropolis Hill. It consists of the Parthenon, Erechtheion and the Temple of Athena Nike. They represent the most enduring symbols of classical architecture and culture.

**AD 126** The Pantheon was built by the Roman emperor Hadrian and intended as a temple for all gods. He used concrete to create an impressive dome structure with an open oculus at the top that allows light to trace across the inner space.

**1194** Chartres Cathedral near Paris, France, represents a Gothic style of architecture and it achieves an impressive internal nave height of 37 metres (134 feet). Flying buttresses provide external support on the walls to help achieve this height.

**1417** Filippo Brunelleschi was a Florentine architect who famously designed the Duomo in Florence, Italy. Brunelleschi developed a machine to allow perspective to be analysed and drawn. The machine was constructed from a series of mirrors that allowed him to analyse what he saw. Until this point, painting and images did not represent perspective accurately as there was no conceptual or mathematical understanding of it.

**1492** Leonardo da Vinci's Vitruvian Man represents the relationship between man and geometry. It was inspired by Da Vinci's studies of Vitruvius who described a set of measurements or modules based on man's proportions and dimensions.

**1755** Laugier's hut (or the primitive hut) was described by Abbé Laugier in his seminal essay on architecture. It uses nature to create an analogy with architecture; the trunks of trees form columns, and branches and leaves form the roof. It represents the earliest and simplest form of shelter.

**1779** Constructed from cast iron, the Iron Bridge in Shropshire, England, represents the industrial revolution and the new materials and technologies that were to revolutionize building form. Iron was to create the potential for lighter, more ambitious structures and buildings.

**1919년** 바우하우스 운동은 독일 바르마르의 예술 건축 학교에서 시작되었다. 발터 그로피우스, 한네스 마이어, 미스 반 데어 로에, 라즐로 머홀리 나기를 위시한 20세기의 가장 영향력 있는 건축가와 디자이너들이 학생들을 지도하였다.

**1947년** 비례, 기하학, 인체에 관심이 있었던 르코르뷔지에는 모듈러 시스템을 개발하였다. 출판된 르 모듈러는 프랑스의 롱샹 교회를 비롯한 많은 건물 디자인에 스케일로 사용되었다.

**1851년** 조지프 팩스턴은 1851년 런던의 박람회를 위해 수정궁을 지었다. 팩스턴은 기술, 공학, 혁신의 영감을 받아 새로운 유형의 건축을 소개했다. 경량의 철골 구조물과 유리가 결합한 투명한 건축물을 만들어냈다.

**1924년** 게리트 리트벨트는 네덜란드의 슈뢰더 하우스를 디자인하였다. 그것은 데 스틸 건축의 가장 잘 알려진 사례로 내부 벽이 없는 건물이다. 슈뢰더 하우스는 시각적 구성을 수평의 요소들과 주요 색상과 흑백을 사용하여 단순화한 것으로 철학의 일부가 되었다.

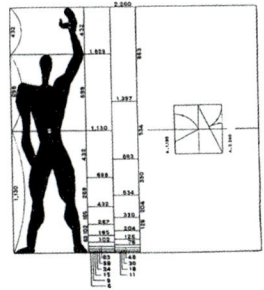

**2000년** 막스 발필드 아키텍츠는 원래 밀레니엄을 기념하기 위한 임시 구조물로 런던 아이를 지었으나 파리의 에펠 탑과 같이 유명한 건축물이 되었다. 이는 런던의 한 부분으로, 동시대 도시 건축의 역동적인 작품인 동시에 공학 작품이기도 하다.

**1889년** 파리의 에펠탑은 만국박람회를 위해 지어졌다. 공학자인 구스타브 에펠이 디자인한 것으로 그 시대에서 가장 높은 주철로 만들어진 철골 구조이었다. 그 탑은 원래 임시 구조물로 만들어졌으나 지금은 도시를 상징하는 중요한 구성물이다.

**1929년** 1929년 독일 건축가인 미스 반 데어 로에가 디자인한 바르셀로나 파빌리온은 벽, 바닥, 지붕의 위치에 대한 질문을 하며, 판과 표면의 새로운 어휘를 도입한 새로운 유형으로 근대 건축을 표상하였다.

**1931년** 쉬레브, 램, 하몬은 뉴욕의 엠파이어 스테이트 빌딩을 디자인하였다. 그 당시 102층으로 가장 높은 구조물이었다.

**1972년** 렌조 피아노와 리처드 로저스가 디자인한 파리의 퐁피두 센터는 기계로서의 건물에 대한 생각을 재조명하였다. 모든 서비스, 엘리베이터, 배관, 통기관이 건물의 밖에 위치하여 극적인 효과를 낳았다.

**1851** Joseph Paxton built London's Crystal Palace for the Great Exhibition of 1851. Paxton introduced a new type of architecture, inspired by technology, engineering and innovation. Combining a lightweight iron frame with glass created a transparent piece of architecture.
**1889** The Eiffel Tower in Paris was built for the Exposition Universelle. Designed by engineer Gustave Eiffel, it was the tallest cast iron frame structure of its time. The tower was originally intended as a temporary structure, but now forms an important part of the city's identity.
**1919** The Bauhaus movement began its life as an art and architecture school in Weimar, Germany. It was directed by some of the most influential architects and designers of the twentieth century, including Walter Gropius, Hannes Meyer, Ludwig Mies van der Rohe and László Maholy-Nagy among others.
**1924** Gerrit Rietveld designed the Schröder House in The Netherlands. It is the best-known example of De Stijl architecture and is a building that has no internal walls. The Schröder House was part of a philosophy that simplified visual composition to horizontal elements and the use of primary colours and black and white.
**1929** The Barcelona Pavilion was designed in 1929 by German architect Ludwig Mies van der Rohe. It represented a new type of modern architecture that questioned the position of walls, floors and roofs, and introduced a new vocabulary of planes and surfaces.
**1931** Shreve, Lamb and Harmon designed the Empire State Building in New York. It was the highest frame structure of its time at 102 storeys.
**1947** Le Corbusier, who was interested in the idea of proportion, geometry and the human body, develops the modulor system. Le Modulor was published and used as a scale to design many buildings including the Ronchamp Chapel in France.
**1972** The Pompidou Centre in Paris, designed by Renzo Piano and Richard Rogers, reinvented the idea of the building as a machine. All the services, lifts, pipework and ventilation ducts were placed on the outside of the building for dramatic effect.
**2000** Marks Barfield Architects built the London Eye originally as a temporary structure to celebrate the millennium, but it has since become as celebrated a piece of architecture as the Eiffel Tower in Paris. It is a work of engineering and a dynamic piece of urban architecture at the same time, challenging our view of London.

## 고대

본질적으로 건축의 역사는 문명의 역사와 함께 한다. 우리의 조상인 유목민은 몽골 평원 사람들의 유르트 텐트와 같이 오늘날에도 여전히 사용되는 임시 주거의 정교한 형태로 발전시켰으며, 머무르는 형태로의 변화는 영구 주거를 위한 필요성을 부추겼다.

### 고대 이집트

서로 자주 전쟁을 하던 메소포타미아의 도시 국가와는 대조적으로, 지중해에서 1,100km 떨어진 나일 강의 한쪽은 사막으로 둘러싸여, 외부의 침략이 어려웠으며, 3000여년 동안 외부로부터의 영향에 더럽혀지지 않고 유지될 수 있었다. 이 기간 초기 왕국 시대의 특징은 이집트인들이 피라미드와 비슷한 매장 무덤을 만든 것이며, 후기에는 풍부하게 장식된 무덤으로 발전했다.

두 사례 모두, 건물들은 사후 세계에 대한 이집트인들의 강한 믿음을 반영하였다. 이러한 믿음은 일상생활에서도 그대로 반영되었는데, 낮과 밤, 가뭄과 홍수, 물과 사막 같은 이원성으로 경험되었다. 이러한 믿음과 이원성은 왕릉이 왜 태양이 지는 수평선에 있는 나일 강의 서쪽에 위치하고, 떠오르는 태양의 수평선에 있는 동쪽에 룩소르 신전과 정착지들이 위치하는지 설명한다.

이집트 고대 건물들의 이러한 상징적 배치는 그것들이 건설되는 정밀도에 의해 더욱 강화된다. 기자의 피라미드들은 BC 2600년 정도에 지어졌고, 150m의 완벽한 정사각형 기초에 100mm로 정확하며, 피라미드의 정점은 황금 비율에서 유래한 세밀한 기하학적 형태이다. 각각의 피라미드 안에서, 방들로부터 나오는 작은 통로들은 정교하게 천체의 별자리와 일치하는데, 이는 파라오의 영혼이 사후에 여행할 휴식의 장소로 여겨졌다.

이러한 구조물의 규모와 정밀함에 숨이 멎을 듯하고, 심지어 오늘날의 기준에 의해서도 특히, 그 건설에 사용된 수백만 개의 석재 블록들을 구해온 것에서도 엄청난 공학의 위업을 요구한다. 이러한 돌들은 이집트 상부에서 채굴된 것으로, 대지에서 640km 정도 떨어진 곳에서 피라미드에 놓이기 전에 물을 통해 옮겨졌다.

→ **기자의 피라미드**
BC 2600 (이집트)
오늘날 국제 기업이나 정부의 높고 비싼 건물이 그들의 권력과 상징이 되는 것과 같이, 파라오들은 이러한 무덤은 그들의 통치의 표현이었다.

→The Pyramids at Giza
c. 2600 BC
(Egypt)
Pharaohs saw the building of these tombs as an expression of their reign, much as international corporations and governments of today build ever taller and more expensive buildings as symbols of their power and importance.

## THE ANCIENT WORLD

The history of architecture is intrinsically aligned with the history of civilization. While our nomadic ancestors had developed sophisticated forms of temporary shelter – some of which are still used today, such as the yurt tents of the peoples of the Mongolian plain – the change to a more sedentary form of existence fuelled the need for permanent shelter.

**Ancient egypt**    In contrast to the city states of Mesopotamia, which were often warring with each other, the Nile (in its final 1100 kilometres journey to the Mediterranean) was surrounded on either side by desert, and this made assault from the outside more difficult and resulted in a society that remained untainted by external influences for more than 3000 years. During this period the Egyptians developed architecture that was characterized in the early dynastic periods by pyramidal burial tombs formed above ground and, later, by the richly decorated tombs in the Valley of the Kings.

In both instances the buildings reflected the strongly held Egyptian belief in life after death. This belief was mirrored in everyday life too, and experienced as a series of dualities: night and day, flood and drought, water and desert. This belief and such dualities explain why the Valley of the Kings is located on the western side of the Nile, the horizon on which the sun sets, while the temples and settlements of Luxor are on the eastern side, the horizon of the rising sun.

This symbolic positioning of ancient Egyptian buildings was further enhanced by the precision with which they were constructed. The pyramids of Giza were built around 2600 BC, and are accurate to 100 millimetres (four inches) over their 150 metres (492 feet) perfectly square base, and the apex of the pyramid creates a precise geometric form derived from the golden section (see page 123). Within each pyramid, small passages running from the burial chambers are precisely aligned with celestial constellations, as these were seen as the resting place to which the soul of the pharaohs would travel in the afterlife.

The scale and exactness of these structures is breathtaking, and required, even by today's standards, an enormous feat of engineering, not least in sourcing the several million stone blocks used in their construction. These stones were quarried in Upper Egypt, some 640 kilometres (400 miles) from the site, and were transported by water before being raised into position.

## 신석기 구조물

석기 시대는 세 가지 시기로 구성되는데, 구석기, 중석기, 신석기로 이루어진다. 신석기 문화는 영국 해협의 경관에 엄청난 석재 구조물들을 낳았다. 종종 커다란 돌로 이루어진 원형을 구성하는데, 이러한 구조물들을 그 스케일, 시공 방법, 태양과 달의 하늘에 있는 길과 관련되어 보이는 것이 인상적이다.

스톤헨지는 가장 잘 알려진 신석기 구조물일 것이다. 이 대지의 돌 원형 구성은 BC 3100년경으로 거슬러 올라간다. 원래 스톤헨지는 일련의 구멍으로, 소위 '토루'로 만들어졌다. 이는 1000년 뒤 다음 단계의 시공으로 대체되었는데, 이 새로운 시공은 웨일즈의 남서 해변으로부터 돌들을 수송하는 것을 포함한다. 그것은 거주지와 관련된 시공이 아닌 자연 및 천체 세계와의 영적 연결을 표상한다.

↑ 스톤헨지
BC 3100-2000
(영국 윌트셔)
스톤헨지는 신석기와 청동기 시대의 거석문화 기념물이다. 이것은 크게 서 있는 돌들의 원형을 둘러싸는 토루로 구성된다. 비록 주변 원형의 흙으로 만들어진 둑과 배수로가 기원전 3100년으로 거슬러 올라가더라도 고고학자들은 이 선돌들이 BC 2500년과 BC 2000년경 사이에 세워졌을 것으로 여기고 있다.

→ 뉴그랜지 중석기 무덤
BC 3200
(아일랜드 노우스)
이 무덤은 세계에서 가장 오래된 태양 온실이다. 바위, 돌, 흙으로 이루어진 거대한 언덕인 뉴그랜지는 겨울에 동지의 일출을 기념하기 위해 지은 것으로, 한줄기의 서광이 무덤의 중심으로 들어가 그 안의 방을 비춘다.

↑ **Stonehenge**
**c. 3100–2000 BC**
**(Wiltshire, UK)**
Stonehenge is a Neolithic and Bronze Age megalithic monument. It is composed of earthworks surrounding a circular setting of large standing stones. Archaeologists think that the standing stones were erected between 2500 BC and 2000 BC although the surrounding circular earth bank and ditch have been dated to about 3100 BC.

→ **Newgrange megalithic tomb**
**c. 3200 BC**
**(Knowth, Ireland)**
This is the oldest solar conservatory in the world. A vast mound of rocks, stones and earth, Newgrange was built to celebrate the winter solstice sunrise, during which a shaft of light enters the heart of the tomb and illuminates its inner chamber.

**Neolithic structures**   The Stone Age is comprised of three periods, Palaeolithic, Mesolithic and Neolithic. Neolithic cultures created great stone structures in the landscape of the British Isles. Often forming large stone circles, these structures are impressive due to their scale, method of construction and the connections that they appear to have with the tracks in the sky of the sun and moon.

Stonehenge is probably the most well-known Neolithic structure. The stone circle formation on this site dates from around 3100 BC. Initially Stonehenge was a series of holes, commonly described as an 'earthwork'. This was superseded a thousand years later by the next stage of construction, which involved transporting the stones from the south-west coast of Wales. Stonehenge was not built out of necessity. It is not a construction concerned with shelter, but instead represents a spiritual connection with the natural and celestial worlds.

# 고전

건축에서 로마와 그리스 문명의 영향은 르네상스(15세기 이탈리아), 조지안(19세기 런던), 미국의 식민지 양식과 같이 재해석되어 온 컨셉, 형태, 아이디어, 장식, 비례에서 발견된다. 고전 건축과 아이디어에 균형을 맞추는 우아한 감각이 지속된다.

**고대 그리스**

메소포타미아와 이집트의 문명이 건축의 토대를 형성했던 반면, 건축 분야의 언어를 처음으로 공식화한 것은 고대 그리스 사회였다.

근대 문화의 상당수가 그 기원을 고전 그리스 문명에서 찾는다. 음식이 충분하고, 세상 주변의 규칙을 생각하며, 잘 이해할 수 있는 여유 시간이 있었던 그리스에서 정치 민주주의, 극장과 철학이 생겨났다. 플라톤, 아리스토텔레스, 피타고라스와 같은 역사 속의 위대한 지성인들은 다음 2000년 동안 서구 문명을 지배하게 될 생각들을 규정하였다.

고대 그리스의 헬레니즘 건축은 ('황금기'로 설명되는 시기 동안 생산되었는데) 결과적으로 '고전'의 정의를 세운 품위와 특징을 획득하였다.

오늘날, 건축의 고전 언어를 참조하면 형태뿐만 아니라, 고대 그리스의 건축가가 모든 건물 유형에 적용할 수 있도록 발전시킨 건축적 방법론을 시사하기도 한다. 이러한 방법론에서 문자 그대로 건물 블록들은 시공을 지지하기 위해 사용된 기둥들이다. 이러한 기둥들은 디자인의 종횡비와 장식에 따라 5가지 형태로 구분된다. 이러한 형태들에는 토스카나, 도리아, 이오니아, 코린트안, 콤포지트 양식이 있고, 이는 순서대로 작은 것에서부터 가늘고 우아한 것에 이르며, 통틀어서 5가지 오더로 알려져 있다.

→ **고전 건축의 5가지 오더**
고대 그리스와 로마의 공공건물은 거의 모두 건축의 5가지 '오더'를 사용하여 디자인되었다. 오더들은 기둥의 디자인과 기둥이 각각 연결된 입면의 상부 세부에 따라 표현된다. 5가지 오더는 여기 좌측부터 우측까지 보여지는데, 순서대로 토스카나, 도리아, 이오니아, 코린트, 콤포지트 양식이며, 디자인의 범위는 단순하고 장식이 없는 것부터 매우 장식이 많은 것까지이다.
이 다이어그램에 나타난 숫자들은 기둥의 높이·지름의 비례를 나타낸다. 예를 들어 토스카나 양식의 기둥 높이는 그 지름의 7배이다.

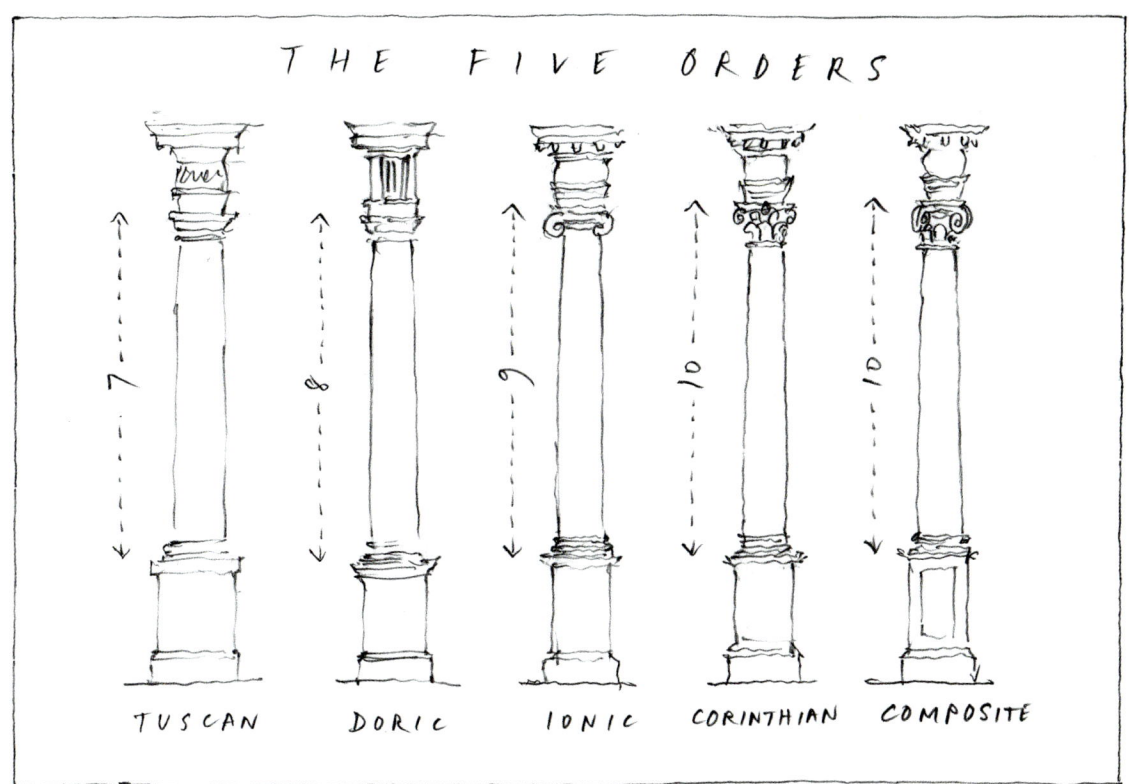

→ **The five orders of classical architecture**
The public buildings of the ancient Greeks and Romans were almost all designed using the five 'orders' of architecture. The orders are expressed according to the design of the column and the details of the upper parts of the façades carried by each. The five orders are shown here (from left to right): Tuscan, Doric, Ionic, Corinthian and Composite, and their designs range from simple and unadorned to highly decorative. The numbers in this diagram refer to the column's height/diameter ratio. For example, the Tuscan column's height is seven times its diameter.

## THE CLASSICAL WORLD

In architecture, the influence of Roman and Greek civilizations is found in the concepts, forms, ideas, decorations and proportions that have been reinterpreted as Renaissance (in fifteenth-century Italy), Georgian (in nineteenth-century London) and American colonial styles. There is an enduring sense of elegance and balance to classical architecture and ideas.

**Ancient greece**   While the civilizations of Mesopotamia and Egypt formed the foundations of architecture, it was in the societies of ancient Greece that the language of the discipline was first formalized.

Much of our modern culture finds its origins in the civilization of classical Greece. Political democracy, theatre and philosophy derive from a society that, having mastered the supply of food, found they had spare time to think, reflect and better understand the rules of the world around them. Some of the greatest minds in history, Plato, Aristotle and Pythagoras, laid down the patterns of thinking that would dominate Western culture for the next 2000 years.

The Hellenistic architecture of ancient Greece (produced during what is described as the 'golden period'), reached such refinement and quality that it subsequently earned its definition of 'classical'.

Today, reference to the classical language of architecture alludes not only to the form, but also to the way in which the architects of ancient Greece developed an architectural methodology that could be applied to all building types.

The literal building blocks of this methodology are the columns used to support the construction. These columns are in one of five forms, according to the slenderness and embellishment of their design. These forms are: Tuscan, Doric, Ionic, Corinthian and Composite, and rank in order from short and squat to slender and elegant. Collectively they are known as the five orders.

각 기둥의 지름은 그 높이를 결정할 뿐만 아니라 기둥들 사이에 허용된 공간과 기둥이 지탱하고 있는 건물의 전반적인 비례와 비율을 결정하였다. 그리스 건축 각각의 개별 요소는 다른 여타 요소들에 수학적 관계를 가지며 건물을 통합된 전체로 만든다.

이러한 모듈러 시스템은 기둥의 너비가 건물의 비율을 결정하여, 디자인을 위한 공식을 만들어냈다. 이러한 청사진은 작은 집이나 도시 전체에 똑같이 적용될 수 있었으며, 그 안에서 서로 연결되고 조화로운 건축이 만들어졌다.

고대 그리스 고전 건축의 수많은 사례들이 남아 있다. 그중에서 가장 잘 알려진 것은 아테네의 고전 세계의 상징적 중심인 아크로폴리스일 것이다. 아크로폴리스는 파르테논의 위대한 신전을 중심으로 한 각각의 건물들이 효과적으로 강화된 집합이다. 이러한 건축적 아이콘은 도시의 수호신인 아테네 여신의 거대한 상아와 금으로 덮인 조각상을 모시는 참배 장소였다. 그 조각상을 볼 수 있는 권한은 일부 몇몇 사람에게 있었지만, 그 건물의 외부형태는 도시와 국가적 자존심의 표현이었다.

수많은 사람들이 기둥 라인 위로 건물을 둘러싸는 조각 패널 띠인 프리즈가 그동안 만들어진 것 중 가장 정교한 예술 작품이라 여기고 있다. 현재 대영 박물관에 있는 장대한 파나테나이아를 묘사한 것에 많은 논란이 있다. 이는 대리석으로 접혀 흐르는 것처럼 보이도록 표현한 것으로 그리스인들의 인간 형태에 대한 관찰과 이해에 대한 가치를 강조한다.

고전 시대는 도시 계획을 발생시키기도 했다. 밀레투스나 프리에네와 같은 도시에서 사회 질서가 그들의 가옥과 주요 공공건물, 집회당, 경기장에 반영되었는데, 모두 그리드 평면에 세심하게 배치되었다. 무엇보다도, 그들의 도시 계획은 상품과 아이디어의 교환에 집중되었으며, '아고라' 또는 시장이 그리스 도시의 공공 중심으로 고려되었다.

또한, 고대 그리스의 건축가들은 거대한 원형 극장들을 만들어 5,000명의 청중을 용이하게 수용할 수 있었다. 원형경기장은 오늘날에도 많은 건축가가 모방하는데 어려움을 겪고 있는 완벽한 시야 확보와 음향과 질을 제공한다.

↘ 코린트식 오더

↘ Corinthian order

The diameter of each column not only determined its height, but also the space allowed between columns and therefore the overall ratio and proportions of the building it was supporting. Each individual element of Greek architecture had a mathematical relationship to every other element, making the building an integrated totality.

This modular system, where the width of the column determined the proportions of the building, created a formula for design. This blueprint could be equally applied to a small house or a whole city and in so doing a connected and harmonious architecture could be created.

Many examples of ancient Greek classical architecture remain, and perhaps the best known is the Acropolis in Athens; the symbolic centre of the classical world. The Acropolis is effectively a fortified collection of individual buildings centred on the great temple of the Parthenon. This architectural icon was a place of worship housing a giant ivory and gold covered statue of the goddess Athene, patron of the city. Although few had the privilege to view the statue, the building's exterior was an expression of civic and national pride.

Its frieze, the band of sculpted panels that surrounded the building above the column line, is considered by many to contain some of the finest works of art ever made. The subject of much controversy, they are now housed in the British Museum and depict the Great Panathenaia, the four-yearly ritual robing of Athena, with such lifelike execution that solid marble seems to flow in the folds of material in the gods' gowns.
This highlights the value that the Greeks placed in observation and understanding of the human form.

The classical world also devised urban planning. In cities such as Miletus and Priene, the social order was reflected in their houses and focal public buildings, assembly halls and gymnasia, which were all carefully laid out on a grid plan. Above all, their urban planning focused on the interchange of goods and ideas, and the 'agora' or marketplace might be considered the public heart of the Greek city.

In addition, the architects of ancient Greece produced great amphitheatres, able to accommodate an audience of 5000 with ease, providing perfect sight lines and acoustics, qualities that many architects find hard to emulate today.

# 중세

로마의 몰락과 암흑시대 였던 서구 문명의 문화적 혼란으로의 하강은 고전 시대와는 매우 다른 건축관을 촉발시켰다. 불확실성의 시대에서 주변 세계를 이해할 수 있는 그 자신의 능력에 확신이 없어진 인간은 종종 미래를 지배할 외부적 원천으로 관심을 돌렸다. 이러한 이유로 중세는 속세로부터 관심을 돌려 확실성의 원천으로 신성한 것을 바라보았다.

### 고딕 건축

수많은 고딕 건축의 주요 목적은 성경을 대부분이 문맹인 군중과 소통하기 위한 것이었다. 이러한 의도를 달성하기 위해, 중세 성당은 구조적 체적을 줄이고, 스테인드글라스가 성스러운 빛과 성 그리스도의 메시지로 성당 내부의 빛을 비출 수 있는 독특한 형태를 발전시켰다.

또한, 속세에서 존재의 고뇌에서 벗어나 천상에서 위안을 찾고자 하는 욕망은 수직성을 강조하여, 승천의 건축적 양식을 야기하였다. 시선을 하늘로 돌린 고딕 양식은 끝이 뾰족한 아치가 특징으로, 건물 바깥에 구조물을 두었다. 또 다른 훌륭한 사례는 프랑스 파리의 시떼 섬에 있는 유명한 고딕 성당인 노트르담과 가까운 생 샤펠에서 볼 수 있다. 수직적인 건축적 강조는 그 외부의 순례 불빛으로 과거에 사용된 높이 솟아오른 첨탑에서 볼 수 있다. (첨탑이 더 높을수록 도시의 독실함이 더 크다고 믿었던 것을 반영한다.)

고딕 건축은 또한 매우 정확하고 종종 복잡한 기하학적 조직을 사용하였다. 성스러운 비율(140페이지 참고)은 자연계에서도 나타나며, 성스러운 정신의 기념으로 사용되었다.

주거시설에서는 고전시대의 높이는 사라졌고, 고딕 건축은 지역의 생각들과 재료들을 사용하여 종종 목재 구조물 시공에 기초하여 대체로 일반 토착적 유형으로 후퇴하였다. 많은 측면에서 원시적이었지만, 중세 목수들이 사용한 시공 방법의 전반적 결과물은 기술적으로 상당히 기발하였다. 자연스러운 형태로 토착 재료를 사용하여, 건물에 지역 경관과 친숙하게 연결하였다. 이는 최근 '녹색' 건축 운동으로 재조명받고 있다. 또한, 이 시기에는 단편적인 마을과 도시 개발은 불규칙한 도시 계획을 양산하며, 많은 마을에 매력과 특색을 부여하였다. 중세 말, 대중에 대한 관심이 다시 생기면서 무역 활동에 기초한 크고 단단한 구조물들이 생겨났다. 더 작은 규모로는 지방 마을에 세워진 수많은 시장의 십자가에 적용되었다. 다른 한편에서는 이탈리아 베니스의 도제 궁전을 포함한 정교한 중세 구조물이 만들어지기도 하였다. 도제 궁전은 대중적인 건물 중 중세의 성당 수준으로 정교하게 만들어진 몇 안되는 구조물 중 하나였다.

→ 샤르트르 대 성당 역사 발전
엠마 리델, 2007
이 다이어그램은 샤르트르 대성당의 초기 갈로-로마 시대의 예배당(500년경으로 추정) 때부터 우리 모두에게 친숙한 고딕 성당(1260년경으로 추정)에 이르기까지를 보여준다. 각각의 건물의 새로운 단계는 이전 단계를 반영한다.

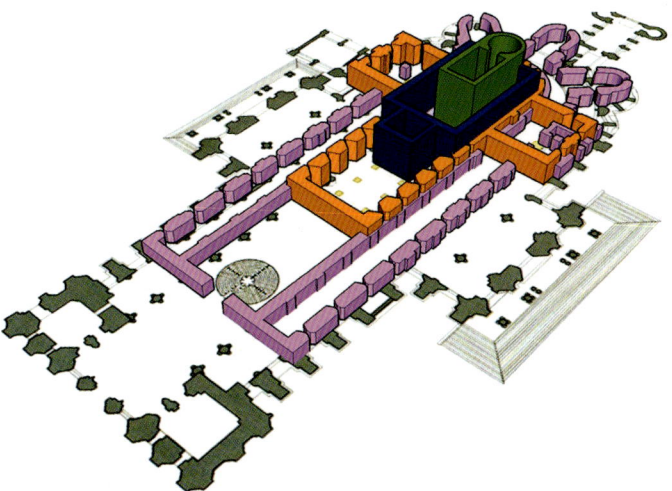

→ **Chartres Cathedral historical development**
**Emma Liddell, 2007**
This diagram demonstrates how Chartres Cathedral has evolved from the construction of its early Gallo-Roman inner chapel (dated AD c.500), to the Gothic cathedral (dated AD c.1260) that we are all familiar with. Each new phase of building wraps around the previous one.

## THE MEDIEVAL WORLD

The fall of Rome and the descent of western civilization into the cultural chaos that characterized the Dark Ages prompted a very different view of architecture from that which had existed in the classical world. In times of uncertainty, unsure as to his own abilities to understand the world around him, man often turns to external sources to govern the future. For this reason the medieval period saw a turn away from the secular towards the divine as a source of certainty.

**Gothic architecture**   The primary purpose of much medieval architecture was to communicate the biblical narratives to the largely illiterate masses. To serve this purpose, medieval cathedrals developed a unique form that reduced structural mass and allowed stained glass to illuminate the interior with the divine light and message of a Christian God.

In addition to this, the desire to escape the torments of earthly existence and seek solace in a heavenly realm brought about an emphasis on the vertical, resulting in an architectural style of ascension. Directing the eye heavenward, the Gothic style characteristically employed pointed arches and placed structure outside of the building. A great example of this is to be found in St Chappelle, close to the other great Gothic cathedral of Notre Dame, on the Isle de la Cité in Paris, France. A vertical architectural emphasis is seen on its exterior, with towering spires that once served as pilgrimage beacons (reflecting the belief that the taller the spire the greater the city's piety).

Gothic architecture also adopted a very precise and often complex geometric organization where sacred ratios (see page 140), echoed in the natural world, were employed as a celebration of the divine mind.

In domestic structures, the heights of the classical world were lost and Gothic architecture regressed to a largely vernacular type, using local ideas and materials and often based on timber-frame construction. While primitive in many respects, the overall results of the construction methods employed by medieval carpenters were of considerable technological ingenuity. The use of local materials in much of their natural form gave the buildings an intimate connection with their regional landscape and location. This is a characteristic that has recently been reinterpreted by the 'green' architecture movement. In addition to this, the piecemeal development of towns and cities through the period produced irregular urban planning, which gave many towns a certain charm and sense of character. Towards the end of the medieval period, the re-emergence of secular concerns gave rise to more substantial structures based around trading activities. At the smallest scale, this was evident in the many market crosses erected in provincial towns, and at the other end of the spectrum, saw the construction of some of the finest medieval structures, including the Doge's Palace in Venice, Italy, which was one of the few secular constructions crafted to the level of a medieval cathedral.

역사와 선례 History and Precedent

# 르네상스

14세기 초 이탈리아는 건축 역사상 가장 급진적이고 본질적인 변화를 보여주었다.

**인본주의**

이 시기에는 중세 스콜라 철학의 거부와 고전 건축에 대한 관심이 다시 일어났다. 유럽의 고딕 건물은 알았지만, 생생하게 로마 제국의 위대한 건축을 기억한 건축가들은 건축의 고전 언어를 재고하기 시작하였다. 이러한 연구는 플로렌스에서 가속화되었고, 이곳의 부유하고 자신에 찬 상인과 메디치와 같은 새로운 은행 가문들은 건축의 고전 언어로 실험하고 재평가 하는 작은 그룹의 건축가들의 후원자가 되었다.

이전 세대까지만 해도 고대 고전 시대의 작품들은 경험을 넘어선 형태와 복잡성을 보였다. 새로운 감성은 인간 추론력의 유효성과 관찰 그리고 지성을 통해 세계를 이해하는 것을 기초로 고전 건축을 이해하고자 노력하였다.

레온 바티스타 알베르티는 이러한 지적 접근을 옹호하였는데, 1452년 그의 저서 '건축론'에서 고전 시대에 대한 새로운 발견에 대해 정리하였다. 건축론에서 알베르티는 신의 신성한 완벽함의 거울로 정신적 형태의 수학적 완벽성을 주창하였고, 중심 대칭적으로 계획된 교회는 고딕 건축에서 채택된 라틴 크로스의 친숙한 형태보다 더 이상적이라고 언급하였다. 이러한 이상은 로마의 성 베드로 성당을 위한 미켈란젤로의 계획으로 몇 년 뒤 겨우 그 형태를 취하게 되었는데, 이는 건축에 대한 알베르티의 이론의 힘을 뒷받침하였다.

이탈리아 르네상스의 가장 강력한 상징 중 하나는 플로렌스에 있는 필리포 브루넬리스키[1]의 산타 마리아 델 피오레의 돔, 두오모였을 것이다. 여기서 너비 42m 스팬의 문제는 역사에서 그 선례들을 찾아볼 수 없었다. 브루넬리스키는 밖으로 향하는 거대한 힘에 저항하기 위해 거대한 쇠사슬로 돔의 기초를 묶는 천재적인 방법을 고안해냈다. 브루넬리스키는 고딕 교회 평면 언어를 조정하여 산토 스피리토의 고전적 기둥들에 지지되는 반 원형 아케이드를 생산하였고, 런던의 파운드링 병원의 엄청나게 섬세한 아케이드 정면에도 그 유사한 형태가 사용되었다. 이러한 방식으로 그는 고전 언어를 천재적으로 재해석하였고, 그가 고전 건축에서 발견한 선례를 당대 건물 유형에 채택하고 변형하였다.

→ **산타 마리아 델 피오레(두오모) 필리포 브루넬리스키, 1417-1434 (이탈리아 플로렌스)**
이 팔각형의 돔은 산타 마리아 델 피오레를 지배한다. 브루넬리스키는 로마 판테온의 이중벽으로 이루어진 둥근 지붕에서 영감을 받았다. 이중벽으로 이루어진 돔의 독특한 팔각형 디자인은 지붕에 바로 올려진 것이 아니라 원통에 얹혀 있으며, 전체 돔이 대지로부터의 가새를 할 필요없이 지어질 수 있도록 하였다. 이러한 거대한 시공은 37,000톤의 무게에 이르며, 4백만 개 이상의 벽돌로 구성된다.

↘ **바실리카 디 산타 마리아 노벨라의 파사드 레온 바티스타 알베르티 완공, 1456-1470 (이탈리아 플로렌스 노벨라)**
이 건물의 모든 치수는 서로 1:2의 비율로 묶여 있어 독특하다.

---

1) **필리포 브루넬리스키 1377-1446** 브루넬리스키는 이탈리아 플로렌스에서 태어났다. 그는 로마에서 도나텔로와 함께 조각과 건축을 공부하기 전에 본래 조각가로 훈련받았다. 1418년 브루넬리스키는 플로렌스의 산타 마리아 델 피오레의 두오모를 디자인하는 현상 설계에 당선되었다. 그의 디자인은 그 당시 가장 긴 스팬을 가진 큰 돔이었다. 브루넬리스키의 두오모는 일련의 층으로 이루어진 돔들로 구성되어 각 돔 사이의 공간은 걸을 수 있을 정도로 크다. 또한, 건축의 다양한 측면들을 보조할 수 있는 기계들을 발명하기도 했는데, 이 기계들은 무거운 것들을 들어 올리는 기계부터 투시도를 더 잘 이해하기 위한 기계 등이 있다.

→ **Santa Maria del Fiore(the Duomo)**
**Filippo Brunelleschi, 1417–1434**
**(Florence, Italy)**
This octagonal dome dominates the Santa Maria del Fiore. Brunelleschi drew his inspiration from the double-walled cupola of the Pantheon in Rome. The distinctive octagonal design of the double-walled dome, resting on a drum and not on the roof itself, allowed for the entire dome to be built without the need for scaffolding from the ground.
This enormous construction weighs 37,000 tonnes and contains over four million bricks.

↘ **Façade of the Basilica di Santa Maria Novella**
**Completed by Leon Battista Alberti, 1456–1470**
**(Florence, Italy)**
This building is unique because all its dimensions are bound to each other by the ratio of 1:2.

## THE RENAISSANCE

Few times in the history of architecture show the sort of rapid and fundamental changes in attitude as was witnessed in Italy at the beginning of the fourteenth century.

**Humanism**   This period saw a rejection of medieval scholasticism and a revived interest in classical architecture. Those architects who had known Gothic building in Europe, but vividly remembered the great architecture of the Roman Empire, began to reconsider the classical language of architecture. This line of inquiry gathered pace in Florence, where wealthy, self-confident merchants and new banking families such as the Medici became patrons to a small group of architects who had started to revalue and tentatively experiment with the classical language of architecture.

To a previous generation, the works of the ancient classical world had seemed a form and complexity beyond experience. The new sensibility sought to understand classical architecture based on the validity of man's reasoning power and his ability to understand the world through observations and intellect.

Leon Battista Alberti championed this intellectual approach and set out the new discoveries of the classical world in his 1452 treatise De Re Aedificatoria (On the Art of Building in ten books). In this he promoted the mathematical perfection of platonic forms as a mirror of God's divine perfection, and proposed that a centrally and symmetrically planned church would be more ideal than the familiar form of the Latin cross adopted in Gothic architecture. This ideal was only to take form some years later with Michelangelo's plans for St Peter's Basilica in Rome, which was testament to the power of Alberti's theoretical writing in architecture.

Perhaps one of the most potent symbols of the Italian Renaissance was Filippo Brunelleschi[1]'s dome of the Santa Maria del Fiore in Florence; the Duomo. Here the problem of spanning a 42 metre (138 feet) wide crossing required a solution for which history offered no precedents and Brunelleschi devised an ingenious method of banding the base of the dome with a giant iron chain in order to resist huge outward forces. Brunelleschi adapted the language of the Gothic church plan to produce a semi-circular arcade that was supported on classical columns at Santo Spirito, and used a similar form for the extraordinarily delicate arcade fronting the Foundlings Hospital in London. In this way he reinterpreted the classical language ingeniously, and adapted and modified the precedents he found in classical architecture to contemporary building typologies.

**1) Filippo Brunelleschi 1377–1446**   Brunelleschi was born in Florence, Italy. He initially trained as a sculptor, before studying sculpture and architecture in Rome with Donatello. In 1418 Brunelleschi won a competition to design the Duomo of the Santa Maria del Fiore in Florence. His design was the largest dome over the greatest span of its time. Brunelleschi's Duomo is made up of a series of layered domes and the space between each is large enough to walk through. He was also responsible for inventing machines to assist with various aspects of architecture, from raising large weights to a better understanding of perspective.

## 미켈란젤로

이탈리아의 르네상스가 발전하면서 건축가들의 창조적 능력은 더욱 향상되었다. 전성기 또는 후기 르네상스에는 조리조 바사리의 '미술가 열전'이 1550년에 출판되었다. 이 책은 창조적인 천재, 타인들을 넘어 특별한 능력을 위해 선정된 건축가에 대한 아이디어를 촉진하였다.

미켈란젤로는 그가 창조적 능력을 가졌다고 생각하였으며, 외부의 선례에서 영감을 받아 그리기보다는 자신의 상상력을 살폈다. 미켈란젤로는 독특한 통찰력으로 고전 언어를 이해할 수 있었으며, 주어진 규칙들을 간파하고 풀어낼 수 있었다. 이러한 것이 플로렌스의 라우렌티안 도서관의 거대한 입구 현관과 계단에 잘 나타나있다.

여기에서 미켈란젤로는 과거 건축의 아주 구체적인 방식에 사용되었던 아이디어들에 물음을 던졌다. 그는 그 역사 및 구조적 역할에 질문하며 박공벽의 입구 정문을 쪼개었을 뿐만 아니라 기둥을 전복시켜 벽에서 절삭되어 나오게 하였다.

미켈란젤로는 건축을 장식과 환상으로 바꾸었으며, 그의 작품은 감정과 연극적인 느낌을 불러일으키기 위해 디자인되었다. 이 기간 동안 고전 건축의 부활은 매너리즘(밝은 색상의 사용뿐만 아니라 스케일과 투시의 왜곡으로 특징지어지는 양식)을 채택하였고, 궁극적으로 도시의 사건들의 극장적 무대로 기술되는 건물과 시민 공간들로 로코코의 화려함과 퇴폐로 옮겨갔다. 이렇게 전환된 명확한 사례는 미켈란젤로의 로마 카피톨리네 언덕 리모델링이다. 이는 같은 구성 안에서 다양한 스케일의 경쟁하는 요소들을 건물들에 소개하였고, 이미 받아들여진 투시 규칙에 도전하였다.

↑ **캄피돌리오 광장**
**미켈란젤로 부로나로티,**
**1538-1650**
**(이탈리아 로마)**
이 광장은 타원형의 마당으로 디자인되었다. 미켈란젤로는 투시도 효과를 높이고, 도시쪽으로의 조망을 과장할 수 있도록 광장에 면한 두 건물도 디자인하였다. 로마의 황제 마르쿠스 아우렐리우스의 동상은 광장의 중심에 놓여 있다. 미켈란젤로의 광장은 기하학, 동선, 기념물을 일관된 도시 디자인 안에 화합하였다.

→ **로마 스케치**
새로운 도시를 방문할 때 강렬하거나 관심을 끄는 건물을 발견하고 스케치하는 것은 세부적인 부분이나 시공을 연구하고 이해하는 것에 도움이 된다.

↓ **Piazza del Campidoglio Michelangelo Buonarroti, 1538–1650 (Rome, Italy)**
This space is designed as an elliptical courtyard. Michelangelo also designed the two buildings flanking the piazza to create a sense of increased perspective, exaggerating views across the city. The Piazza del Campidoglio has a centrepiece statue of the Roman emperor Marcus Aurelius. Michelangelo's piazza brings together geometry, route and monument in a coherent piece of urban design.

→ **Sketches of Rome**
Sketching the striking or intriguing buildings discovered when visiting a new city can be helpful in taking the time to study and understand their details and construction.

**Michelangelo**   As the Italian Renaissance developed, so the confidence of architects in their own creative powers grew. The late or High Renaissance saw Giorgio Vasari's Le Vite de' più eccellenti pittori, scultori, ed architettori (Lives of the Most Eminent Painters, Sculptors, and Architects) published in 1550. This book promoted the idea of the architect as a creative genius, an individual singled out for special powers beyond and above others.

Michelangelo felt that he had such creative powers and looked into his own imagination rather than drawing on outside precedents for inspiration. In so doing he was able to understand the classical language with a unique insight, which enabled him to both master and break its given rules. This is nowhere more evident than in his great entrance vestibule and staircase to the Laurentian Library in Florence.

Here Michelangelo questioned ideas that had previously been used in a very specific way in architecture. Not only did he split the pedimented entrance portal, thus questioning its historic structural role, but he also inverted the columns and cut them out of the wall.

Michelangelo moved architecture more towards the ornamental or illusory; his work was designed to evoke emotions and a feeling of theatricality. During this period the rebirth of classical architecture adopted mannerism (a style that was characterized by distortions in scale and perspective as well as a use of bright colour), and ultimately moved towards the opulence and decadence of the rococo, with buildings and civic spaces described as theatrical backdrops to the events of the city. This shift is no more evident than in Michelangelo's remodelling of the Capitoline Hill in Rome, which challenged the accepted rules of perspective and introduced buildings with competing elements of various scales within the same composition.

# 바로크

18세기 초, 새로운 아이디어의 시대가 열렸다. 코페르니쿠스, 케플러, 갈릴레오는 확립된 지구 중심적인 교회의 우주론을 뒤집으며 지구와 인간이 더 이상 우주의 중심이 아니라면, 어떤 다른 확고한 믿음들에 대해 의구심을 가져야 할지 질문하였다. 이러한 컨셉은 엄청난 지적 탐구들을 만났으며, 이 탐구는 점차 '시계장치' 우주로 간주되었던 것을 지배하는 새로운 규칙들을 확립하려고 노력하였다.

**합리주의 건물**

아베 로지에와 같은 이론가는 보편적으로 적용할 수 있는 원시적인 작은 건조물 구조에 이르기까지 건축의 의미를 축소하여 건축학의 기초 원리를 확립하고자 했다.

실무에서 르두[1]와 불레[2]같은 건축가들은 진실된 형태를 얻기 위해 순수한 건축을 고안하였다. 소위 합리주의 건물은 데카르트의 합리주의 철학에서 유래되었는데, 명백한 전제에 기초한 건축을 생산하기 위해 논리적이고 연역적인 근거의 토대 위에 지으려고 노력하였다. 불레의 제안들은 거대한 규모로 실제로 거의 짓지 못했으나 그가 지은 건물 중 아이삭 뉴턴 기념탑은 그 시대의 상징이 되었다. 또한 르두의 파리를 위한 국경과 아르케스낭의 방사선 도시 디자인은 향후 도시 계획의 상당 부분을 먼저 이루어냈다.

/ **베르사유 궁의 대칭 및 합리적 평면**
이 다이어그램은 정원과 베르사유 궁전 건물 사이의 중심축을 따른 연결을 보여준다. 두 평면 모두 축을 따라 대칭을 이룬다. 1661년 건축가 루이 르 보가 설계하였고, 정원은 조경 건축가 앙드레 르 노트르가 설계하였다.

→ **베르사유 궁전**
**루이 르 보, 1661-1774**
**(프랑스 파리)**
원래 사냥용 작은 별장이었던 베르사유 궁전은 프랑스의 왕들에 의해 확장되어, 1661년 르 보가 현재의 형태와 비슷하게 디자인하였다. 이 궁전은 건축가와 조경 건축가들이 디자인하였는데 건물과 조경, 인상적인 내부와 외부의 연결이 세심하게 고려된 조망과 축으로 이루어졌다.

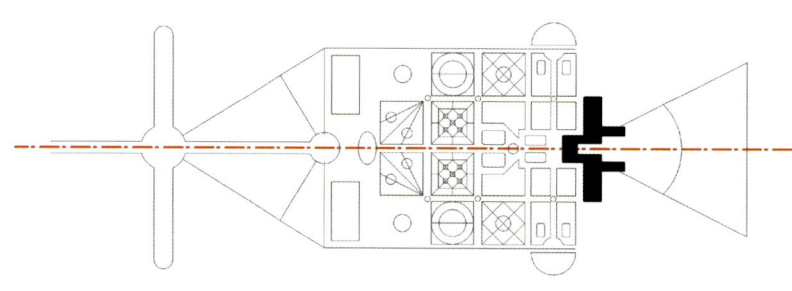

---

1) **클로드 니콜라스 르두 1736-1806** 르두는 프랑스는 그리스와 로마 고전 양식을 받아들인 신고전주의 건축가였다. 그는 프랑스의 아르케스낭의 왕립제염소와 프랑스 브장송의 극장과 같이 수 많은 기념비적이고 선견지명적인 프로젝트에 관여하였다. 그리스 고전 건축의 영향을 받아 르두는 새로운 사회를 위한 유토피아 도시를 고민 하였다.

2) **에티앙 루이 불레 1728-1799** 파리에서 태어난 불레는 국립 도서관을 포함하여 도시의 큰 규모의 여러 상징적 건물들에 참여하였다. 또한, 뉴턴 기념탑을 포함한, 실현되지 않은 선견지명적인 구조물들을 디자인하였다. 이 뉴턴 기념탑은 완전한 구 형태의 구조물이었다. 불레는 신고전주의 건축을 촉진한 많은 영향력을 가진 '건축 예술론'을 서술하였다.

/ **Symmetrical and rational plan of the Château de Versailles**
This diagram shows the connection, along a central axis, between the gardens and the building of the Château de Versailles. Both plans are symmetrical along the axis. The château was designed by the architect Louis Le Vau and the gardens by landscape architect André Le Notre in 1661.

→ **The Château de Versailles Louis Le Vau, 1661–1774 (Paris, France)**
Initially a small hunting lodge, The Palace of Versailles was extended by successive kings of France and designed to resemble its current form by Le Vau in 1661. It has been designed by architects and landscape architects and is an impressive connection of building and landscape, interior and exterior, by carefully considered views and axis.

## BAROQUE

The beginning of the eighteenth century witnessed a new age of reasoning. Copernicus, Kepler and Galileo overturned the established geocentric Christian cosmology and asked, if the earth and man were no longer at the centre of the universe, then what other established beliefs could be brought into doubt? This notion was met with an enormous burst of intellectual inquiry, which sought to establish new rules that would govern what was increasingly considered to be a 'clockwork' universe.

**Rational building**   Architecture too followed this pattern of inquiry with theorists such as Abbé Laugier seeking to establish the fundamental principles of the discipline by reducing the essence of building down to a primitive aedicule structure that, by extension, could be universally applied.

In practice, architects such as Ledoux[1] and Boullée[2] devised an architecture of purity that strived for the external truth of form. So-called rational building, derived from the rational philosophy of René Descartes, sought to build on the foundations of logical and deductive reason to produce an architecture based on indubitable premise. Boullée's proposals were of a giant scale and he built very little, but of those he did realize, his monuments to Sir Isaac Newton stand as a symbol of the age. Similarly, Ledoux's barrier gates for the city of Paris and his design for a radial city at Arc-et-Senans pre-empted much of the rational urban planning that would determine the future design of cities.

---

**1) Claude Nicolas Ledoux 1736–1806**   Ledoux was a French neoclassical (employing the original classical style from Greece and Rome) architect. He was involved in many monumental and visionary projects, such as the Royal Saltworks at Arc-et-Senans in France and the theatre of Besançon in France. Influenced by Greek classical architecture, Ledoux had ideas for a utopian city for a new society.

**2) Étienne-Louis Boullée 1728–1799**   Born in Paris, Boullée was involved in many of the city's large-scale symbolic buildings, including the national library. He also designed visionary structures that were never realized including the Cenotaph dedicated to Newton, which was a complete spherical structure. Boullée also wrote the influential essai sur l'art (essay on the art of architecture) (1794), which promoted neoclassical architecture.

고전 형태의 합리주의 건물은 이니고 존스의 작품을 통해 영국에 전해졌고, 이러한 지성 혁명 뒤에 나타난 정치 혁명들은 찰스 1세의 참수와 함께 이니고 존스[1]의 뱅케팅 하우스의 문밖에 날카로운 집중을 가져왔다.

크리스토퍼 렌[2]은 1666년 대화재 이후 새로운 계몽주의 방식으로 런던의 수많은 재건에 참여하였다. 중세 런던을 특징짓던 목재 골조의 건물들로 이루어져 금방이라도 무너질 것 같은 비합리적인 것에 대응하였다. 니콜라스 호크스무어[3]의 세인트 폴 대성당 돔과 그 주변 첨탑들은 지적인 명료함의 불빛과 같은 존재였다. 합리주의 건축은 도시에 새로운 스케일과 우아함을 가져다주었다.

그러나 18세기, 영국의 경험주의 철학의 등장으로 합리주의에 반대되는 건축이 나타났다. 지성보다는 감각을 통해 진실이 발견된다는 컨셉은 감각의 자극을 추구한 최초의 진정한 환경 조경 디자인을 이끌었다. 랜슬롯 '캐퍼빌러티' 브라운[4]은 흥미, 다양성, 대조에 기초한 정원을 고안했고, 스타우어헤드의 헨리 호어 정원은 이러한 컨셉을 가장 잘 잡아내고 있다.

↑ 세인트 폴 대성당
크리스토퍼 렌, 1675-1710
(영국 런던)
현재의 이 성당은 이전 성당이 런던 대화재로 파괴된 뒤 지어진 것이었다. 세인트 폴의 돔은 런던 스카이라인에 훌륭한 물리적 존재감을 가지며, 도시에 중요한 시각적 특징이며 참조할 수 있는 건물이다.

→ 스타우어헤드 정원
헨리 호어 2세, 1741-1765
(영국 윌트셔)
스타우어헤드 정원 디자인은 조망과 통로의 축에 알맞은 프랑스의 정돈된 양식에 엄연한 대조를 이룬다.
호어의 접근방식은 자연을 기념하는 것이었으며 스타우어헤드 정원은 부자연스러운 인공 조경으로, 정원 안에 있는 그로토와 폴리들과 같은 중요한 특색들을 언뜻 볼 수 있는 구불구불한 길들을 사용하였다.

1) 이니고 존스 1573-1652 영국에서 태어난 존스는 처음에는 고전 건축을 공부하고 이탈리아로 여행을 떠났다. 안드레아 팔라디오의 영향을 많이 받았는데, 팔라디오는 16세기 1570년에 쓰여진 '건축4서'에서 기존의 고전 건축을 해석하였다. 그는 고전 건축의 해석인 팔라디안 양식을 발전시켰다. 그의 가장 영향력 있는 건물은 영국에 있는 그리니치의 퀸즈 하우스, 화이트홀의 뱅키팅 하우스, 런던 코벤트 가든 디자인이 있다.

2) 크리스토퍼 렌 1632-1723 렌은 옥스퍼드 대학에서 천문학과 건축을 수학하였다. 1666년 런던 대 화재는 그에게 도시 재건에 관여할 수 있는 기회를 제공했다. 그는 런던의 세인트 폴 대성당을 디자인하였고 런던의 교회 중 51개의 재건에 관여하였으며, 영국의 햄프턴 코트 궁전과 그리니치 병원을 설계하였다.

3) 니콜라스 호크스무어 1661-1736 호크스무어는 렌과 함께 세인트 폴 대성당, 햄프턴 코트 궁전, 그리니치 병원 설계에 참여하였다. 또한, 그는 존 밴브루를 도와 영국의 블레넘 궁전과 하워드 성 설계에도 참여하였다. 호크스무어는 자신만의 접근 방식을 만들기 위해 고전 양식을 채택하고 해석하였다.

4) 랜슬롯 '캐퍼빌러티' 브라운 1716-1783 랜슬롯 '캐퍼빌러티' 브라운은 다수의 중요한 18세기 컨트리 하우스 설계에 참여한 영향력 있는 영국 조경 건축가로 주택 조경 제안을 통해 건축을 보완하고자 하였다. 브라운은 버킹햄셔의 스토우에서 경력을 쌓기 시작하였고, 그의 작품은 옥스퍼드셔의 블레넘 궁전의 정원과 영지가 있다. 그의 접근방식은 새로운 조경, 잔디, 나무, 호수 및 사원을 구성하는 완벽한 고전주의 환경을 만들어내는 것이었다. 그 결과 자연경관은 환상적이었지만, 각각의 요소들이 세심하게 고려되어 전체적으로는 부자연스러웠다.

↑ **St Paul's Cathedral**
**Sir Christopher Wren, 1675–1710**
**(London, UK)**
This current cathedral was constructed after its predecessor was destroyed by the Great Fire of London. The dome of St Paul's has a great physical presence on the skyline of London, and is an important visual feature and reference for the city.

→ **Stourhead Garden**
**Henry Hoare II, 1741–1765**
**(Wiltshire, UK)**
The design of the gardens at Stourhead is in stark contrast to the French ordered style that favours an axis for views and paths. Hoare's approach was to celebrate nature, and the Stourhead gardens are a contrived artificial landscape, making use of meandering paths to provide glimpses of important features such as the grottoes and follies contained within it.

Rational building as a classical form reached the United Kingdom through the work of Inigo Jones[1], and the political revolutions that followed this intellectual revolution were brought into sharp focus outside the doors of Inigo Jones' Banqueting House, with the decapitation of Charles I.

Sir Christopher Wren[2] remodelled much of London following the Great Fire of 1666 in this new enlightened fashion. The dome of St Paul's Cathedral and the surrounding spires by Nicholas Hawksmoor[3] stood like beacons of intellectual clarity against the ramshackle irrational collection of timber-frame buildings that had characterized medieval London. Rational architecture brought a new scale and elegance to the city.

However, as the eighteenth century unfolded, the rise of empirical philosophy in the United Kingdom brought an architecture that was the opposite of rational. The notion that truth was to be found through the senses (rather than through intellect) led to the first true landscape design of environments that were devoted to sensory excitation. Lancelot 'Capability' Brown[4] devised gardens based on intrigue, variety and contrast, and Henry Hoare's gardens at Stourhead most vividly capture this concept.

**1) Inigo Jones 1573–1652**   Born in England, Jones first studied classical architecture and then travelled to Italy. Heavily influenced by Andrea Palladio, who in the sixteenth century had interpreted original classical architecture in I Quattro Libri dell'Architettura (The Four Books of Architecture) (1570), Jones developed a Palladian style, which was an interpretation of classical architecture. In England, his most influential buildings are the Queen's House at Greenwich, the Banqueting House at Whitehall and the design of Covent Garden in London.

**2) Sir Christopher Wren 1632–1723**   Wren studied both astronomy and architecture at Oxford University. The Great Fire of London in 1666 gave him the opportunity to be involved in the rebuilding of the city. He designed St Paul's Cathedral in London, was involved in the rebuilding of 51 of the city's churches and also designed Hampton Court Palace and Greenwich Hospital in the UK.

**3) Nicholas Hawksmoor 1661–1736**   Hawksmoor worked alongside Wren on St Paul's Cathedral, Hampton Court and Greenwich Hospital. He also assisted Sir John Vanbrugh on Blenheim Palace and Castle Howard in the UK. Hawksmoor adopted the classical style and interpreted it to produce his own approach.

**4) Lancelot 'Capability' Brown 1716–1783**   Lancelot 'Capability' Brown was an influential British landscape architect who worked on many important eighteenth-century country houses, aiming to complement their architecture through his landscape proposals. Brown began his career at Stowe in Buckinghamshire, and his work includes the gardens and estates of Blenheim Palace in Oxfordshire. His approach was to create a complete classical environment comprising a new landscape, lawn, trees, lakes and temples. The result was an illusion of a natural landscape, yet it was totally contrived as each piece had been carefully considered and placed.

# 모더니즘

계몽운동(또는 이성의 시대)의 시작은 정치 혁명에 수반되었지만, 모더니즘은 다른 유형의 산업혁명으로 촉발되었다. 18세기 말 증기력의 개발은 산업의 중심을 급격히 성장시키고 대부분 시골에 분포되었던 인구를 도시로 집중시키는 변화를 가져오게 했다.

**쇠와 철**

단철이나 철과 같이 산업 혁명의 새로운 재료들은 시공 과정에 빠르게 사용되었다. 이러한 발전은 맞춤형의 중량 하중 전달 공사에서 공장에서 생산된 경량의 건물 재료들로의 패러다임의 전환을 가져왔다. 세계는 무역 박람회들을 통해 새로운 대량 생산품들을 축하하였다. 가장 건축적으로 눈여겨 볼만한 것은 1851년 런던 박람회와 1855년 파리 박람회였다. 런던 박람회는 주문 제작된 거대한 구조물인 수정궁에서 개최되었다.

조지프 팩스턴[1]이 설계한 수정궁은 사전제작된 주철 격자에 유리판이 끼워진 구성요소들을 사용하여 거대한 비율의 온실을 형성하였다. 팩스턴의 수정궁은 새로운 재료들을 전통적 형태에 최대한 활용하여 구조적으로 재해석하였다.

파리에서는 경량의 시공에서 이전에는 볼 수 없었던 높이를 만드는데 주철이 어떻게 사용될 수 있는가를 보여주었다. 에펠탑은 312m 높이로 파리 상공에 우뚝 솟아있으며, 골격은 이후의 고층 건물이나 초고층 건물을 선도하였다.

그러나 진정한 성취의 기회는 미국으로 넘어갔다. 1871년 화재로 시카고 도시의 상당 부분이 파괴되었다. 도시가 백지화에 직면하자, 건축가들은 재건을 위한 기본 구조의 뼈대로 쇠보다 훨씬 튼튼하고 비례적으로 가벼운 철을 사용하였다. 철은 세계에서 처음으로 고층 건물을 짓는데 사용되었다.

'형태는 기능을 따른다'라는 말로 유명한 루이 설리반은 근대 최초의 위대한 건축가였을 것이다. 시카고에 있는 그의 칼슨, 피리, 스콧 앤 컴퍼니 빌딩은 장식이 없고, 명확한 표현을 한 단순한 골조의 구조물이었다. 이는 과거 수많은 공공건물을 특징지었던 고전적 장식으로부터의 파격적인 단절이었다.

\ **콜브룩데일 철교**
**아브라함 다비3세, 1777-1779**
**(영국)**

세계 최초의 주철 다리는 영국 콜브룩데일의 세번 강 위에 아브라함 다비 3세에 의해 지어졌다. 지금은 산업 혁명의 가장 위대한 상징 중 하나로 인식된다. 다리는 디자인이나 건물의 주철 사용뿐만 아니라 지역 사회 및 경제에 많은 영향을 미쳤다. 그것은 18세기의 신기술과 공학 잠재력을 나타낸다. 다리는 과거의 중량의 돌 구조를 경량의 우아하고 거의 투명한 프레임으로 번안되었다.

---

1) **조지프 팩스턴 1803-1865** 팩스턴은 영국의 건축가이자 섬세한 정원사였다. 그의 작품인 더비셔의 채스워스 하우스는 팩스턴이 민감하고 섬세한 식물들을 키우고 보호할 수 있도록 만든 프레임에 짜여진 유리 구조물을 통해 실험되었다. 이를 통해, 팩스턴은 1851년 런던 대 박람회를 위한 수정궁의 디자인을 발전시켰다. 이 프로젝트는 당시 유리와 철을 가장 혁신적으로 사용한 것이다. 수정궁은 임시 구조물로 계획되었지만, 박람회가 끝난 후 런던 남부의 시든햄으로 옮겨졌다.

↘ **The Iron Bridge at Coalbrookdale Abraham Darby III, 1777–1779 (UK)**

The world's first cast-iron bridge was built over the River Severn at Coalbrookdale, England, by Abraham Darby III, and is now recognized as one of the great symbols of the Industrial Revolution. The bridge had a far-reaching impact on local society and the economy, as well as on bridge design and on the use of cast iron in building. It represents the new technology and engineering potential of the eighteenth century. The bridge translates the previous idea of a heavy stone structure into a light, elegant, almost transparent frame.

## MODERNISM

The beginning of the Enlightenment (or Age of Reason) had been accompanied by political revolution, but the modern world was initiated by another kind of revolution; that of industry. The development of steam power at the end of the eighteenth century changed what had been a predominantly rural population to an urban one and the cities at the heart of industry grew rapidly.

**Iron and steel**   The new materials of the Industrial Revolution, such as wrought iron and steel, were quickly transferred into construction applications. This development marked a paradigm shift from bespoke, heavy, load-bearing construction to lightweight factory-produced building elements. The world celebrated the new products of mass production through a series of trade exhibitions. Most architecturally notable were those in London in 1851 and Paris in 1855. In London, the exhibition was housed in the enormous custom-built structure of the Crystal Palace.

Designed by Sir Joseph Paxton[1], the Crystal Palace used standard components of prefabricated cast-iron lattice, infilled with glass panels, to form a greenhouse of enormous proportions. Paxton's Crystal Palace used these newly available materials to their limit, borrowing traditional forms and structurally reinterpreting them.

In Paris, the properties of cast iron showed how lightweight construction could be employed to achieve previously unseen heights. The Eiffel Tower soared some 312 metres (1,023 feet) in the Parisian skyline and its skeleton frame was to be the forerunner of the tall buildings and skyscrapers that followed.

But the opportunity to show what could really be achieved fell to the US. In 1871 a fire destroyed much of the city of Chicago. Faced with a blank sheet for the city, architects again used the framing principle as a basis for construction but this time with steel, far stronger and proportionately lighter than iron. It was used to construct the first high-rise building in the world.

Louis Sullivan, credited with the phrase 'form follows function', was perhaps the first great architect of the modern age. His Carson, Pirie, Scott and Company Building, in Chicago, was a simple frame structure that allowed clear expression without decoration. This was a radical break from the classical ornamentation that had previously characterized much civic building.

**1) Sir Joseph Paxton 1803–1865**   Paxton was an English architect and keen gardener. His work at Chatsworth House in Derbyshire saw him experiment with framed glass structures that would allow him to grow and protect sensitive and delicate plants. From these, Paxton developed designs to build the Crystal Palace for London's Great Exhibition in 1851. The project was the most innovative use of glass and steel at the time and was of an unprecedented scale. The Crystal Palace was intended to be a temporary structure, but was moved to Sydenham in South London after the exhibition had finished.

▶ 바르셀로나 파빌리온(외부),
1929년 바르셀로나 국제 박람회를
위해 건설
미스 반 데어 로에, 1928-1929
파빌리온의 구조는 평평한 지붕을
지지하는 8개의 철 기둥과 유리 커튼
월과 여러 개로 분리된 벽들로 구성
된다. 전반적인 인상은 시원하고
호화로운 공간을 형성하는 3차원
안에 평행하는 판들로 만들어졌다.
파빌리온은 박람회가 끝난 후에 철거
되었지만, 이후 같은 대지에 모조
건물이 지어졌다.

## 유리와 콘크리트

쇠와 철과 함께 근대 운동을 특징짓는 두 재료는 유리와 철근 콘크리트이다. 미스 반 데어 로에[1]는 새로운 플로트 유리 생산 방법의 가능성을 보았는데, 플로트 유리는 투명하고 구조미를 드러내는 재료가 될 수 있었다. 유리는 20세기 새로운 유토피아 시대를 나타낼 개방적인 정신을 예고하는 것이라 여겨졌다. 미스 반 데어 로에의 바르셀로나 파빌리온은 1929년 까탈루냐의 박람회 건물로 지어졌는데, 평평한 지붕을 지지하는 일련의 기둥들과 그 안의 공간을 나누기 위해 얇은 고급 대리석 판과 유리로 만들어진 비내력 벽으로 그 구조물을 축소했다.

건축을 내부에서 외부로의 공간적 연속성으로 인식할 때, 미스 반 데어 로에는 견고한 내력벽으로 둘러싸이고, 창과 문이 뚫린 공간들로 이루어진 실내의 역사적 패러다임을 깨뜨렸다. 그 대신 그는 공간이 건물을 통해 끊임없이 흐르고, 매스나 구조의 고형성으로 인해 방해를 받지 않도록 오픈 플랜을 계획하였다. 그의 건축은 개방되고, 가벼우며, 우아한 '새로운' 건축이다.

↑ 런던 동물원 펭귄 수조
루베트킨 드레이크 앤 텍턴, 1934
(영국 런던)
동물원의 펭귄 수조 디자인은
철근 콘크리트로 지어진 경사로를
이용하는데, 두 레벨을 연결하는
눈에 띄는 조각적 요소를
만들어낸다. 그것은 콘크리트의
잠재력을 이용하여, 구조 및 역동적
특징 모두를 보여준다.

╱ 헤드마크 박물관
스베르 펜, 1967-1969
(노르웨이 하마르)
콘크리트 통로를 따르는 건물의
루트는 유리 벽과 문을 통과하며,
내부와 외부 사이의 보이지 않는
경계를 형성한다.

1) 미스 반 데어 로에 1886-1969   독일에서 태어난 미스 반 데어 로에는 바우하우스 학교를 세운 그룹의 한 사람이었다(166페이지 참고). 그는 건축가, 교사, 가구 디자이너, 도시 계획가로서 디자인의 모든 측면에 대해 질문하였다. 또한, 그는 벽, 바닥, 천장의 컨셉에 질문하며 건축 언어가 판과 점이 될 방법을 고민하였다. 미스 반 데어 로에의 주요 건물로는 바르셀로나 파빌리온과 뉴욕 시그램 빌딩이 있다. 이 건물들은 재료의 사용과 그 결과로 나타난 형태의 관점에서 21세기의 가장 중요한 작품들 중 두 개이다.

↖ **The Barcelona Pavilion (exterior), constructed for the International Exposition in Barcelona of 1929**
**Ludwig Mies van der Rohe, 1928–1929**
The pavilion's structure consisted of eight steel posts supporting a flat roof, with curtain glass walling and a handful of partition walls. The overall impression is of perpendicular planes in three dimensions forming a cool, luxurious space. The pavilion was demolished at the end of the exhibition, but a copy has since been built on the same site.

↑ **The Penguin Pool at London Zoo**
**Lubetkin Drake & Tecton, 1934 (London, UK)**
This pool design uses a ramp constructed from reinforced concrete, which creates a striking sculptural element linking two levels. It exploits the potential of concrete, demonstrating both structural and dynamic qualities.

↗ **Hedmark Museum**
**Sverre Fehn, 1967–1979 (Hamar, Norway)**
The building's route along a concrete pathway passes through a glass wall and door, creating an invisible threshold between inside and outside.

**Glass and concrete**  Along with iron and steel, two other materials also came to characterize the modern movement: sheet glass and reinforced concrete. Ludwig Mies van der Rohe[1] had seen the possibilities of new float glass production methods, which could create a material that would enable transparency and structural honesty and, it was believed, would herald a spirit of openness that was to mark the new utopian age of the twentieth century. Mies van der Rohe's Barcelona Pavilion design, an exposition building constructed in Catalonia in 1929, reduced the structure to a series of columns that supported a flat roof, with non-load-bearing partition walls made of glass and thin veneers of fine marble to divide the spaces within.

In conceiving architecture as a spatial continuity from inside to outside, Mies van der Rohe also broke the historic paradigm of the interior being a series of spaces enclosed by solid load-bearing walls and punctured by windows and doors. Instead, he produced an open plan in which space flowed seamlessly through the building, unhindered by the mass and solidity of the structure. His was the 'new' architecture: open, light and elegant.

---

**1) Ludwig Mies van der Rohe 1886–1969**  Born in Germany, Mies van der Rohe was part of the group that established the Bauhaus school (see page 166). He was an architect, teacher, furniture designer and urban planner, who questioned all aspects of design. Mies van der Rohe also questioned the idea of walls, floors and ceilings, reinventing architectural language to become planes and points. Mies van der Rohe's significant buildings include the Barcelona Pavilion and the Seagram Building in New York. These buildings are two of the most important pieces of twentieth-century architecture in terms of their use of material and subsequent form.

## 퓨리즘

근대기간 동안 스위스 건축가 르 코르뷔지에(샤를-에두아르 장느레)는 르네상스 사상과 신조를 반영한 건축 원칙을 확립하였다. 이 지배적인 규칙들은 형태를 결정하기보다는 건축적 반응의 방향을 확립하는 것에 관한 것이었다.

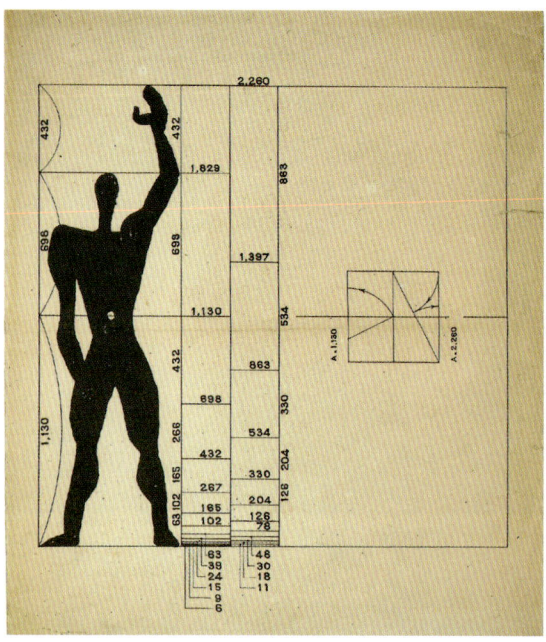

르 코르뷔지에에 의한 또 다른 중요한 발전은 레오나르도 다 빈치와 레온 바티스타 알베르티를 따라 인체 비례를 중심으로 건축의 필요성을 제안한 모듈러 시스템이었다. 모듈러 개념은 신체의 인체 측정학적 치수들을 형태와 공간으로 결정하는 방식의 측정 시스템을 만들어냈다. 이 시스템은 르 코르뷔지에의 가구, 건물, 공간의 디자인에 영향을 미치고 보완하였다.

/ 모듈러
르 코르뷔지에, 1945
(스위스 취리히)
© FLC/DACS,
프로리테리스, 2011
르 코르뷔지에는 건축 비례 스케일을 위해 모듈러 시스템에서 황금 비율을 명쾌하게 사용하였다. 그는 이 시스템을 비트루비우스, 레오나르도 다 빈치의 비트루비안 인간, 레온 바티스타 알베르티의 작품, 인체의 비례를 건축의 외관과 기능을 개선하기 위해 사용한 다른 사람들의 전통의 긴 연속이라 보았다. 황금 비율뿐만 아니라, 르 코르뷔지에는 그의 시스템을 인간의 치수들, 피보나치 수열, 복수에 기초하였다. 그는 인체 비율의 황금률에 대한 다 빈치의 제안을 최대한 받아들였고, 황금률로 모델 인체의 높이를 배꼽에서 두 부분으로 나누고 다시 무릎에서 목까지 황금률로 그 부분들을 나누었다. 그는 이러한 황금률 비례를 모듈러 시스템에 사용하였다.

\ 슈뢰더 하우스
게리트 리트벨트, 1924-1925
(네덜란드 유트레흐트)
슈뢰더 하우스는 공간을 취해 수직 및 수평으로 연결하고, 색상을 써서 수직 및 수평 판들을 나타내는 일종의 3차원 퍼즐이다. 내부 벽은 더 큰 오픈 스페이스를 드러내기 위해 움직인다. 모두 주택 내부에서 재고안되며, 주거의 모든 과정이 관찰되고 반응되었다. 찾아야 발견되는 화장실은 벽장에서 나타난다. 취침, 거실 구역은 한 공간에 섞여 있으며, 이것은 공간, 형태, 기능에 대한 실험이다.

### 근대 건축의 특징
1. 필로티: 기둥으로 건물 매스를 대지로부터 띄워 올리는 것이다.
2. 자유 평면: 공간을 나누는 벽으로부터 하중을 지지하는 기둥을 분리함으로써 가능하다.
3. 자유 입면: 수직 판에 나타나는 자유 평면의 결과물이다.
4. 길고 수평적인 띠 창
5. 지붕 정원: 구조물로 덮인 대지를 지붕에서 회복한다.

## 데 스틸

20세기 네덜란드의 예술 운동인 데 스틸은 테오 반 되스부르크와 같은 예술가의 사상을 물리적 공간의 개념에 연결하기 위해 시작되었다. 데 스틸 잡지에서 반 되스부르크[1]는 표면과 색상에 관련된 공간의 개념을 탐구하였다. 마찬가지로 게리트 리트벨트는 공간, 형태, 색상에 대한 아이디어를 가구 및 건축 디자인에서 발전시켰다.

데 스틸의 지지자들은 영적인 조화와 질서의 새로운 유토피아 이상을 표현하려고 하였다. 그들은 형태와 색상의 에센스만을 축소하여 순수한 추상과 보편성을 옹호하였다. 그들은 시각적 구성을 수직 및 수평 방향으로 단순화하여, 흑백과 함께 주요 색상만을 사용하였다.

---

1) 테오 반 되스부르크 1883-1931   테오 반 되스부르크는 데 스틸 운동의 창시자 중 한 명으로, 주로 예술 및 건축 사조에 관련되었다. 색상과 형태의 추상화에 관심을 둔 데 스틸은 색상과 판을 연결한 시각적 코드를 사용하였다. 주요 색상 및 흑백은 공간과 형태를 탐구하기 위해 예술과 건축 모두에 사용되었다.

↙ **Le Modulor**
**Le Corbusier, 1945**
**(ProLitteris, Zurich)**
**© FLC / DACS, 2011**

Le Corbusier explicitly used the golden ratio (see page 123) in his modular system for the scale of architectural proportion. He saw this system as a continuation of the long tradition of Vitruvius, Leonardo da Vinci's Vitruvian Man, the work of Leon Battista Alberti, and others who used the proportions of the human body to improve the appearance and function of architecture. In addition to the golden ratio, Le Corbusier based his system on human measurements, Fibonacci numbers (see page 123), and the double unit. He took da Vinci's suggestion of the golden ratio in human proportions to an extreme: he sectioned his model human body's height at the navel with the two sections in golden ratio, then subdivided those sections in golden ratio at the knees and throat; he used these golden ratio proportions in the modular system.

↘ **The Schröder House,**
**Gerrit Rietveld, 1924–1925**
**(Utrecht, The Netherlands)**

The Schröder House is a kind of three-dimensional puzzle; it takes space and connects it both vertically and horizontally, using colour to signify the vertical and horizontal planes. The interior walls move to reveal larger open spaces. Everything is reinvented inside the house, all processes of living have been observed and responded to. The bathroom needs to be discovered and is unveiled in a cupboard. Sleeping, sitting and living are interweaved in one space. It is an experiment of space, form and function.

**PURISM** During the modernist period, Swiss architect Le Corbusier (born Charles-Edouard Jeanneret) established principles of architecture that responded to Renaissance ideas and dogma. These governing rules were less about determining the form and more about establishing a direction for an architectural response.

Another important development for Le Corbusier was the modular system that, following the tradition of Leonardo da Vinci and Leon Battista Alberti amongst others, suggested that architecture needs to be centred around the proportions of the human body. The concept of Le Modulor created a measuring system that used human anthropometric dimensions as a way of determining form and space, and this system informed and underpinned the design of Le Corbusier's furniture, buildings and spaces.

**Characteristics of modernist architecture**
1. Pilotis: these are columns elevating the mass of the building off the ground.
2. The free plan: this is achieved through the separation of the load-bearing columns from the walls subdividing the space.
3. The free façade: this is the result of the free plan in the vertical plane.
4. The long, horizontal ribbon window.
5. The roof garden: this restores the area of ground covered by the structure.

**de Stijl** In the twentieth century, the Dutch artistic movement, De Stijl (the style) began to connect the ideas of artists such as Theo van Doesburg[1] to the notion of physical space. In the De Stijl journal van Doesburg explored the notion of space in relation to surface and colour. Similarly, Gerrit Rietveld developed ideas of space, form and colour in the design of his furniture and architecture.

Proponents of De Stijl sought to express a new utopian ideal of spiritual harmony and order. They advocated pure abstraction and universality by a reduction to the essentials of form and colour. They simplified visual compositions to the vertical and horizontal directions, and used only primary colours along with black and white.

**1) Theo van Doesburg 1883–1931** Theo van Doesburg was one the founders of the De Stijl (the style) movement, which was concerned primarily with ideas of art and architecture. Interested in the abstraction of colour and form, De Stijl employed a visual code that connected colour and plane. Primary colours and black and white were used in both art and architecture to explore space and form.

# 박물관 재설계

프로젝트: 베를린 신 박물관
건축가: 데이비드 치퍼필드 아키텍츠
건축주: 프러시아 문화 유산재단, 건설 및 지역 계획 연방 사무소(대표)
연도/위치: 1997-2009 / 독일 베를린 뮤지엄 아일랜드

이 장은 역사와 선례에 관련되어 건축적 아이디어나 프로젝트에 어떻게 정보를 제시하는가를 다룬다. 데이비드 치퍼필드 아키텍츠의 베를린 신 박물관은 뮤지엄 아일랜드로 알려진 건물군의 일부이다. 이 모든 건물은 1840년과 1859년 사이에 지어졌다. 대지는 세계 제2차 대전에서 손상을 입은 뒤 수년간 반 유기되었다.

이러한 대지에 현대적 건축 프로젝트로 반응할 때, 대지의 세심한 독해와 해석이 필요하다. 이는 그 제안이 역사적 통합성이나 정체성을 구성하지 않는다는 것을 확신하기 위해서이다.

프로젝트 지침은 대지의 본래의 모습을 재건하는 것으로, 원래의 실과 공간의 순서를 복구하는 것이었다. 하지만 새로운 계획은 새로운 요소이기보다 기존 구조물의 일부로 가장하려 하지 않고, 기존의 특징들과는 확연하게 구분되어야 하는 것이 중요하였다.

↗ 신박물관의 서측 입면

↑ 계단 홀의 단면

↗ 데이비드 치퍼필드의 컨셉 스케치

↘ 1층 평면
평면 레벨은 출입구 층과 안뜰을 보여준다. 검은색은 기존의 조직을 나타내고, 회색은 새로운 증축을 나타낸다.

CASE STUDY

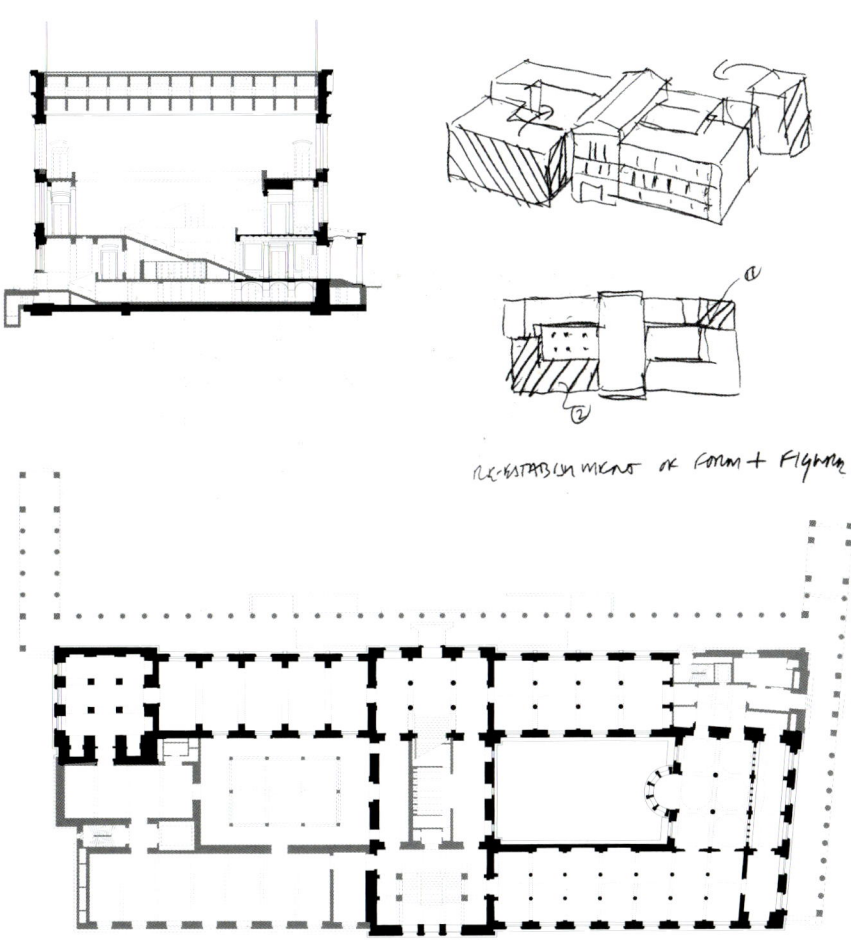

**CASE STUDY**

↗ **West façade of the Neues Museum.**

↑ **Section through the staircase hall.**

↗ **Concept sketch by David Chipperfield.**

↘ **Floor plan level 1**
The floor plan level shows the main entrance floor and courtyards. Black denotes existing fabric, grey denotes new additions.

**Reconstructing a museum**
Project: Neues Museum, Museum Island, Berlin
Architect: David Chipperfield Architects
Client: Stiftung Preussischer Kulturbesitz represented by Bundesamt für Bauwesen und Raumordnung
Date / Location: 1997–2009 / Museum Island, Berlin, Germany

This chapter is concerned with the idea of history and precedent and how this informs an architectural idea or project. This scheme by David Chipperfield Architects for the Neues Museum, Berlin is part of a complex of buildings known as Museum Island. All these buildings were built between 1840 and 1859. The site was semi-derelict for many years after it was damaged in the Second World War. Responding to such a site with a contemporary architectural project requires careful reading and interpretation of the site, to ensure that the proposal does not compromise its historic integrity or identity.

The brief for the project was to reconstruct the original volume of the site, reinstating the original sequence of rooms and spaces. However, it was also important that the new interventions should be clearly distinct from the existing features, with no attempt to disguise the new elements as being part of the original structure.

역사와 선례 History and Precedent  63

↑→ 계단홀
대리석 골재와 미리 제작된 콘크리트 커다란 요소들로 만들어진 이 새로운 계단은 원래의 계단을 그대로 따라 하지 않으면서 반복하고 있다. 기존의 장식 없이 벽돌 체적의 장엄한 홀 안에 놓여있다.

프로젝트가 시작되기 전에 기존 건물의 중요한 면모들과 특징들을 기록하기 위해 고고학 조사가 필요하였다. 새로운 전시 공간은 미리 제작된 커다란 콘크리트 요소들로 지어졌고, 백색 대리석 조각들과 백색 혼합 시멘트로 만들어졌다. 새로운 계단은 원래의 계단을 그대로 따라 하지 않으며 반복하였다. 이 계단은 새로운 건축, 현대적 삽입 언어의 일부로 원래의 계단과는 확연히 다르다.

공간의 일부인 보존된 건물 내부에는 신·구 사이의 접촉이 가능하고, 건물을 통해 연결된 콜로네이드와 노출된 벽 단면을 포함한다.

이 계획의 지침은 주로 돌로 지어진 원래 건물의 물리적 특징을 보존하고, 회복에 효과를 주는 것이었다. 복구는 여전히 건물의 역사로부터 확연한 흔적을 남기고, 탄환 구멍을 포함한 전쟁의 흉터들은 시각적 역사의 일부가 된다.

이집트 박물관과 선사 초기 역사박물관의 소장품들을 전시하는 이 건물은 2009년에 개장하였다.

↑ → **Staircase hall**
The new staircase (made from large format prefabricated concrete elements with marble aggregate) repeats the original without replicating it, and sits within a majestic hall that is preserved only as a brick volume, devoid of its original ornamentation.

Before the project began, an archaeological investigation was necessary to record important aspects and features of the original building. The new spaces for the exhibition rooms were built from large prefabricated concrete elements, made from white cement mixed with white marble chips. The new staircase repeats the original without replicating it: it can be seen as distinctly different from the original; it is part of the language of the new architecture, the contemporary insertion.

There are areas within the building that have been reserved and are part of the interpretation of the space, allowing a sense of contact between the old and the new, including sections of wall that are exposed and colonnades that connect through the building.

The brief was to effect a restoration whilst preserving the physical character of the original building, which was largely made from stone. The restoration still leaves evident remnants from the building's history, and traces of war damage, including bullet holes, are still part of the visual history.

The building opened in 2009 and exhibits collections of the Egyptian museum and the Museum of Pre- and Early History.

# 스카이 라인

도시의 역사는 많은 층위에서 보여질 수 있다. 이것은 파노라마 전망에 의해서도 보인다. 수많은 시기의 건물들로 구성되며, 역사적으로 수세기의 발전을 보여줄 수도 있다. 도시의 스카이라인은 형태뿐만 아니라 재료에서의 변화를 통해 표현된 구조, 기능, 장소에서의 변화를 제시한다.

도시 정체성의 일부인, 이러한 스카이라인을 이해하려고 노력하기 위해, 도시 및 그 도시의 건물들에 대한 분석이 장소의 역사 발전을 이해하기 위한 유용한 방법이 될 수 있다.

연습을 위해:
1. 도시 스카이라인의 이미지를 만들어라. 이는 도시를 내려다보기 좋은 위치에서 찍은 사진이나 포토샵과 같은 소프트웨어를 이용해 구성된 이미지들로 보여줄 수 있다.
2. 건물의 형태를 개별적으로 이해하기 위해서는 이미지 위에 역사적으로 중요한 건물들을 따라 그려보아라.
3. 이러한 건물들을 강조하고 라벨을 붙여라. 건물들에 대해 가능한 많은 것들을 찾고, 정보를 얻기 위해서는 지역 박물관이나 도서관에서 온라인을 활용하여라.
4. 도시 경관이 '수평'으로 표현되었다면, 건물들을 재료의 측면에서 개별적으로 조사하는 것과 도시가 역사적으로 어떻게 발전했는지를 이해하기 위해서는 역사적인 지도를 조사하는 것이 유용할 수도 있다.

옛 건물과 현대 건물들이 함께 있는 부분에 연대별로 색상을 입혀보아라. 이는 도시의 역사적인 형태를 확인할 수 있도록 도와줄 것이다.

→ **바르셀로나 스카이라인**
이 사진은 바르셀로나의 전경을 보여준다. 덧입혀진 스케치는 스카이라인의 중요한 요소들을 강조한다.

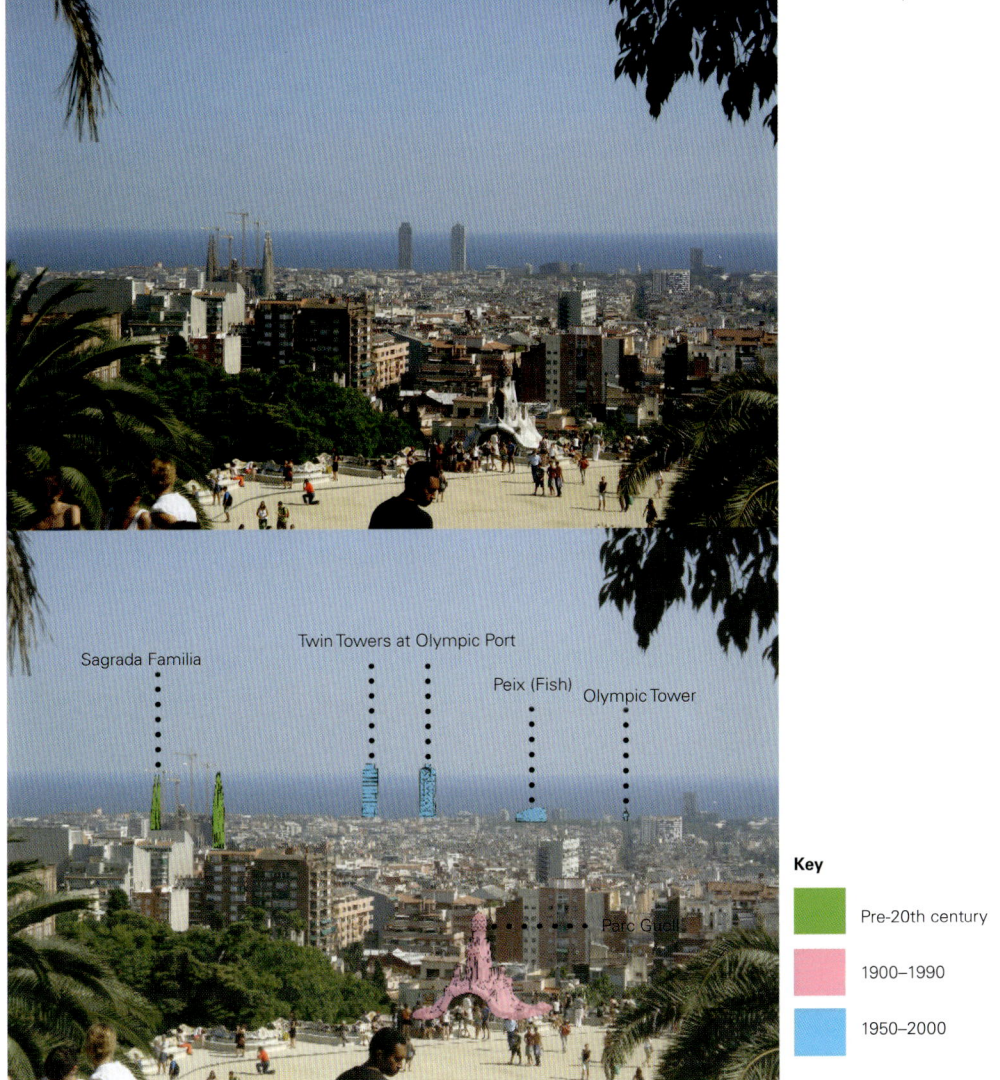

→ **The Barcelona skyline**
This photo of Barcelona shows a panoramic view of the city and the sketches overlaid highlight important elements in the skyline.

**Skylines**
The history of a city can be seen on many levels; it is revealed by a panoramic view. It comprises buildings of many periods and historically can represent several centuries of development. The skyline of a city suggests change in structure, function and places expressed through changes in material as well as form.

To try to understand this skyline, which is part of the identity of a city, analysis of the city and its buildings can be a useful way to understand the historic development of a place.

For this exercise:

1. Take an image of a city skyline. This can be one photograph taken from a vantage point overlooking the city or it could be comprised of a series of images stitched together using software such as Adobe Photoshop.
2. To understand the form of the buildings individually, trace buildings of historical importance over the image.
3. Highlight and label these buildings. Discover as much as you can about the buildings, look online at local museums and libraries for information.
4. Once the city landscape has been described as a 'horizon', it may be useful to then investigate the buildings individually, in terms of material, and also to investigate historic maps to understand how the city has developed over a period of time.

Try to choose a mixture of new and old buildings and colour code them according to age. This will help you identify the historical morphology of your chosen city.

# 제3장
# 시공

시공은 건축을 만드는 것으로, 건축의 실체성과 물질성에 관한 것이다. 건물은 거시적 관점에서는 지붕, 벽, 바닥이 있는 구조적 프레임으로 간주되기도 하지만, 건축적 요소들이 어떻게 결합되고 통합되는지를 설명하는 여러 측면에서 세부적으로 고려되어야 한다. 예를 들어 건물은 가변적이고 안락한 내부 환경을 제공하는 환기, 난방 또는 조명과 같은 디자인 시스템으로 효과적으로 작동하고 기능해야 한다. 근본적으로 건물은 일종의 기계로 집합적이고 효과적으로 살기 좋게하는 상호 의존적인 부분들과 시스템들이다.

→ 까사 밀라
**안토니 가우디, 1912**
**(스페인 바르셀로나)**
가우디의 까사 밀라는 바르셀로나 여름의 강한 더위를 고려하였다. 그는 지붕에서 건물의 주거 구역으로 신선한 공기가 바로 들어올 수 있는 환기탑을 개발하였다. 가우디는 혁신적인 건설 기술과 사용가능한 재료들을 탐구하여, 단순한 문제에 대한 조각적이고 실용적인 해결안을 만들어냈다.

**Chapter 3**
**Construction**

Construction is about the making of architecture; its physicality and its materiality. A building can be considered at a macro level, as a structural frame with a roof, walls and floors, but it simultaneously needs to be considered as a series of details that explain how the architectural components are combined and unified. For example, a building must operate and function effectively with design systems such as ventilation, heating or lighting, which provide variable and comfortable internal environments. Essentially, a building is a kind of machine; a series of interdependent parts and systems that collectively enable it to be effective and habitable.

→ **Casa Milà (La Pedrera)**
**Antoni Gaudi, 1912**
**(Barcelona, Spain)**
Gaudi's design for the Casa Milà took into account the extreme heat of the Barcelona summers. He developed ventilation towers to take fresh air from the roof right down into the living areas of the building. Gaudi integrated innovative construction techniques and an empathy with the available materials, to create a sculptural and practical solution to a simple problem.

# 재료

시공 기술과 시스템은 무수히 많고 다양하지만, 그 각각은 사용하는 재료에 의해 정보를 얻는다.

이 섹션에서는 건설에 사용되는 전형적인 재료들에 대한 소개로, 각각의 재료가 어떻게 질감, 형태, 공간적 정의를 건물에 적용할 수 있는지를 보여준다.

## 조적

조적은 벽돌이나 돌과 같이 땅에서 얻은 재료들로 진행되는 시공이다. 시공에 사용될 때 조적은 쌓는 방식이기 때문에 무거운 요소들은 아래층에 놓이며 가벼운 층이 수직으로 기초부터 지붕으로 올라간다. 어떤 조적 공사에는 모듈로서 특정한 방식으로 사용되어야 한다. 예를 들어 벽돌 벽에 개구부를 만들 때, 그 위의 벽돌을 지지해야 한다. 전형적으로 홍예석(쐐기 모양이나 점점 가늘어지는 형태의 벽돌이나 돌)이 조적벽에 아치를 만

↙ 석재 파사드
이 파사드는 석재로 지어져 육중한 고전 요소들과 더 복잡하게 세공된 세부로 구성된다.

→ 브릭 하우스
카루소 세인트 존, 2005
(영국 런던)
이 주택 바닥과 벽의 내부와 외부는 벽돌로 지어졌다. 한가지 재료의 사용은 전체 건물을 묶는다.
회반죽 안에서의 벽돌 배열은 표면이 늘여지고 구부러지고 비틀려 탄성력 있고 역동적이게 보일 수 있다.

드는 데 사용되고, 이에 필요한 지지력을 제공한다. 조적의 특징을 이해하는 것은 조적을 사용한 건축을 이해할 때 중요하다. 예를 들어 벽돌은 반드시 교대로 쌓여야 하는데, 그렇지 않으면 그 벽은 불안정해서 무너질 것이다.

벽돌벽의 효과는 그 벽돌 층 유형과 벽돌의 색상에 따라 다양한 것이다. 현실적으로 벽돌벽은 어떤 높이 이상으로 올리기 위해서는 부가적인 지지가 필요하다. 그렇지 않을 경우 벽돌벽은 불안정하며, 이에 따라 기초에 단단한 지지가 필요하다. 이것들은 궁극적으로 건축 디자인과 그 미적 측면에 영향을 미칠 것이다.

/ **Stone façade**
This façade has been built from stone and comprises massive classical elements and more intricate carved detail.

→ **Brick House**
**Caruso St John, 2005**
**(London, UK)**
The floors and walls of this house are built of brick, inside and out. The use of one material binds the whole building. The arrangement of bricks within the mortar shifts as surfaces stretch, bend and twist, making them appear elastic and dynamic.

## MATERIALS

Construction techniques and systems are many and varied, but each is informed by the materials that are used.

This section will serve as an introduction to the typical materials used in construction, and will demonstrate how each can be used to provide a texture, form and spatial definition to a building.

**Masonry**   Masonry is typified by constructions made from materials of the earth, such as brick and stone. When used in construction, masonry is a material that is stacked; traditionally heavier elements are placed on the lower layers and lighter layers are used as one moves vertically from the foundations to the roof. Some masonry construction is modular and as such it needs to behave in a particular way. For example, when openings are created in a brick wall, it is necessary to support the brickwork above. Typically voussoirs (a wedge-shaped or tapered brick or stone) are used to produce arches in a masonry wall, which provides the required support. Understanding the properties of masonry is an important part of understanding the architecture that uses it. For example, bricks must be stacked alternately, because if the courses are not varied the wall will be unstable and collapse.

The effect of a brick wall will vary according to the coursing patterns and brick colours available. Practically, a brick wall needs additional support over a certain height or it will not be stable, also it needs substantial support in its foundation to provide stability. Such concerns will ultimately inform the architectural design and its aesthetic expression.

## 콘크리트

콘크리트는 골재, 자갈, 시멘트, 모래, 물로 만들어진다. 콘크리트는 내력을 주기 위해 이러한 재료들을 다양한 비율로 맞춰 구성된다.

콘크리트는 거대하고 육중한 구조물에 사용되면 거칠게 보일 수도 있지만 일본 건축가 안도 다다오[1]가 사용한 것처럼 미묘한 특징을 줄 수도 있다. 그는 콘크리트를 세팅하면서 지지하는 거푸집널을 마감된 건물에 질감을 제공하는 데 이용한다. 거푸집널의 나뭇결과 콘크리트 형프레임이나 거푸집에 쓰이는 고정 볼트들의 자국은 벽 마감에 남아 벽에 깊이와 감각적인 표면을 만든다.

콘크리트는 가끔 더 큰 강도와 안정감을 주기 위해 철망으로 보강한다. 철근 콘크리트는 더 큰 거리의 스팬을 가능하게 하며 도로나 교각 건설과 같은 토목 공학 프로젝트에서 사용된다. 철근 콘크리트는 큰 규모의 구조물에 엄청난 유연성을 가능하게 한다.

철근 콘크리트의 사용은 프랑스 건축가 오거스트 페레에 의해 시작되었다. 20세기 초반, 페레는 처음으로 르 코르뷔지에와 독일의 '산업 디자인' 주창자인 피터 베렌스와 함께 작업을 하였다. 베렌스는 양식보다 대량 생산의 공학자의 윤리, 논리적 디자인, 기능을 존중하였다. 르 코르뷔지에는 1915년 '메종 도미노' 평면(82~83페이지 참고)에서 페레와 베렌스의 재료와 양식적 영향을 모두 통합하였다. 이 주택은 철근 콘크리트로 만들어져 대량 생산을 위한 것이었지만, 모든 벽은 비내력벽으로 내부는 사용자가 원하는 대로 배열할 수 있는 융통성을 가지고 있었다. 르 코르뷔지에의 급진적 아이디어들은 1923년 그의 책 '새로운 건축을 향하여'에서 설명하고 있다. 그는 이 책에서 '집은 주거를 위한 기계이다'라고 말한다.

/ 세인트 조세프 교회
오거스트 페레, 1957
(프랑스 노르망디 르 아브르)
오거스트 페레는 철근 콘크리트의 선구자 중 한명으로, 110m 높이의 팔각형 등대의 아름다운 효과를 위해 철근콘크리트를 사용하였다. 그 탑은 6,500개의 색상이 있는 유리를 통합하여, 콘크리트를 비추고, 태양의 위치에 따라 색상이 변한다. 이 탑은 오거스트 페레가 디자인하고 사후에 그의 스튜디오 건축가들이 완공하였다.

→ 키도사키 주택
안도 다다오, 1982-1986
(일본 도쿄)
이 주택은 콘크리트와 목재 거푸집 프레임을 사용하여 만들어진 미적 요소와 함께 안도 특유의 시공 기술을 보여준다. 벽의 구멍들은 거푸집 프레임을 함께 잡는 데 사용된 볼트들의 위치를 보여준다.

---

1) **안도 다다오  1941년생**   안도는 일본적인 감각의 시공 재료에서 많은 영향을 받았다. 빛과 공간은 그의 작품의 중요한 특징이다. 안도는 콘크리트의 사용과 단순한 기하학을 평면, 단면, 입면에 적용한 것으로 가장 잘 알려져 있다. 안도는 목재 거푸집 프레임 사용에 능숙한데, 그는 현장치기 콘크리트(현장에서 타설되는 콘크리트)에서 '형프레임'이나 거푸집을 목재로 만들어 사용한다. 목재 거푸집 프레임이 제거되면 목재의 유형과 그것을 연결한 볼트 무늬가 콘크리트에 남아있다. 이러한 표면 효과는 그의 작품의 독특한 측면이다.

↗ **Saint Joseph Church**
**Auguste Perret, 1957**
**(Le Havre, Normandy, France)**
Auguste Perret was one of the pioneers of reinforced concrete and he used it to beautiful effect in this 110 metre (361 feet) octagonal lantern-tower. The tower incorporates 6500 pieces of coloured glass, which light up the concrete and change colour depending on the position of the sun. The tower was designed by Auguste Perret and completed after his death by the architects of his studio.

→ **Kidosaki House**
**Tadao Ando[1], 1982–1986**
**(Tokyo, Japan)**
This house displays Ando's signature technique of building with concrete and the incorporation of the aesthetic produced from using timber shuttering. The holes in the walls indicate the position of the bolts that were used to hold together the shuttering.

**Concrete**   Concrete is made of aggregate, gravel, cement, sand and water. It is the variable proportional quantities of these materials that give concrete its intrinsic strength.

Concrete can be brutal when used in large, heavy structures, but it can also have a subtlety to it, a quality that is exploited by Japanese architect Tadao Ando. In his architecture the shuttering, which supports the concrete while it is setting, is used to provide texture to the finished building. The memory of the shuttering's timber grain and the fixing bolts for the concrete's mould or formwork remain on the wall finish, giving the walls a depth and a sense of surface.

Sometimes, concrete is reinforced with a steel mesh to provide greater strength and stability. Reinforced concrete can span large distances and is used in engineering projects such as road building and bridge construction. Reinforced concrete allows enormous flexibility with large-scale structures.

The use of reinforced concrete was pioneered by French architect Auguste Perret. At the beginning of the twentieth century, Perret first worked alongside Le Corbusier and Peter Behrens, the German exponent of 'industrial design'. Behrens admired the engineer's ethic of mass production, logical design and function over style. Le Corbusier brought together the material and stylistic influences of Perret and Behrens in his 'Maison Dom-ino' plan of 1915 (see pages 82–83). This house would be made of reinforced concrete and was intended for mass production, but was also flexible: none of the walls were load-bearing and so the interior could be arranged as the occupant wished. Le Corbusier's radical ideas were given expression in his 1923 book Vers Une Architecture (Towards a New Architecture). 'A house', Le Corbusier intoned from its pages, 'is a machine for living in'.

**1) Tadao Ando b. 1941**   Ando is heavily influenced by the Japanese sense of materiality in construction. Light and space are important aspects of his work. Ando is most famously renowned for his use of concrete and application of simple geometry to plan, section and elevation. Ando favours the use of timber shuttering, which he uses to create the 'mould' or formwork for in situ concrete (concrete poured on-site). When the shuttering is removed, the pattern of the timber and the bolts that connected it are still left on the concrete. This surface effect is a distinctive aspect of his work.

## 개비온과 돌담

개비온 벽은 토공사를 지지하기 위해 사용되거나 도로 건설이나 제방을 위해 경관을 리모델링할 때 사용된다. 개비온 벽은 기본적으로 큰 돌들로 채워진 철장이다. 각각의 다른 대지에 공사하기가 매우 쉬우며 조립이 빠르고 자연적으로 벽을 만들어낸다. 개비온 벽은 종종 특별한 미를 건물에 부여하기 위해 건축 외장을 치장하는데 사용되어왔다.

돌담은 자연으로부터 얻은 재료들로 만들어진다. 전통적으로 경계를 정의하기 위해 사용되었기에, 개비온 벽의 선조 격이다. 돌담벽은 짓는데 기술이 거의 필요하지 않으며, 시공하는데 사용되는 재료들은 주변에서 찾아볼 수 있기 때문에, 교통수단을 고려할 필요가 없다. 또한 돌담벽은 유지가 쉽다.

↓ ↘ **개비온 벽**
개비온 벽의 스케치는 철사 망에 대조적인 자연석의 질감을 보여준다. 세부 도면은 개비온 벽이 어떻게 시공되는지를 보여준다.

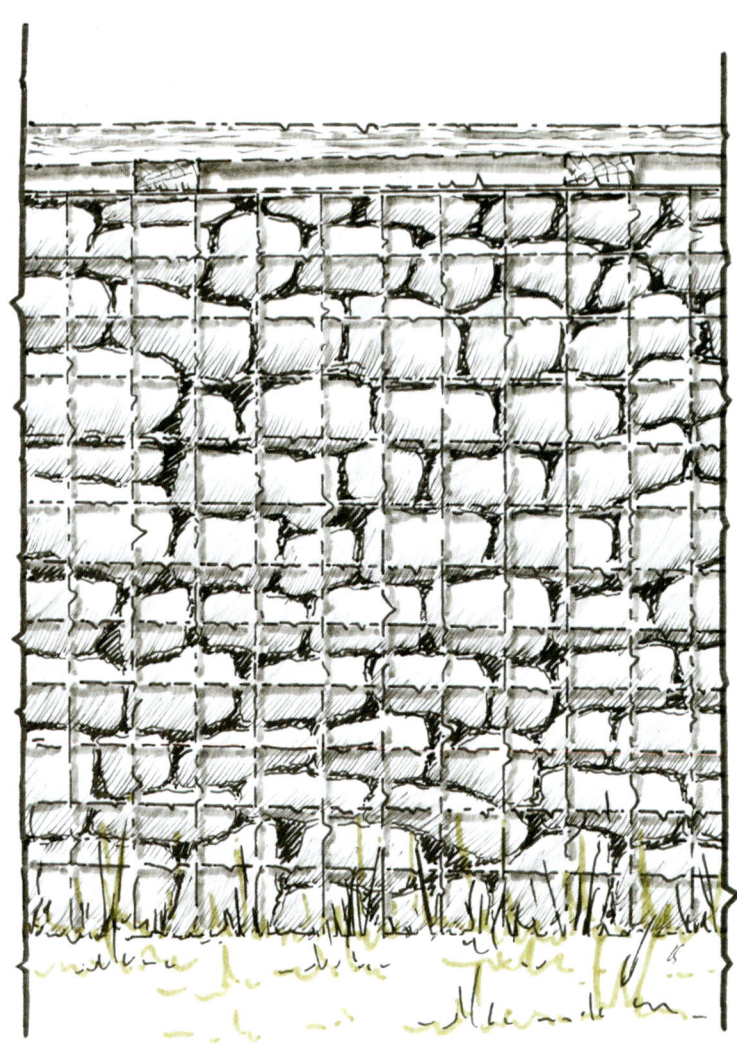

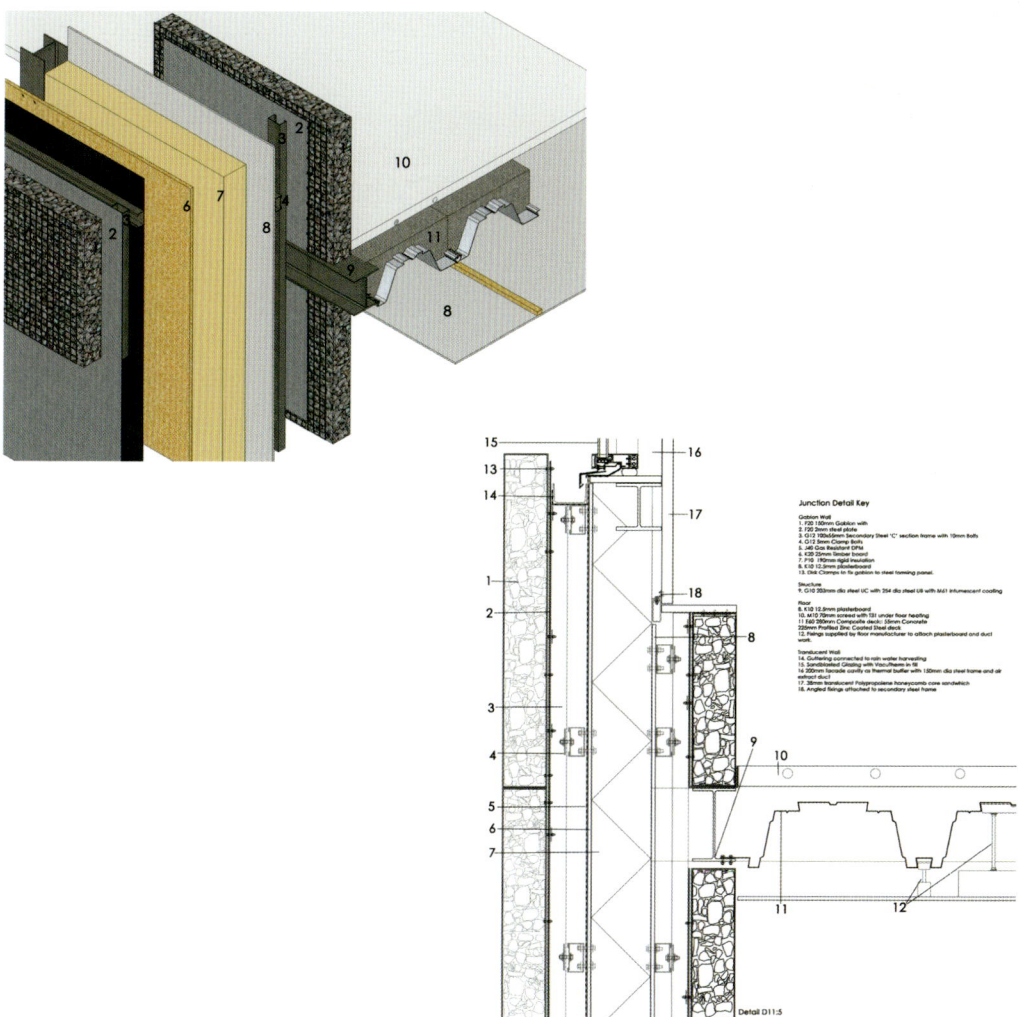

**Gabion wall**
A sketch of a gabion wall suggests the texture of the natural stone contrasted against the wire cage. The detail drawing illustrates how it is constructed.

**Gabion and dry-stone walls** Gabion walls are retaining walls that are used to hold back earthworks or in the remodelling of landscapes for road construction or sea defences. A gabion wall is essentially a steel cage filled with large-grade stones. They are very easy to construct on difficult sites, and produce a quick-to-assemble and natural wall. Gabion walls have often been used as a form of architectural cladding to give a particular aesthetic to a building.

Dry-stone walls are constructed from found materials. Traditionally used to define boundaries, they are a precursor to gabion walls. Dry-stone walls require little skill to build and as the materials used to construct them are found on-site, there are no transportation methods to consider. These walls can be easily maintained too.

## 목재

목재는 외부 프레임과 실내 마감 모두에 사용될 수 있다. 일부 건물에서 목재는 구조나 프레임, 바닥 마감재나 내외부의 벽 마감재로 사용한다. 목재로 시공된 건물들은 원래 지역 전통의 일환이었다. 통나무 집은 주변 숲의 나무로 지어져 운송 경로가 짧고, 현장에서의 조립은 신속했다.

장인은 큰 구조의 목재 작업은 목수가 다루고, 계단이나 문과 같은 실내의 마감된 요소들은 소목장이 만든다. 더 세밀한 가구들은 가구공이 다룬다.

목재 프레임의 건물들은 이용 가능한 재료의 크기에 따라 그 규모가 제한적이다. 목재는 표준 치수로 만들어져 건설 산업에서 문이나 창문과 같이 미리 조립된 요소들과 함께 작업 되며, 쉬운 수송과 현장에서의 조작이 가능하다.

목재는 거칠거나 재질이 드러나는 또는, 면이 되거나 마감이될 수도 있는 다양한 형태로 생산된다. 이 형태는 목재가 어디에 어떻게 사용되는가에 달려 있다. 목재는 궁극적으로 유연하고 자연적인 재료로 가볍고 현장에서 쉽게 조정 가능하며, 그 자연적인 색상과 재질은 다양한 마감을 제공한다. 목재를 사용할 때, 건축가가 중요하게 고려해야 할 것은 나무가 환경친화적으로 공급되고 책임감 있게 수확된 것인지를 확실하게 아는 것이다.

↑ 웰드 앤 다운랜드 박물관의 그리드 쉘
에드워드 컬리넌 아키텍츠, 1996~2002
(영국 웨스트 서식스)
그리드 쉘 목재 프레임의 사례로 주요 구조는 차츰 낮아져 공간으로 구부려진 그리드 패턴으로 연결되었다. 또한, 오크 라스(목재 띠)로 만들어졌다. 이 과정 후에 목재 타일로 덮어졌다.

◢ 일본 전통 목재 주택
이 일본 전통 주택은 목재를 건물의 구조 프레임으로 사용한다. 목재 프레임은 지면으로부터 구조를 올린다. 지붕 구조는 주요 건물 위로 돌출되어, 태양광과 비로부터 보호한다. 이 사례는 건축가의 재료 선택이 직접적으로 지역 대지 조건들에 영향을 받은 것이다.

↑ **The Gridshell,
Weald and Downland Museum
Edward Cullinan Architects,
1996–2002
(West Sussex, UK)**
This is an example of a grid shell timber frame. The main structure is made of oak laths (strips of timber) connected in a grid pattern that was then gradually lowered and bent into place. This has then been covered in timber tiles.

↗ **Traditional Japanese
timber-frame house**
This traditional Japanese house uses timber as the structural frame of the building. The timber frame raises the structure off the ground. The roof structure overhangs the main building, protecting it from sunlight and rain. In this example, the architect's choice of materials has responded directly to the local site conditions.

**Timber**   Timber can be used both as an exterior frame and as an interior finish. Some building types use timber for the structure or frame, the floor finish and the wall finish inside and out. Buildings constructed of timber were originally part of local traditions. A log cabin was built from the trees of the surrounding forest, it needed little transportation and assembly on site was quick.

Tradesmen who work with timber are carpenters if they deal with larger structural pieces of timber, or joiners if they make the finished elements for the interior such as stairs or doors. The more detailed furnishing elements are made by cabinetmakers.

Timber-framed buildings are usually of a limited scale; their limitation is caused by the size of the available material. Timber is cut to standard sizes and these work with other prefabricated components of the construction industry (such as doors and windows), and allow easy transportation and handling on-site.

Timber comes in various forms, it can be rough and textured or planed and finished, the choice will depend on where and how it is to be used. Timber is ultimately a flexible and natural material; it is light and easily adaptable on site and its natural colour and texture provide a range of finishes. When using timber, an important consideration for the architect is to ensure that the wood is sustainably sourced and responsibly harvested.

## 쇠와 철

쇠와 철(탄소와 다른 요소들로 혼합된 철 합금)은 건물을 지지하는 경량의 프레임을 시공하거나, 건물 외장에 독특하고 내구성 있는 금속 마감으로 사용할 수 있다.

철골 건물들은 19세기 산업화 기간 동안 인기가 많아졌고, 런던의 수정궁과 파리의 에펠탑과 같은 구조물은 구조적으로 가능한 규모에 도전하였다. 블라디미르 타틀린[1]의 탑과 같은 미래주의적 컨셉들은 금속 프레임 안에서 움직이는 홀들을 보게 될 거대한 구조물을 상상했다.

19세기의 개념 및 구조물들은 미국과 아시아의 많은 철골 건물들에 영감을 주었는데, 이 철골 건물들은 이전에는 상상도 하지 못했던 높이의 규모를 지니고 있다. 주요 사례로는 뉴욕의 크라이슬러 빌딩과 20세기의 가장 높은 452m 높이의 건물인 쿠알라룸푸르의 페트로나스 타워이다.

철은 건축적 형태를 자유롭게 하며 건축의 초고층 건물 규모의 잠재성을 만들었다. 철은 매우 유연하고, 내구성이 강한 솔리드 재료이다. 철은 현장 밖에서 제작되어 각각의 요소들을 볼트로 연결할 수 있다. 이러한 재료들은 건축 공학 전문기술이 그 극한에 치다를 수 있게 하였으며 자연의 힘에 저항하는 인상적인 구조의 창조물을 실현 가능하게 하였다.

→ 에펠탑
**구스타브 에펠, 1887-1889 (프랑스 파리)**
프랑스 공학의 가능성을 기념하기 위해 임시 구조물로 디자인된 에펠탑은 사전 제작된 철 부품들로 만들어졌다.

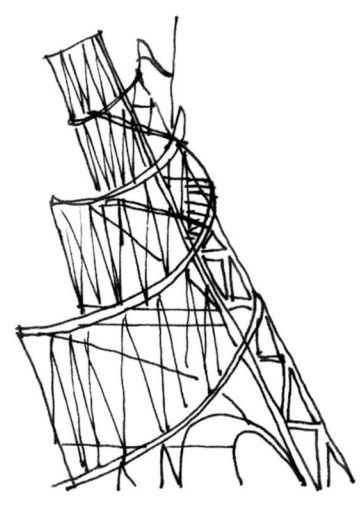

Vladimir tatlin
(for the monument of
the 3rd International)
project moscow

---

**1) 블라디미르 타틀린 1885-1953** 블라디미르 타틀린은 1920년대 러시아 아방가르드 예술 운동에서 가장 중요한 인물 중 한 명이다. 타틀린은 타틀린의 탑으로 알려진 건축가로 제3인터내셔널을 위한 거대한 기념탑을 디자인으로 명성을 얻었다. 1920년에 그가 디자인 했던 기념탑은 쇠, 유리와 철로 만들어진 높은 탑으로 파리 에펠탑의 3배 높이인 396m로 에펠탑을 왜소해 보이게 했을 것이다. 쇠와 철로 된 이중 나선 구조 안에서 그 기념탑 세 개의 건물 블록들을 계획하였고, 건물블록들은 유리창으로 덮여 서로 다른 속도로 회전할 계획이었다. (첫 번째는 큐브로 일 년에 한 번, 두 번째는 피라미드로 한 달에 한 번, 세 번째는 원통으로 하루에 한 번 회전하도록 디자인되었다.) 이 계획은 현재의 상트페테르부르크인 페트로그라드에 1917년 볼세비키 혁명 후 지어질 계획이었으나, 자재 부족과 구조적 현실성에 대한 의구심으로 결국 지어지지 않았다. 그러나 1:42 스케일의 모형은 2011년 11월 런던 왕립 아카데미에서 지어졌다.

→ **The Eiffel Tower**
**Gustave Eiffel, 1887–1889**
**(Paris, France)**
Designed as a temporary structure to celebrate the potential of engineering in France, the Eiffel Tower is made from iron using a number of prefabricated parts.

**IRON AND Steel**   Iron and steel (an iron alloy mixed with carbon and other elements) can be used to construct the light frames that support a building, or to clad a building, providing a metal finish that can be both distinctive and durable.

Iron-frame buildings became popular during the period of nineteenth-century industrialization and structures such as London's Crystal Palace and the Eiffel Tower in Paris challenged the scale of structural possibility. Futuristic concepts, such as Vladimir Tatlin's tower, imagined an ambitious structure that would see the halls of state moving within a metal framework.

The concepts and constructions of the nineteenth century inspired many steel-framed buildings in the US and in Asia, which scaled previously unimagined heights. Important examples are the Chrysler Building in New York and the tallest building of the twentieth century, the Petronas Towers in Kuala Lumpur, which is 452 metres (1,483 feet).

Steel has liberated architectural form and has afforded the potential for a skyscraper scale of architecture. It is the ultimate flexible, durable and strong material. It can be manufactured off-site and individual elements can be bolted together. Materials such as these take architectural engineering expertise to its limits and enable the creation of impressive structures that can withstand the forces of nature.

**1) Vladimir Tatlin 1885–1953**   Vladimir Tatlin was one of the most important figures in the Russian avant-garde art movement of the 1920s. Tatlin achieved fame as the architect who designed the huge Monument to the Third International, also known as Tatlin's Tower. Planned in 1920, the monument was to be a tall tower made from iron, glass and steel, which would have dwarfed the Eiffel Tower in Paris – it was a third taller at 396 metres (1,299 feet) high. Inside the iron-and-steel structure of twin spirals, the design envisaged three building blocks, covered with glass windows, which would rotate at different speeds (the first one, a cube, once a year; the second one, a pyramid, once a month; the third one, a cylinder, once a day). The plan had been to build it in Petrograd (now St. Petersburg) after the Bolshevik Revolution of 1917, but scarcity of materials and doubts about its structural practicality meant it was never built. However, a 1:42 scale model was built at the Royal Academy of London in November 2011.

## 유리

유리는 수많은 가능성을 지닌 흥미로운 재료이다. 유리의 투명성 때문에 유리가 보이지 않게 하고, 빛을 조절하여 여과시켜 건물 안에서 그림자와 빛의 구역들을 만들어낼 수 있다. 기술의 혁신으로 유리는 이제 우리의 새로운 공간과 입면을 위해 구조적으로 사용될 수 있다.

유리의 기원은 (BC 2500년, 장식 도자기와 장신구를 생산하는데 사용되었을 때) 피닉스와 이집트 문명에 있으며, 유리는 흔한 기본 천연 재료인 모래, 소다(탄산나트륨)와 석회를 혼합하여 만들어진다. 유리는 11세기부터 건축 자재로 사용되었는데, 이는 기술이 발전하여 유리가 판으로 제조될 수 있었기 때문이다.

유리의 이용은 건물이 디자인되는 방식에 변화를 가져왔다. 이것은 건물의 내부와 외부 간의 정의를 가능하게 하고, 빛과 함께 공간을 분명히 나타낸다. 유리는 발전되어 첨단기술의 산물이 되었다.

예를 들어, 오늘날 유리는 산화타이타늄 코팅 처리가 되면 자기 정화를 할 수 있는데, 산화타이타늄은 자외선을 흡수하여, 화학 과정을 통해 점차 그리고 점진적으로 표면에 쌓인 유기물을 분해하여, 빗물에 씻겨나갈 수 있게 한다. 합판 유리는 색상 유리 층들을 통합하여, 온도 변화에 반응하고 공간 내부의 분위기를 바꾸는 것을 가능하게 한다. 유사하게 '스마트한' 유리는 전기변색 및 액상 결정 기술을 사용하여 유리를 통과하는 열과 빛의 양을 다양하게 할 수도 있다. 변환 유리는 전류가 전자들을 유리판의 시공 안에서 재배열하여 투명한 유리를 불투명한 스크린으로 바꿀 수 있다. 또한, 필킹턴 K 유리는 유리를 통과하는 서로 다른 방사선을 분리하여 건물이 과열되는 것으로부터 방지한다.

유리는 내부 공간이 외부나 자연 또는 더 큰 전체의 일부인 것처럼 보일 수 있도록 하는 독특한 성질을 가지고 있다.

→ 제국의회 의사당 돔
노먼 포스터, 1992-1999
(독일 베를린)
새로운 의사당은 1894년에 지어진 기존의 국회 건물 위에 지어진 구조물이다. 유리 돔은 철골 안에서 지지되며, 베를린을 가로지르는 전망을 보여준다.

→ **Reichstag dome**
**Norman Foster, 1992–1999**
**(Berlin, Germany)**
The new Reichstag is a structure built on top of an original parliament building built in 1894. The glass dome is supported within a steel frame, enabling views across Berlin.

**Glass** Glass is an exciting material because it has so many possibilities. It can appear as an invisible plane (due to its transparency), but it can also manipulate and filter light to create areas of shadow and light inside a building. Innovations in technology mean that glass can now be used structurally in certain applications to challenge our sense of space and surface.

The origins of glass lie in the Phoenician and Egyptian civilizations (circa 2500 BC, when it was used to produce decorative ceramics and jewellery) and the material is made by fusing the most basic natural materials: sand, soda (sodium carbonate) and lime. Glass has been used as a construction material since the eleventh century, when techniques were developed that enabled glass to be manufactured in sheets.

The use of glass has transformed the way buildings have been designed. It allows a definition between the inside and outside of a building, and defines a space with light. It has evolved to become a high-technology product.

Nowadays, for example, glass can self-clean if coated with titanium oxide, which absorbs ultra-violet rays and, through a chemical process, gradually and continuously breaks down any organic matter that builds up on the surface, which is then washed away by rainwater. Laminated glass can incorporate layers of coloured glass, which react to changes in temperature and so alter the mood inside a space. Similarly, 'smart' glass can vary the amount of heat and light passing through it using electro-chromic and liquid crystal technologies. Privalite glass allows an electrical current to turn transparent glass into an opaque screen by realigning electrons within the construction of the glass sheet, and Pilkington K glass separates the different types of radiation passing through it to prevent buildings from overheating.

Glass possesses the unique quality of allowing interior spaces to appear as though they are actually part of the outside, of nature, or part of a greater whole.

# 요소들

어떤 건물이든지 시공 초기 단계에는 구조(또는 프레임), 기초, 지붕, 벽과 개구부라는 이 네 가지 주요 요소들이 있다. 이러한 요소들이 결정되면, 건물은 일정한 형태를 가질 것이고 이후에 더욱 세부적인 디자인을 고려할 수 있다.

## 구조

맥락 안에서 구조는 어떻게 건물을 지지하느냐에 관련있다. 벽이 건물을 지지하는 솔리드 시공 구조나, 프레임이 건물의 벽과 바닥으로부터 독립적인 프레임 시공 구조 중 하나의 형태를 취한다.

명칭이 암시하듯이 솔리드 시공은 건물에 중량과 견고함을 형성하고, 건물의 내부 공간을 정의할 것이다. 솔리드 건축은 영구적이고 건축 형태의 육중한 감각을 형성한다. 솔리드 시공은 조적조를 사용할 수 있으며, 이는 자연 석재나 벽돌의 모듈이 될 수도 있고, 현장 밖에서 만들어져 사전 제작되거나 현장에서 타설되는 현장치기나 콘크리트를 이용하여 얻을 수 있다.

프레임 구조의 사용은 건물의 내부 배치와 문이나 창과 같은 개구부 위치를 계획할 때 다양한 가능성을 제공한다. 구조 프레임은 목재, 철, 콘크리트와 같은 많은 재료로 만들어질 수 있고 빠르게 시공할 수 있으며 심지어 미래의 필요에 맞추어 조정할 수도 있다.

프레임 시공의 고전적 사례로는 르 코르뷔지에의 개념적인 도미노 프레임이 있다. 바닥 판과 지붕 판을 하나의 계단으로 연결하는 콘크리트 뼈대로 내외부 벽이 건물의 내부 배열에 맞추어 위치될 수 있다. 도미노 프레임은 '자유로운 평면'의 등장을 이끌었다.

자유로운 평면은 벽과 개구부가 건물의 구조에 의존하지 않는 것을 제안한 혁신적인 개념이었다. 대신, 프레임은 평면의 내부 배치와 문과 창문의 위치가 자유롭도록 하였다. 이러한 컨셉은 파리 북부의 푸아티에에 있는 르 코르뷔지에의 빌라 사보아에서 볼 수 있다.

↘ 케 브랑리 박물관
장 누벨, 2006
(프랑스 파리)
케 브랑리 박물관은 프랑스 파리의 센 강을 따라 위치한다. 박물관의 정원은 복잡한 도로의 소음을 막는 유리 스크린에 둘러싸였지만, 시각적으로는 센 강과 연결되어 있다. 스크린은 정원이 박물관에 진입했다는 생각이 들도록 만든다. 그것은 또한 박물관의 정원을 규정하는 독립적 구조물이다.

↓ 도미노 프레임
르 코르뷔지에의 구조적 프레임에 관한 이론적 연구의 제목은 집을 뜻하는 라틴어인 '도무스'에서 유래한다. 도미노 프레임은 구조적 제약으로부터 내외부 벽들을 자유롭게 하는 경제적인 사전 제작 시스템으로 인식되었다.

↘ **Musée du Quai Branly
Jean Nouvel, 2006
(Paris, France)**
This museum is located alongside the River Seine in Paris, France. The museum is surrounded by a glazed screen that separates the garden space acoustically from the busy road, but maintains the visual connection to the Seine. The screen also enhances the idea that the garden serves as an introduction to the museum. It is also an independent structure that defines the museum's garden.

↓ **The Dom-ino frame**
The title of Le Corbusier's theoretical study of a structural frame originates from the Latin for house: 'domus'. The Dom-ino frame was conceived as an affordable prefabricated system that would free interior and exterior walls from structural constraints.

### ELEMENTS

At its most basic level, there are four major elements in any building's construction: the structure (or framework), the foundations, the roof and the walls and openings. Once these elements are determined, the building will have a defined form, and only then can the more detailed design decisions be considered.

**Structure**   In this context, structure is concerned with how the building is supported, and this usually takes one of two forms: structures of solid construction (where the walls support the building) or structures of framework construction (where the frame is independent of the building's walls and floors).

As the name suggests, solid construction creates a heaviness and solidity to buildings and will define a building's interior spaces. It creates a permanent and massive sense of the architectural form. Solid construction can use masonry, which can be modules of natural stone or brick, or it may be achieved using concrete, either prefabricated (made off-site) or in situ (poured into moulds on-site).

Using a frame construction provides a great deal of flexibility in terms of the building's internal layout and the position of its openings (such as doors and windows). The structural frame can be made of many materials such as timber, steel or concrete, and it can be very quickly constructed and even adapted to suit future needs.

A classic example of a framework construction is Le Corbusier's conceptual Dom-ino frame. It is a concrete frame that connects the floor planes and the roof plane with a single staircase. Doing so allows the internal and external walls to be positioned so as to respond to the internal arrangement of the building. This structure led to the birth of the 'free plan'.

The free plan was a revolutionary concept because it proposed that the walls and openings were not dependent on a building's structure. Instead, a framework gave freedom to the internal layout of the plan and the position of its doors and windows. This concept is exemplified by Le Corbusier's Villa Savoye in Poitiers, north of Paris.

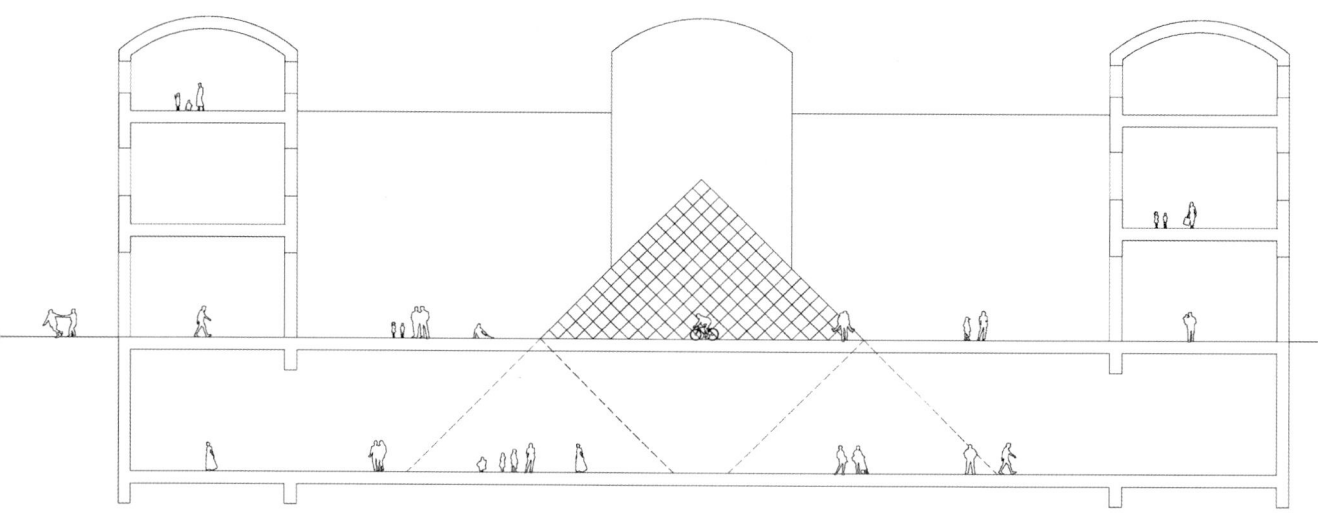

↑ 루브르 피라미드 기초 다이어그램
이 다이어그램은 루브르 피라미드의 유리 구조가 어떻게 실제로 건물의 끝이 되어, 지면 아래로 확장하는지 보여준다.

／루브르 피라미드
아이 엠 페이, 1989
(프랑스 파리)
루브르 피라미드는 박물관이 완공된 한참 후에 추가로 지어진 것이다. 지면 위의 구조는 박물관의 메인 갤러리를 향한 현관 입구이며, 아래 지하 공간의 도입이다. 유리 구조물은 지면 아래의 박물관 공간에 빛을 제공한다.

**기초**

건물의 구조는 지면이 닿는 지점에서 지지되어야 한다. 이 지지는 보통 건물의 기초라 일컬어진다. 기초는 본질적으로 구조물의 뼈대나 벽을 지지하는데, 건물 주변의 지면 상태나 예측 가능한 운동들에 대응할 수 있을 만큼 충분하게 견고해야 한다. 지면의 운동은 대지의 지질, 특히 대지의 건조함과 같은 부분의 영향을 받을 것이다. 거대한 구조물이나 주변의 나무들 또한 건물의 안정성에 영향을 미칠 수도 있다. 구조 기술자는 보통 건물 디자인과 대지의 조건에 최적으로 맞는 기초 유형에 대해 조언할 것이다.

부분적으로 또는 전체적으로 지하가 있는 건물들이 많이 있다. 이는 현지 지형, 필요한 기능이나 대지 개발의 제한 때문일 것이다. 땅의 가치가 높은 도시 지역에서는 지하에 짓는 것이 재정적인 면에서 성공할 수 있는 실용적인 계획이다.

어떠한 기후에서는 지하에 짓는 것이 환경을 보호할 수도 있다. 지중 건물의 이러한 유형들은 특정 시공법을 요구하는데, 기본적으로 흙이나 땅을 지탱하는 옹벽은 건물의 구조를 규정하는 데 필요하다. 이는 단열 처리 및 주변 땅으로부터 물이 스며드는 것을 막기 위한 방수층을 고려해야 한다.

**↑ Diagram of the Pyramide du Louvre's foundations**
This diagram shows how the glazed structure of the Pyramide du Louvre is actually the tip of the building, which extends beneath the ground.

**↗ Pyramide du Louvre
I. M. Pei, 1989
(Paris, France)**
The Pyramide du Louvre was a later addition to the original museum. The structure above ground is an entrance portico to the museum's main galleries and an introduction to the subterranean spaces beneath. The glazed structure brings light into the museum spaces beneath ground.

**Foundation**   The structure of the building has to be supported at the point where it touches the ground; this support is usually referred to as the building's foundation. The foundation essentially supports the frame or walls of the structure and needs to be sufficiently strong to respond to the ground conditions around the building and any anticipated movement. Ground movement will be affected by local conditions such as the geology of the site, in particular, the dryness of the ground. Large structures or trees nearby could also affect the stability of the building. A structural engineer would normally advise on the type of foundations that would best respond to the building design and the site ground conditions.

There are many buildings that are built partially or wholly underground; this may be due to local topography, required functionality or restrictions of site development. In urban centres, where there is often pressure on land values, building underground can be a financially viable proposition.

In some climates, building underground can provide an extra dimension of protection from the environment. These types of subterranean building require specific construction methods; essentially a retaining wall (a wall that is holding back the soil or earth) is required to define the building's structure, and this needs to be both insulated and made to incorporate a waterproof layer to prevent water penetration from the surrounding ground.

## 벽과 개구부

건축적 측면에서 벽은 외피를 형성하여 내부와 외부의 경계를 표시한다. 벽들은 내력벽으로 지붕이나 바닥 판들을 지지한다. 비내력벽의 경우, 단순하게 공간을 분리 시킨다.

커튼월은 비내력벽의 외부 벽 사례이며, 외부 공간으로부터 내부 공간을 규정하는 데 사용된다. 이것은 방수되고, 외부의 역동적 압력에 대응할 수 있도록 디자인되어야 한다. 원래 커튼월은 철로 만들어졌으나, 이제는 일반적으로 유리, 금속, 나무나 돌의 얇은 판들이 끼워진 경량의 금속 프레임으로 만들어진다.

벽의 개구부는 내부 공간에 빛을 들이고, 환기되도록 한다. 또한, 중요하게는 건물이나 공간으로 들어오고 나갈 수 있도록 한다. 개구부는 외피의 아이디어를 구성하며, 외부 기후로부터 내부 기후를 분리시키기 때문에 개구부들은 매우 세심하고 깊게 고려되어야 한다.

문의 개구부는 종종 입구를 표시하고 건물의 정체성을 정의하기 때문에 입면의 매우 중요한 부분이 된다. 개구부는 종종 문지방으로 표시되고, 이것들은 들어 올려진 계단이거나 입구를 나타내는 주춧돌로 표현된다. 캐노피나 덮개 구조물은 현관에서 집을 감각적으로 보이도록 만든다.

창은 내부에서 일어날 수 있는 여러 활동, 건물의 사용자에 의해 기대되는 빛, 조망, 프라이버시를 반영하기 위해 그 크기가 다양하다. 액자 창은 내부와 외부 간의 분리된 느낌을 줄이기 위해 시골이나 도시 경관을 전망으로 끌어들인다.

↓ 뉴 내셔널갤러리
**미스 반 데어 로에, 1968**
(독일 베를린)
뉴 내셔널갤러리(신 국립 미술관)는 기본적으로 외부로부터 내부를 나누는 단순한 유리 벽들로 이루어진 파빌리온 또는 철골 구조물이다.

↓ **Neue Nationalgalerie
Ludwig Mies van der Rohe, 1968
(Berlin, Germany)**
The Neue Nationalgalerie (New National Gallery) is essentially a steel frame or pavilion with glass walls as simple planes dividing inside from outside.

**Walls and Openings**   The wall is an architectural aspect that creates an enclosure, marking the definition between the interior and exterior boundaries. Walls can be load-bearing; supporting a roof or floor plane, or non-load-bearing; acting simply as a division of space.

Curtain walls are an example of external walls that are non-load-bearing, and are used to define inside space from outside space. They are waterproof and designed to cope with external dynamic pressures. Originally, curtain walls were made from steel, but are now more commonly made from a light metal frame that is infilled with glass, metals or veneers such as timber or stone.

Openings in walls allow light into the interior spaces, provide ventilation and also, critically, allow entry to and exit from a building or space. Any opening compromises the idea of enclosure and separates the internal climate from the external climate. For this reason, openings need to be considered very carefully and in great detail.

The door opening is often the most celebrated aspect of any elevation as it marks the point of entry and often defines a building's identity. Doorways are often marked by thresholds, which are raised steps or plinths that serve to further define the point of entry. Canopies or covering structures can also provide a sense of shelter at a doorway.

Windows tend to vary in size to reflect the range of activities that are likely to take place inside, and the kind of light, view and privacy expected by the building's occupants. Picture windows frame views across rural or urban landscapes to reduce the sense of separation between the inside and the outside.

## 지붕

지붕은 건물의 최상층을 정의하는데, 건물을 보호하고 보안과 안전을 제공한다. 지붕은 지붕이 덮고 있는 건물로부터 독립적인 구조물로 작동하거나 지붕으로 덮혀진 건물 윤곽과 관련될 수 있다.

건물의 지붕은 주로 그 기능에 의해 결정되지만, 바로 보이는 건물의 컨텍스트는 지붕 디자인에 영향을 미칠 것이다. 예를 들어 인근에 경사 지붕이 있을 때 이는 아마도 특정 형태에 반응을 위한 선례를 형성할 것이다.

기후 또한 결정 인자 중 하나이다. 강우에는 신속하고 효율적으로 배수되어야 하기 때문에 경사진 지붕이 필요할 것이다. 돌출한 지붕 구조는 매우 따뜻한 기후의 강한 열기로부터 건물을 보호하고, 지붕 아래의 도로에 추가적인 대피처를 제공할 수도 있다. 눈이 많이 오는 기후에서는 눈이 지붕 표면에 쌓이는 것을 막기 위해서는 지붕의 경사가 중요하다.

↑ 자이언트 커즈웨이 현상 설계 안
데이비드 마티아스와 피터 윌리엄스, 2005
지붕은 건축적 컨셉의 중요한 부분을 형성할 수 있다. 아일랜드 북부의 방문객 센터를 위한 현상설계 안은 주변 경관의 부분으로 지붕을 통합한다. 지붕은 건물 아이디어의 일부를 형성한다.

→ 베이징 국제공항
지하철역, 제3터미널
나코, 포스터 앤 파트너스, ARUP
(중국)
이 유리 지붕은 자연 채광으로 바로 아래 공간을 풍부하게 하고, 바닥에 반사된 천장 패턴을 만들어낸다. 제3터미널은 나코(네덜란드 항공 컨설턴트), 영국 건축가인 포스터 앤 파트너스와 ARUP의 컨소시엄이 디자인하였다. 조명은 영국 조명 건축가인 스페어스 메이저 어소시에이츠가 디자인하였다.

↑ **Giant's Causeway competition proposal**
**David Mathias and Peter Williams, 2005**
The roof can form a significant part of the architectural concept. This competition proposal for a visitor centre in Northern Ireland integrates the roof as a part of the surrounding landscape. The roof forms part of an extended journey that connects to the building idea.

→ **Subway station at the Beijing Capital International Airport, Terminal 3**
**Naco, Foster and partners, ARUP (China)**
This glazed roof floods the space beneath with natural light, the structure gives a pattern to the ceiling that is reflected on the floor beneath. Terminal 3 was designed by a consortium of NACO (Netherlands Airport Consultants B.V), UK Architect Foster and Partners and ARUP. Lighting was designed by UK lighting architects Speirs and Major Associates.

**Roofs**  The roof defines the top layer of a building; it offers protection and provides a sense of safety and security. A roof can be extensive, acting as a structure that is independent of the building or buildings that it covers, or it can be precisely related to the building outline it covers.

The roof of a building is normally determined by its function, but the building's immediate context will also inform the roof's design. For example, if there are pitched roofs in the vicinity then this will probably create a precedent for a particular formal response.

Climate is also a determining factor. Rainfall needs to be quickly and efficiently drained away, which might dictate the necessity of a sloped roof. In very warm climates, a roof offers protection from the intense heat and overhanging roof structures can provide additional shelter to the streets below. In climates where snow is a consideration, the roof pitch is critical, in order to prevent snow settling on the roof surface.

# 프리패브리케이션

프리패브 시공은 대지에서 쉽게 조립할 수 있도록 구체적으로 사전에 제작된 구성요소들로 건물을 짓는 것을 말한다. 프리패브 요소들은 의자처럼 공장에서 생산된 작은 것부터 프리캐스트 콘크리트 슬래브와 같은 더 큰 건설 요소나 심지어 현장에서 설치되고 조합되는 주택 한 채에 이르기까지 그 범위가 넓다. 프리패브 요소들은 현장 밖에서 부분적으로 조립되어 현장에서 마감될 수도 있고, 완전히 마감된 채로 공급되어 바로 사용할 수도 있다.

런던에 있는 리처드 로저스의 로이드 빌딩(1979~1986)은 프리패브 화장실 유닛들을 사용하였는데, 이것들은 제자리로 들어 올려 놓여져 구조물에 볼트로 연결되었다. 이 새로운 발견은 공사 시간을 많이 단축하였고, 공장에서 통제된 조건 속에서 자세하고 효율적으로 유닛들이 제작될 수 있도록 하였다.

프리패브 시공은 이후 많이 발전하였다. 독일 회사인 후프 하우스는 키트 형태로 현장에서 볼트로 연결하여 완전하게 공장에서 가공된 결과를 생산할 수 있는 일련의 프리패브 요소들로 건물을 짓는 수많은 회사 중 하나이다. 주거의 전체 블록들이 이러한 방식으로 생산되었고, 유닛들은 처음에 필요한 것들을 갖추어 현장에 운송되고, 성형된 구조 안에 끼워 넣어진다.

프리패브리케이션은 공사와 조립의 속도, 엄격한 질의 통제(모든 요소가 건설 현장보다 변수가 더 적은 공장에서 만들어진다), 그리고 어디에나 적용될 수 있는 경량의 이동 구조물을 포함한 많은 장점을 가졌으며, 구조물이 해체되어 어디든지 세워질 수 있는 융통성을 지니고 있다.

**↗ 프리패브 주거지 주택 학생 스케치**
이 스케치는 몬트리올의 1967년 만국박람회를 위해 지어진 실험 주택 단지를 보여준다. 그것은 프리패브 유닛들을 쌓아 아파트 단지나 거주지를 만드는 컨셉을 보여준다.

**← 런던 프리패브 주택 계획**
화장실과 같은 개별적인 프리패브 요소들은 공사 기간 중에 장소에 놓일 수 있다. 이러한 요소들은 주택 한 채만 한 크기일 수도 있는데, 그 한계는 수송과 설치 인자들에 달려있다.

**↘ 프리패브 건축 학생 계획**
이러한 이미지는 어떻게 주택 계획이 서로 다른 프리패브 요소들로 발전될 수 있는지를 보여준다. 각각은 프로젝트의 전체 기간 동안 각각 다른 단계에 놓여진다.

**↗ Prefabricated habitat housing student sketch**
This sketch shows an experimental housing block that was built in 1967 for the World's Fair in Montreal. It demonstrates the concept of stacking prefabricated units to create an apartment block or settlement.

**← London prefabricated housing scheme**
Individual prefabricated elements such as bathroom units can be dropped into place during construction. These elements could be as big as a whole housing unit. The limitations are transportation and installation factors.

**↘ Prefabricated architecture student scheme**
This image indicates how a housing scheme could be developed with different prefabricated elements, each one dropped in at a different stage of the project's lifespan.

## PREFABRICATION

Prefabricated constructions describe those buildings whose parts or components have been specifically manufactured to enable easy assembly on site. Prefabricated components can range from a small factory-made element such as a chair, to larger construction elements such as pre-cast concrete slabs, and even whole housing units that are installed and assembled on-site. Prefabricated elements can be partially assembled off-site and then finished on-site, or be supplied fully finished and ready to use.

Richard Rogers' Lloyds Building in London (constructed 1979–1986) used prefabricated toilet units, which were hoisted into place and bolted onto the structure. This revelation saved enormous amounts of construction time and allowed units to be made in factory-controlled conditions, precisely and efficiently.

Prefabrication techniques have developed enormously since then. Huf Haus is a German company, one of many that provides buildings almost in kit form, as a series of prefabricated elements that arrive on site and are bolted together to produce a perfect factory-machined result. Whole blocks of housing have been produced in this way; units are first fitted out and then transported to site and slotted into preformed structures.

Prefabrication brings many advantages including speed of construction and assembly, strict quality control (all elements are made in factories where there are fewer variables than on a building site) and the production of adaptable, light and mobile structures; their flexible quality means they can be dismantled and erected elsewhere.

# 구조

우리의 도시들은 도시 스카이라인의 일부나 건축의 유산인 구조물의 형태를 리인벤션하는 수많은 가능성을 제공한다. 이는, 공간과 장소들의 사용이 변화되면서 불필요해질 수도 있다. 리인벤션은 건축가가 긍정적으로 반응할 수 있는 기회이다. 이런 작업을 할 때에는 대지의 역사를 세심하게 고려를 해야 한다. 특히 어떻게 기존의 건물이 성격과 형태의 중요한 측면들을 구성하지 않고 새로운 기능에 적응할 수 있는가를 고려해야 한다.

디자인을 통해 기존 건물을 리인벤션하는 것은 종종 구조를 다룰 수 있는 환경친화적인 방법으로, 이는 기존의 형태와 재료들을 통합하기 때문이다. 훌륭한 사례로는 런던의 테이트 모던 갤러리가 있다. 이 갤러리는 매우 성공적으로 2000년 스위스 건축가 헤르조그 드 뮤론이 불필요해진 발전소를 리인벤션하였다.

테이트 모던 갤러리는 리인벤션 후 세계에서 가장 유명한 미술관 중 하나가 되었다. 디자인은 기존 건물을 매우 효과적으로 사용하였다. 횃불처럼 런던의 템즈강 남측 강기슭 대지에 반응한다. 다리나 강가 산책로와 같은 요소들은 미술관이 주변 지역의 중심부가 될 수 있도록 도시 인프라를 형성하였다.

→ 테이트 모던 갤러리
헤어초크 앤 드 뮤론, 1998-2000
(영국 런던)
테이트 모던 갤러리는 런던 사우스 뱅크의 재개발 일부로 구성되었다. 리인벤션을 하면서 과거 발전소는 재정의되었다. 그 외부 형태는 강하고 상징적이며, 터빈 홀과 같은 내부 공간들은 그 규모가 커서, 대규모의 전시와 이벤트가 열릴 수 있다. 미술관의 중심 전시 공간에서 극적인 효과를 갖도록 했다.

／ 대영 박물관 그레이트 코트
포스터 앤 파트너스[1], 1994-2000
(영국 런던)
사용되지 않았던 외부 정원인 그레이트 코트를 1994년 포스터 앤 파트너스에서 리인벤션 했다. 독특한 유리 구조물로 덮여 카페, 리셉션, 박물관의 인포메이션 공간으로 쓰이는 활발한 내부 정원이 되었다.

1) 포스터 앤 파트너스    노먼 포스터의 작업은 현대 기술과 지적 재료들을 사용하는 '첨단기술' 건축에 관련된다. 포스터 앤 파트너스는 상품과 건물 디자인부터 리모델링이나 도시 마스터 플랜에 그 범위가 이르는 프로젝트들에 관여해왔다. 그들 작품의 특색은 유리의 혁신적 사용이다. 최근 프로젝트로는 대영 박물관 그레이트 코트, 홍콩 상하이 뱅크, 독일 국회의사당 재설계, 베이징 국제공항 터미널이 있다.

→ **The Tate Modern
Herzog and de Meuron, 1998–2000
(London, UK)**
The construction of the Tate Modern formed part of the redevelopment of London's South Bank. This former power station was redefined; its external form was already powerful and iconic – the internal spaces, such as the turbine hall, were industrial in scale – and this was used to dramatic effect in the gallery's central exhibition space, allowing large-scale exhibits and events to be staged.

✓ **The Great Court
at the British Museum
Foster + Partners[1], 1994–2000
(London, UK)**
The Great Court was originally an underused external courtyard that was reinvented by Foster + Partners in 1994. The area was covered with a unique glazed structure to become a vibrant internal courtyard serving as café, reception and information spaces for the museum.

## STRUCTURE

Our cities offer numerous possibilities to reinvent structures or forms that are part of their skyline or architectural heritage, and which have been made redundant through changing uses of spaces and places. Reinvention is an opportunity that architects can respond to positively. Doing so requires sensitive and careful consideration of the history of the site, in particular how an existing building can adapt to new functions without compromising important aspects of its character and form.

Reinventing existing buildings through design is often a more sustainable way to deal with the structure, as it will incorporate existing forms and materials. A good example of this is the Tate Modern gallery in London. Now an extremely successful gallery, the building was a redundant power station that was reinvented by Swiss architects Herzog and de Meuron in 2000.

The Tate Modern has since become one of the most famous art galleries in the world. The design used the impact and scale of the existing building to great effect. It acts as a beacon, responding to the building's site on the south bank of the River Thames in London. Other elements, such as a bridge and a riverside walk, created the urban infrastructure that makes the gallery now a central part of its surrounding location.

---

**1) Foster + Partners**   Norman Foster's practice is concerned with 'hi-tech' architecture that uses modern technology and intelligent materials. Foster + Partners has been involved in projects ranging from product and building design to refurbishment and urban master planning. Innovative use of glass has always been a feature of its work. Recent projects include the Great Court at the British Museum, the Hong Kong and Shanghai Bank, the Reichstag redesign and the international airport terminal in Beijing.

## 혁신

건물을 디자인하는 것은 환경친화에 대한 많은 질문을 가져온다. 도시 디자인 같은 큰 규모에서는 교통, 에너지 효율성이나 탄소 배출을 해결해야 하고, 작은 규모의 개별 건물 디자인에서는 사용된 재료의 유형, 재료의 제조 방식이 환경친화적 건축 디자인에서 중요하게 고려되어야 한다.

환경친화는 건축에 적용될 때 매우 광범위한 용어로 시공에 사용된 재료와 그 원천을 의미한다. 예를 들면, 특정 프로젝트를 위해 명시된 목재는 환경친화적인 원천에서 오는 것인가? 사라진 각 나무가 또 다른 나무로 대체 가능한 숲에서 온 것인가?, 그렇지 않으면 나무가 사라진 지역과 궁극적으로 지구에 돌이킬 수 없는 피해를 입히는 견목 숲에서 온 것인가?

환경친화의 컨텍스트에서 고려해야 할 중요한 질문이 있다. 예를 들면 건물에 사용된 재료들이 얼마나 먼 곳에서 현장으로 왔는가? 중국에서 만들어진 슬레이트가 유럽의 건물에 사용되었다면, 지역의 재료보다 저렴하겠지만, 수송에서 발생된 연료 측면에서 탄소 비용은 엄청나다. 건물의 탄소 발자국은 재료를 만들고 현장으로 수송하는데 사용된 탄소량이다. 재료가 정해질 때마다 이점을 고려해야 한다.

건물의 수명 기간 동안의 에너지 효율도 고려해야 한다. 예를 들어 단열은 건물을 편안한 환경의 기온을 유지하는 데 필요한 연료를 줄이는 것에 필수적이다. 건물의 전력에 사용된 에너지는 재생 가능한가? 어떻게 폐기물들이 처리되고 다루어지는가? 환경친화에 대한 모든 질문이 건물 디자인이 발전됨에 따라 고려되어야 한다.

대지를 선정할 때 중요한 인프라를 고려해야 하는데, 불필요한 여행과 연료 비용을 최소화하기 위해 대중교통의 연결과 같은 것을 고려할 수 있다.

→ 베드제드 에코 커뮤니티 개발
빌 던스터 아키텍츠, 2002
(영국 서레이)

베딩턴 제로 에너지 개발(베드제드)은 영국의 가장 큰 제로 에너지사이다. 도시에서 환경친화 주거로 접근하며 구체적으로 디자인된 주거 및 사무 공간을 포함한다. 이 개발에는 재생 가능한 자원으로부터 에너지를 사용하고 태양 에너지 시스템과 하수가 재활용되는 것을 포함한다.

→ **BedZED Eco-community Development**
**Bill Dunster Architects, 2002**
**(Surrey, UK)**

Beddington Zero Energy Development (BedZED) is the UK's largest zero energy development. It has housing and work spaces that are designed specifically as an approach to sustainable living in the city.
The development uses energy from renewable resources and includes solar energy systems and waste-water recycling.

## INNOVATION

Designing buildings raises many issues concerning sustainability. At a macro level, the design of a city for example, there are issues of transportation, energy efficiency or carbon emissions to resolve; at the micro level the design of individual buildings, the types of materials used and how they are manufactured and sourced are important considerations in sustainable architectural design.

Sustainability is a very broad term when applied to architecture and refers to the nature of the construction, the materials used and their origins. For example, does a timber specified for a particular project come from a sustainable resource? Is it from a managed forest where each tree removed is replaced by another tree, or is it from a hardwood forest, where the removal of trees is causing irreparable damage to the area and ultimately the planet?

There are also broader issues to consider in the context of sustainability. For example, how far do the materials that are used in a building travel to get to the site? If slate from China is used in a building in Europe, the financial cost may be less than locally sourced materials, but the carbon cost in terms of fuel used to transport these materials is significant. The carbon footprint of a building is the amount of carbon expended to make the materials and transport those materials to the site. Whenever materials are sourced or specified, these considerations should be taken into account.

Another consideration is the energy efficiency of the building over its lifetime. Insulation, for example, is essential to reduce the amount of fuel needed to maintain the building at a comfortable ambient temperature. Is the energy used to power the building renewable? How are waste products treated and disposed of? All such questions of sustainability need to be considered as the building design develops.

When choosing a site, important infrastructure issues should also be considered, such as public transport links to minimize unnecessary travel and fuel costs.

## 혁신적인 재료들

재료 기술의 발전은 현대 건축을 위한 새로운 기회들을 제시한다. 패션이나 산업 디자인과 같은 디자인 영역의 재료 혁신은 건물 디자인에 영향을 주기도 한다. 이러한 혁신들은 건물에 대한 새로운 아이디어 방식을 자극하여, 시공 과정을 더 쉽거나 저렴하게 만들 수 있고 시각적 표현도 만들 수 있다.

인터렉티브 기술은 건물이 이용자의 활동에 반응할 수 있도록 한다. 건물 내부와 주변의 운동 감지기는 조명이나 환기 같은 서비스들이 원격조정으로 작동할 수 있게 한다. 재료 역시 열 감지를 통해 운동이나 빛에 반응할 수 있고, 무선 기술은 우리가 건물을 이용하는 방식에 많은 융통성을 가져다준다.

재료의 조합은 재료의 융통성과 적용될 기회를 증가시킬 수 있다. 예를 들어 합성 유리 바닥재는 유리 구조재와 알루미늄으로 만들어졌다. 알루미늄의 가벼움과 강도가 유리의 투명성과 결합하여 큰 유리 판들이 하중을 지지할 수 있어서 바닥으로 사용될 수 있도록 만든다.

반투명 또는 투명 콘크리트는 유리와 종합 합성물로 만들어지는데, 콘크리트의 특징을 향상시켰다. 엄청난 유연성(성형될 수 있는)뿐만 아니라, 빛이 콘크리트를 통과할 수 있는 추가적인 이점도 생겼다. 그 결과 이 재료를 사용한 구조 기둥은 더 가벼워 보인다.

건물에서의 에너지 효율성에 대한 증가된 요구와 표면을 이용 에너지 원으로 만들 수 있는 잠재성은 태양판이 그 활용에서 더 넓게 퍼지고 유연해졌다는 것을 의미하였다. 태양판들은 이제 손쉽게 접합되는 요소로 처리되기 보다는 지붕 시스템의 통합된 부분이 될 수 있으며, 이는 건축가에게 더 큰 디자인의 기회를 가져다 주었다.

혁신은 또한 새로운 컨텍스트에서 재료들을 사용하는 것을 의미할 수도 있다. 반사재는 전통적으로 항공 디자인에서 사용되었는데, 이제 지붕 단열재로 사용할 수 있다. 양모는 따뜻해서 건물의 단열재로 종종 사용되며, 볏짚 단은 국부적인 건물의 건축재였으나 이제는 많은 다른 맥락에서 환경친화적인 재료로 간주된다. 건설 자재 및 기술의 미래는 다양한 산업에서 나타나는 '스마트' 재료의 개발과 엮인다. 오늘날 건축가들은 주거와 업무를 더욱 역동적이고 상호작용적인 경험으로 만들기 위해, 이러한 기술과 혁신이 어떻게 건축 자재 및 전략으로 통합될 수 있는가를 알아내는 것에 도전하고 있다.

/ **베를린 유대인 박물관 리베스킨트 빌딩**
**다니엘 리베스킨트, 1999**
**(독일)**
리베스킨트가 설계한 베를린 유대인 박물관은 독특한 외장재인 아연을 사용하였다. 이는 그 주변의 무거운 석조 건물들과 대조를 이룬다. 재료는 기후에 노출되어 시간에 따라 색상과 재질이 변화하고, 그 주변에 맞춰 적응한다.

→ **유리 구조**
이 계단의 투명성은 빛이 건물을 따라 내려갈 수 있도록 하여, 층 간의 물리적 연결뿐만 아니라 시각적 연결도 제공한다.

↗ **The Libeskind Building of the Jewish Museum Berlin (Jüdisches Museum Berlin)**
**Studio Daniel Libeskind, 1999 (Germany)**
The Libeskind Building in the Jewish Museum Berlin uses a distinctive cladding material, zinc, which contrasts with the heavy stone buildings that surround it. The material will also change colour and texture over time as it is exposed to the climate, adapting to its surroundings.

→ **Structural glass**
The transparency of this staircase allows the light to flow down through the building, providing a visual as well as physical link between the floors.

## INNOVATIVE MATERIALS

Advances in material technologies present new opportunities for contemporary architecture. Material innovations from design areas such as fashion and product design can also inform building design. These innovations can stimulate a new way of thinking about building, they may make the construction process easier or cheaper or create some visual statement.

Interactive technologies provide the potential for buildings to respond to user activities. Movement sensors in and around buildings allow services such as lighting and ventilation to operate remotely. Materials can also react to movement or light through thermal sensors, and wireless technologies allow much greater flexibility in the way we use buildings.

Combining materials can increase a material's flexibility and application opportunities. Composite glass flooring, for example, which is made from structural glass and aluminium, combines the lightness and strength of aluminium with the transparency of glass to create large glass panels that can also be used as floor panels because they are weight-bearing.

Translucent or transparent concrete, which is made from glass and polymerized synthetics, has revolutionized the properties of concrete. As well as great flexibility (it can be poured and moulded), it has the added benefit of allowing light to pass through it. Structural columns using this material become visibly lighter as a result.

The increased demand for energy efficiency in buildings, and the potential to make surfaces a source of harnessing energy, has meant that the solar panel has become more prevalent and more flexible in its application. Solar panels can now be an integrated part of a roof system, rather than treated as a bolt-on element, and this presents the architect with increased design opportunities.

Innovation can also mean using materials in a new context. Reflective materials, traditionally used in aerospace design, are now being used in roofing insulation. Sheep's wool is often used in building insulation as it has a high thermal value. Straw bales, once a localized building material, are now viewed as a sustainable material for many different contexts. The future of construction materials and technology is interwoven with the development of 'smart' materials from a variety of industries. Ascertaining how these technologies and innovations can be incorporated into building materials and strategies, to make living and working a more dynamic and interactive experience, is the challenge facing architects today.

# 파빌리온 디자인

프로젝트: 아랍에미리트 파빌리온(2010 상하이 엑스포)
건축가: 포스터 앤 파트너스
건축주: 아랍에미리트 국립 미디어 회의
연도/위치: 2008-2010 / 중국 상하이

건축과 형태에 대한 일반적인 아이디어에 도전하며 건물 공사에 사용되는 수많은 혁신적인 시스템들이 있다. 새로운 구조 시스템을 사용하면 조각적인 새로운 건축 형태들을 제시할 수 있고, '건물들'에 대한 선입견에 도전한다. 포스터 앤 파트너스는 건축적 혁신에 대한 명성을 가지고 있다. 가끔 구조적 해결안이 프로젝트의 미를 도출한다. 파빌리온 구조는 새로운 아이디어를 선보이고 건축적 관습에 도전할 기회이다.

아랍에미리트 파빌리온은 2010년 상하이 엑스포를 위해 디자인되고 세워진 임시 구조물이었다. 엑스포 주제인 '더 좋은 도시, 더 좋은 생활'의 결과로 아랍에미리트 연방의 혁신들을 선보이기 위해 디자인되었다. 여기에서 선보인 프로젝트 중 하나는 아부다비의 새로운 탄소 중립의 공동체를 위한 마스다 마스터플랜이 있다.

지침은 450명의 관객을 수용하고 3,000㎡의 전시 공간을 형성하는 것이었다. 구조는 전시 및 진열 공간의 융통성 있는 공간을 요구한다. 계획 컨셉은 지역 경관의 특징인 모래 언덕에 대한 반응에서 발전하였다.

이 컨셉은 형태적으로 모래 언덕의 부드러운 윤곽으로 표현하였다. 또한, 파빌리온은 바람에 면한 면은 매끄럽고 반대면은 거친 질감을 가지고 있다. 북측 및 남측의 입면 또한 서로 대조를 이루도록 하였다. 북측 입면은 더욱 개방적이어서 자연 채광이 그 공간 안으로 여과되어 들어올 수 있게 하였고, 남측의 입면은 더욱 솔리드로 처리되어, 일사열 취득을 최소화하였다.

파빌리온의 구조는 평평한 스테인리스 스틸 판들의 격자로 구성된다. 그것들은 고정 시스템으로 디자인되어 쉽게 부착되고 분리되어 파빌리온의 조립과 분해가 신속하게 이루어질 수 있도록 하였다. 실내 공간 디자인은 랄프 애플바움 어소시에이츠에서 했는데, 조명은 실내의 구조를 잘 보여주기 위해 노출된 지붕 구조를 집중시켰다.

→ **입면 및 단면도**
입면과 주요 구조를 통과하는 단면

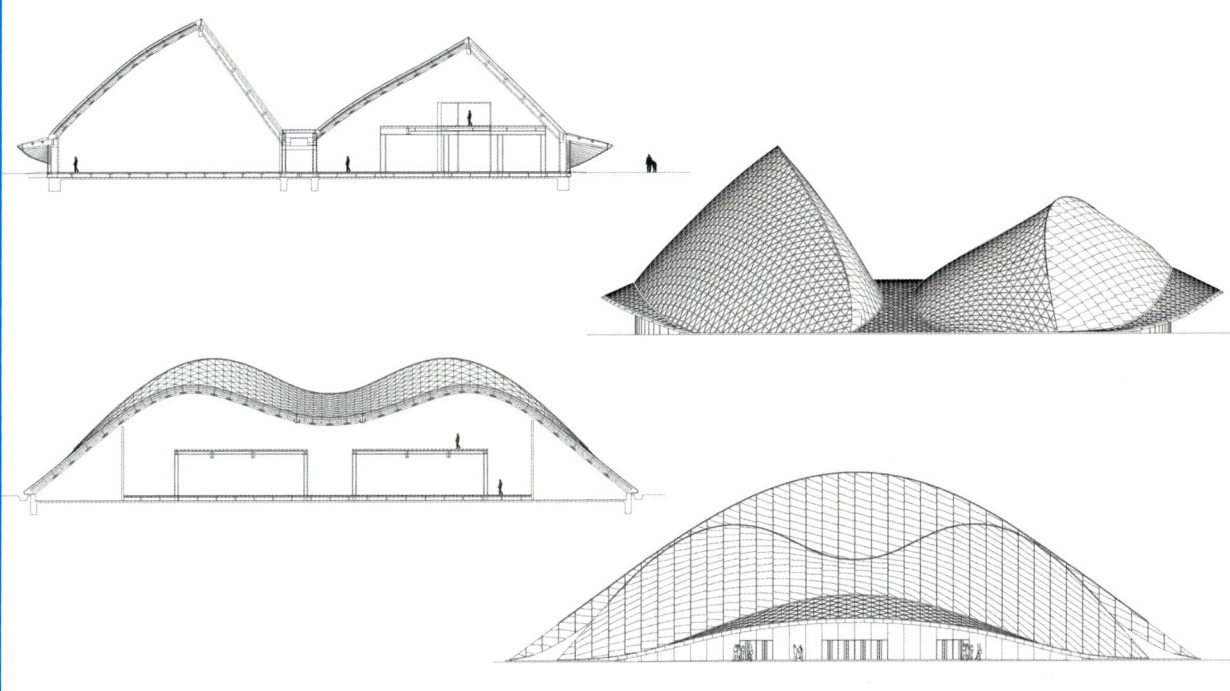

→ **Elevation and section drawings**
Elevations and sections through the main structure.

**Designing a pavilion**
Project: UAE Pavilion, Shanghai Expo 2010
Architect: Foster + Partners
Client: UAE National Media Council
Date / Location: 2008–2010 / Shanghai, China

There are many innovative systems used in building construction that challenge contemporary ideas about architecture and form. Using new structural systems can suggest a new set of architectural forms that are sculptural; that challenge preconceptions about 'buildings'. Foster + Partners has a reputation for architectural innovation: sometimes the structural solution can drive the aesthetic of a project. A pavilion structure is an opportunity to showcase new ideas and challenge architectural convention.

The UAE pavilion was a temporary structure designed and constructed for the 2010 Shanghai Expo. It was designed to showcase innovation in the United Arab Emirates (UAE) in response to the 'Better Cities, Better Lives' theme of the exposition. For example, one of the projects being showcased in the building is the Masdar masterplan project for a new carbon-neutral community in Abu Dhabi.

The brief was to accommodate 450 people and create 3000 square metres (32,300 square feet) of exhibition space. The structure requires a space that can be flexible in terms of exhibition and display space. The concept for the scheme developed from a response to a local landscape feature: the sand dune.

The concept suggests a sand dune in terms of its form, through its soft profile. Also the surface of the pavilion is smooth on the side that is exposed to the wind and has a rougher texture on the other side. The north- and south-facing elevations also contrast with one another. The north elevation is more open, to allow natural light to filter into the space within; the south-facing elevation is more solid, to attempt to minimize solar gain.

The structure of the pavilion is comprised of a lattice of flat stainless steel panels. They have been designed with a fixing system so that they can be easily attached and separated to allow the pavilion to be assembled and taken apart quickly. The internal fit-out is by Ralph Applebaum Associates, and the lighting focuses onto the exposed roof structure to illuminate the structural concept from within.

**CASE STUDY**

시공Construction 99

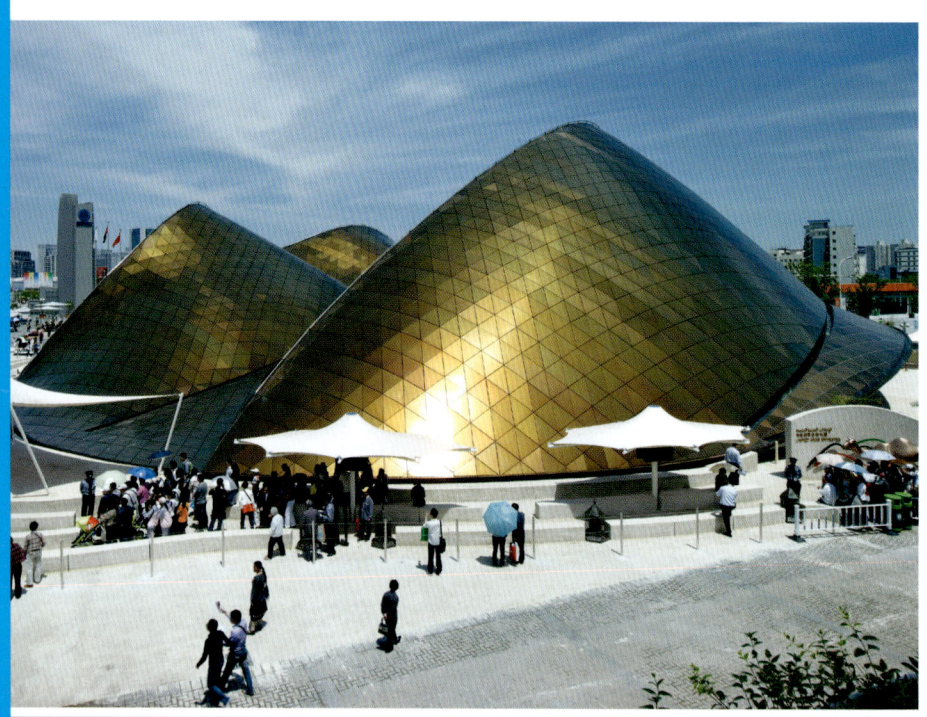

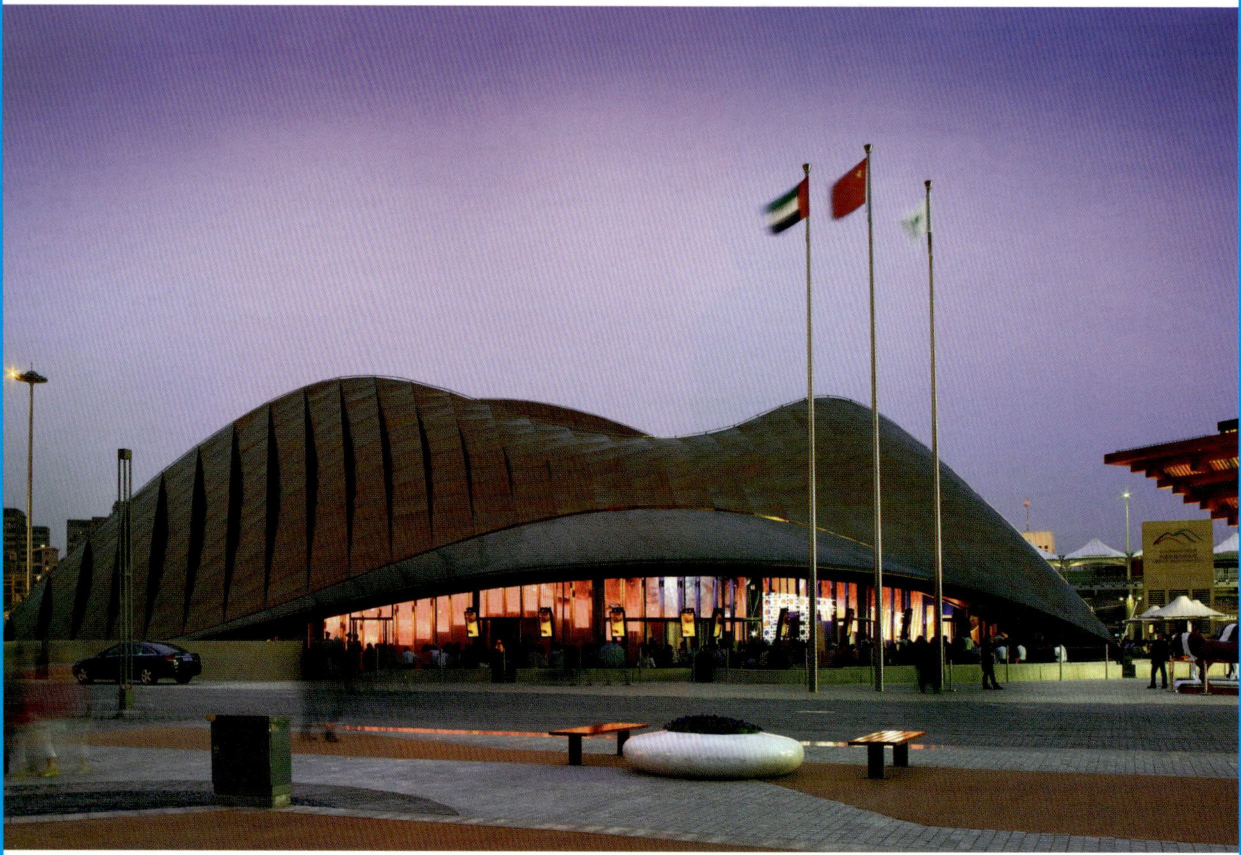

← **외부 표피**
지붕의 외부 표피는 빛을 반사한다.

↙ **파빌리온 입구**
입구는 밖의 대형 공공 광장에 관계한다.

→ **전시 공간**
공간 안에 독립적으로 서 있는 대형 전시물들이 있는 실내

↘ **열린 평면 공간**
내부 공간은 투영과 인터렉티브 진열을 위해 충분한 여유가 있는 대형 열린 평면 구역이다.

CASE STUDY

← **Exterior skin**
The exterior skin of the roof reflects light.

↙ **Pavilion entrance**
The entrance relates to the large public square outside.

→ **Exhibition space**
The interior with large exhibition objects freestanding in the space.

↘ **Open plan space**
The interior space is a large open-plan area with enough room for projection and interactive display.

*CASE STUDY*

# 엑소노메트릭 그리기

액소노메트릭은 계획을 3차원적으로 볼 수 있도록 한다. 본질적으로 위에서 흘러내린 평면으로, 위에서 건물 모형을 바라보는 듯한 인상을 준다. 전개된 액소노메트릭은 건축적 아이디어를 설명하기 위해 층이 분리된 3차원 도면이다.

연습을 위해서는 건물의 평면을 가지고 액소노메트릭 투사로 그려보아라. 또한, 전개된 액소노메트릭을 만들기 위해서는 건물 안의 층들에 대해 생각해보아라.

바르셀로나 파빌리온의 도면 사례를 보면, 바닥과 구조 기둥들이 평면에 나타나고, 솔리드 벽, 유리 벽과 지붕들과 같은 요소들은 분리된 층들로 표현되었다. 필요한 만큼 세부 정보를 적게 또는 많이 첨가할 수 있으며 주요 재료를 구분하기 위해 색상을 사용하는 것도 도움이 된다. 재료의 사진들을 선택된 구역에 연결함으로써 나타낼 수도 있다.

→ 1929년 국제 박람회의
**바르셀로나 파빌리온(스케치)**
**미스 반 데어 로에, 1928-1929**
미스 반 데어 로에가 디자인한 이 바르셀로나 파빌리온의 3차원 도면은 지붕을 지지하는 구조적 요소들과 수평 및 수직 판들로 이루어진 건물을 설명한다.

**Axonometric drawing**
An axonometric drawing allows for a three-dimensional overview of a scheme. It is essentially a plan extruded upwards, almost giving the impression of looking at a model of a building from above. Exploded axonometrics are three-dimensional drawings that have been separated into a series of layers to explain an architectural idea.

For this exercise, take the plan of a building and draw it in axonometric projection. To create an exploded axonometric drawing, think about the layers within the building.

In the example drawing of the Barcelona Pavilion, the structural columns are shown on the plan and elements such as solid walls, glass walls and the roof have been identified on separate layers. You can add as little or as much detail as necessary and it can be helpful to use colours to pick out key materials. Materials can also be identified by linking photographs to selected areas.

→ **The Barcelona Pavilion (sketch), constructed for the International Exposition in Barcelona of 1929**
**Ludwig Mies van der Rohe, 1928-1929**
This three-dimensional drawing of the Barcelona Pavilion, designed by Mies van der Rohe, explains the building as a series of horizontal and vertical planes with structural elements supporting the roof.

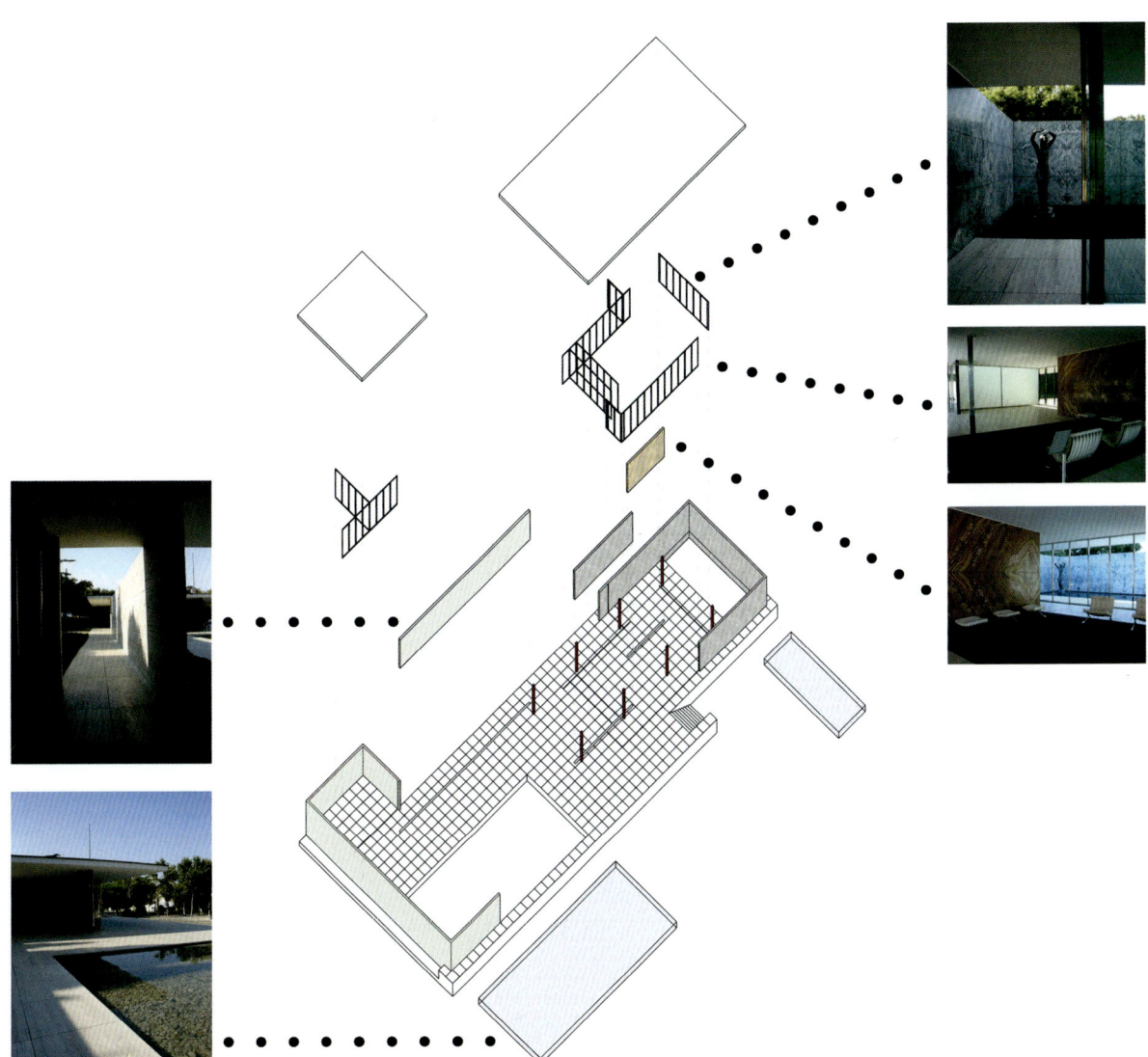

# 제4장
# 표현

표현은 건축적 아이디어와 컨셉에 대해 소통하기 위해 사용될 수 있는 여러 방법을 뜻한다. 이러한 방법 중 일부는 평면, 단면, 입면도와 같은 건축적 표현에 관련된다. 다른 방법에는 영화 제작의 스토리보드, 디지털 미디어 영역의 컴퓨터 이미지, 예술적 기법과 가장 공통적으로 관련된 프리핸드 스케치와 분석적 회화 기법과 같이 다른 분야에서 빌리거나 채택한 것들도 있다.

→ **단면도**
이 학생의 도면은 건물의 공간을 보여준다. 사람 이미지를 첨부해 건물이 어떻게 사용될 수 있는지를 제시한다. 그림자의 사용은 그 안의 주거 공간에 대한 특징을 보여준다.

## 캐드 도면

지난 20년 넘게 기술 발전은 건축가들에게 새로운 가능성을 제시하였다. 이제 모든 학생은 학계에서 채택된 언어인 캐드를 건축학교에서 배운다.

이 기술 발전은 건축 공간을 설명하기 위해 전체적으로 새로운 인터페이스를 제시하였고, 새로운 종류의 건축 형태가 발전할 수 있도록 하였다.

**촉진이냐 제약이냐?** 어떤 면에서는 캐드는 탐구적인 디자인 도구이다. 서로 다른 소프트웨어 패키지는 독립적으로 또는 함께 사용되어, 새로운 계획과 표현 형태를 가능하게 한다. 또한, 평면과 단면도가 쉽게 그려지고 발전될 수 있기 때문에 아이디어의 빠른 번안을 가능하게 한다. 일련의 연관 이미지들을 생산하는 데 사용할 수도 있는데, 각각은 정보의 부가적인 층위를 제공한다. 집합적으로 컨셉이나 시공 방법들을 더 잘 소통할 수 있는 정보의 '패키지'를 형성할 것이다.

그러나 때로는 컴퓨터가 제약적인 요인으로도 보일 수 있다. 캐드 이미지는 그래픽으로 만들어져, 매력적이고 깊은 인상을 남기기도 하지만 여전히 지어지고 거주 가능한 공간으로서의 건축은 믿을만한 3차원 형태로 시험 되고 읽혀질 필요가 있다.

캐드의 사용에는 흥미로운 인터페이스가 있다. 건물 표현의 일부는 초현실적으로 보일 수 있는 반면, 다른 해석들은 가끔 사실적이거나 그 이미지가 너무 완벽하게 보일 수도 있어서 실제 사진인지 컴퓨터로 제작된 모형인지에 대한 질문을 받을 수도 있다.

**캐드 도면**
이 캐드 도면은 도시 공간이 어떻게 디자인될 것인가를 보여주기 위해 포토샵으로 서로 다른 이미지와 정보를 이용해 겹쳐서 만들어졌다.

**CAD drawing**
This CAD drawing is developed using Adobe Photoshop software to overlay different images and information to suggest how this urban space may be designed.

## CAD DRAWING

Over the last 20 years, technological advances have presented a range of new possibilities for architects. All students now learn some form of computer-aided design (CAD) skills at schools of architecture and it is now an accepted language in the discourse of the discipline.

This technological advance has presented a whole new interface to describe architectural spaces and has allowed new sorts of architectural forms to evolve.

**Facilitating or limiting?** At one level, CAD provides an exploratory design tool; different software packages, used independently or collectively, allow for new initiatives and forms of expression. CAD also allows for quick translation of ideas because plan and section drawings can be easily adapted and developed. CAD can also be used to produce a series of related images, each one providing an additional layer of information. Collectively, the series will form a 'package' of information that will better communicate the concept or construction instructions.

Sometimes, however, the computer can be seen as a limiting factor. The CAD image renders as a graphic, which can be seductive and impressive, but it's still the architecture as built, inhabitable space, that needs to be tested and read as a believable three-dimensional form.

There are interesting interfaces in the use of CAD; some of the expressions of the buildings can appear surreal, while other interpretations can sometimes appear so real and so perfect in their imagery, that one is forced to ask whether the representation is a photograph of reality or a computer-generated model.

표현Representation

**포토몽타쥬**

캐드 도면의 매우 효과적인 메커니즘은 포토몽타쥬 기법이다. 건축주의 필요조건과 맞거나 의도한 장소는 적합한가를 확신하거나 증명하는 수단으로 종종 사용되며 매력적인 이미지를 생산한다. 포토몽타쥬 이미지는 종종 컴퓨터 지원 모델로 기존 대지의 디지털 사진을 합성하여, 예술가의 표현으로 묘사되기도 한다. 포토몽타쥬 이미지는 본래 제안된 아이디어의 가장 훌륭한 조망이나 가장 인상 깊은 각도를 얻기 위해 디자이너를 통해 '무대 연출'된다. 표현 기법의 기초가 되는 목표는 컨셉을 최상으로 진열하는 것일 것이다.

↗↓ **캐드 포토몽타쥬**
이 이미지들은 대지 사진과 캐드 모형을 결합하여 디자인 아이디어를 보여준다.

**CAD photomontage**
This set of images uses a combination of site photos and CAD models to describe a design idea.

**Photomontage**   A very effective mechanism in CAD drawing is the photomontage technique. It produces a seductive image that is often used as a means to convince or demonstrate that the architecture can 'fit' any proposed client requirements or is appropriate for its intended site. Photomontage images are frequently described as artist impressions because they often mix digital photographs of an existing site with computer-generated models. Photomontage images are essentially 'stage managed' by the designer to obtain the best view or the most impressive angle of the proposed idea. The underlying aim of any representation technique will be to display the concept at its best.

# 스케치

건축 도면은 세 가지 넓은 카테고리인 컨셉, 발전, 실현 중 하나에 포함되는 경향이 있다. 스케치 도면은 모든 카테고리를 망라하지만, 건축에서 복잡한 생각들을 설명하기 위한 가장 빠르고 단순한 방법이기 때문에 컨셉 단계에서 가장 많이 사용된다.

스케치는 직관을 따라 신속하고 세밀하게 스케일에 맞춰 그려질 수도 있다. 스케치의 자유로운 역동적인 측면을 재현하기 위해 사용 가능한 구글 스케치 업과 같은 소프트웨어 패키지도 있다. 스케치에는 힘이 있다. 그것은 아이디어와 종이 위의 2차원 표현의 개인적이고 즉각적인 표현이다. 스케치는 특징적이어서 세밀함은 부족하지만, 그것 또한 매력적이다. 그 안에는 손재주, 연필 선의 굵기에서 모든 종류의 이슈들이 내재하고 숨겨져 있을 수 있다. 스케치는 디자인 과정의 모든 단계에서 나타나지만, 특히 시작 단계에서 아무것도 정해지지 않았을 때 모든 것이 일어날 수 있도록 하는 잠재력을 가지고 있다.

**스케치북 페이지 1, 2, 3**
이러한 스케치들은 다양한 접근 방식들을 보여주는데, '1'은 이미지에 글을 겹쳐 쓰고 있으며, '2'는 대지 사진으로 시작하고 있으며, '3'은 단면도에 스케치들을 겹쳐 사용하고 있다.

**아이디어가 열쇠이다**    누구나 스케치를 할 수 있다. 종이 위에 선을 긋는 것은 쉽다. 중요한 것은 그 선 뒤에 있는 아이디어와 스케치를 자극하는 아이디어의 정교함이다. 정확함이나 심지어 기술적인 기량은 여기서 주요 고려 대상이 아니다. 레오나르도 다빈치는 인체를 분석하기 위해 스케치를 사용하여 근육의 역학과 뼈의 구조를 더 잘 이해하려고 했다. 그는 스케치를 기계와 건축의 부수적인 디자인에 영향을 주기 위해 사용하였다.

스케치는 자연스러운 도면이다. 마찬가지로 새로운 가능성을 탐구하기 위해 재작업되고 다른 것으로 될 수도 있다. 스케치는 기상천외한 불가능한 아이디어일 수 있고, 미래지향적이거나 초현실적인 무언가일 수도 있다. 건축 컨셉의 세부적인 부분과 적용방법의 윤곽을 보여줄 수도 있다. 스케치는 아이디어의 탐구와 가능성을 시험한다. 일단 아이디어가 종이 위에 스케치 형태로 존재할 때 더욱 발전될 수 있다.

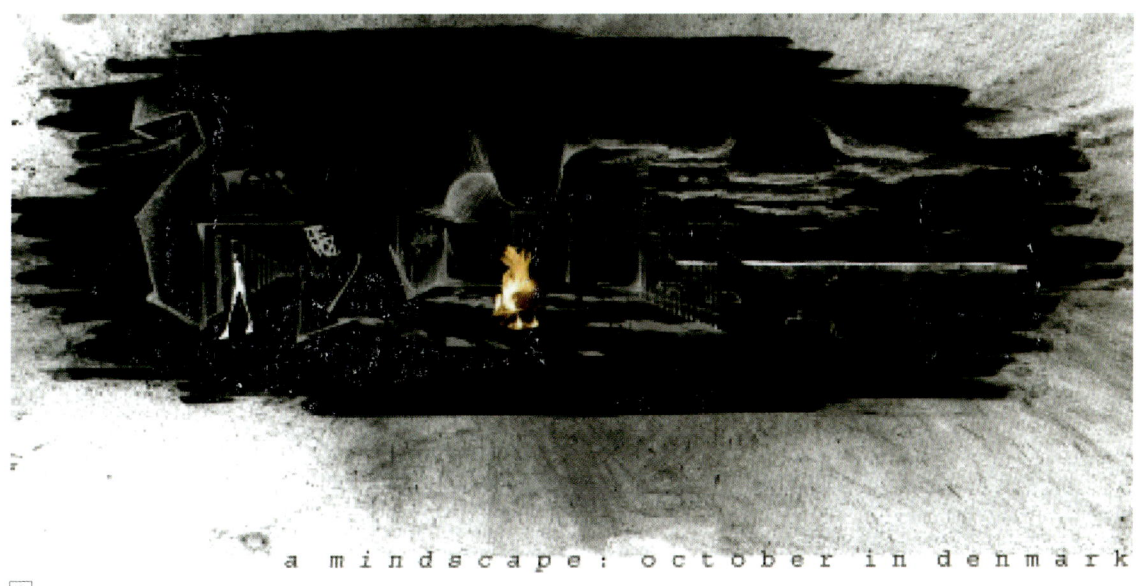

a mindscape: october in denmark

1

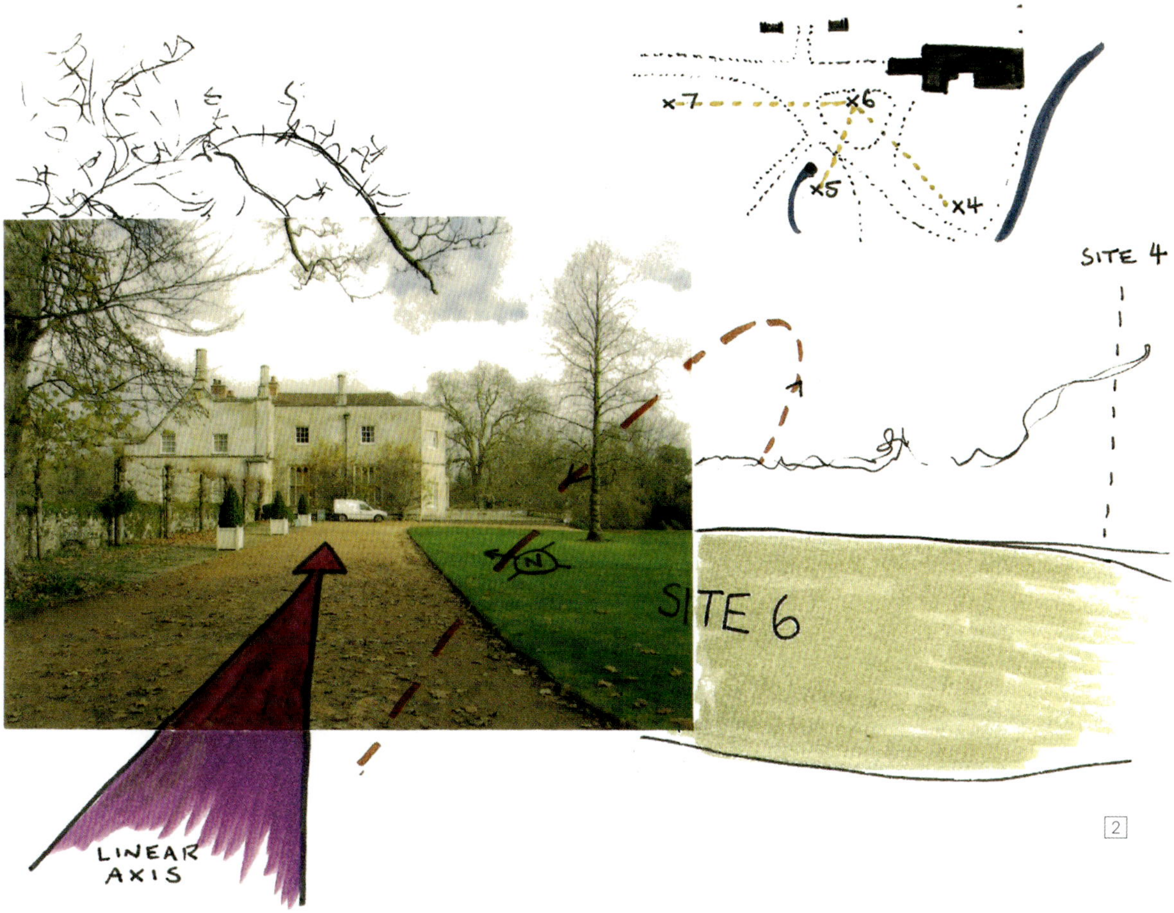
x7
x6
x5
x4
SITE 4
SITE 6
N
LINEAR
AXIS

2

## Aspirations

At the Heart of the Performing Arts Centre's ethos should be the desire to promote:

- Participation
- Engagement
- Communication
- Interaction
- Consideration
- Education
- Determination
- Happiness
- Success
- Belief
- Motivation
- Action
- Trust
- Recognition
- Inspiration
- Ambition
- Creation

## SKETCHING

Architectural drawing tends to fall into one of three broad categories: conceptual, developmental and realization. The sketch drawing can exist across all categories, but it is used most readily at the conceptual stage because it is the quickest and simplest way to explain complex ideas in architecture.

Sketches can be quick and inspired or more detailed and produced to scale. There are even software packages available that attempt to recreate the loose dynamic aspect of sketching (such as Google SketchUp). There is power in a sketch; it is a personal and immediate connection between the idea and the rendering of a two-dimensional representation on paper. A sketch has character and it lacks precision, which is its attraction. In the sleight of the hand, the thickness of the pencil line, all sorts of issues can be implied and hidden. Sketching happens at all stages of the design process, but in particular at the start of it, when the detail hasn't yet been considered, allowing the potential for anything to happen.

**The idea is key**  Anyone can sketch; it's easy to manipulate lines on paper. The importance is the sophistication of the idea behind the line and the thinking that stimulates it. Accuracy or even technical skill aren't the primary considerations here, it's the idea. Leonardo da Vinci, for example, used sketches to analyse the human body, to better understand the mechanics of muscles and the structure of the skeleton. He used his sketches to inform his subsequent designs of machines and architecture.

The sketch is a loose drawing, and as such it can be reworked and redirected to explore different possibilities. A sketch can be of a fantastically impossible idea, something futuristic or surreal, or it can outline the details of a concept and how these are applied to a piece of architecture. Sketching allows the exploration of an idea, a testing of possibilities. Only when the idea exists on paper in sketch form, can it be further developed.

**1, 2, 3 Sketchbook pages**
These sketches show a variety of approaches: using text overlaying an image '1'; starting with a site photograph '2'; and using sketches overlaid on section drawings '3'.

표현Representation

↑ 서펜타인 갤러리 파빌리온
피터 줌터[1], 2011
서펜타인 갤러리는 런던의 하이드
파크에 여름 파빌리온으로 세워진
임시 구조물이며, 유명한 건축가들이
디자인 한 구조물 중 하나이다.
줌터는 정원과 파빌리온 사이의
관계에 관심이 있었다. 딱딱한 외관은
일본에서 영감을 받은 내부 정원과
대조를 이룬다.

✎ 분석 스케치
분석 스케치는 발전과 그 뒤의
조합을 더 잘 이해하기 위해
아이디어를 해체한다. 이 스케치들은
계단과 공간의 아이디어들을
탐구한다.

## 컨셉 스케치

컨셉 스케치는 건축 아이디어가 떠오르는 순간 그려진다. 이러한 스케치들은 아이디어를 건축과 연관시킨다. 그것들은 추상적이거나 은유적일수도 있으며, 심지어 생각이 발전되는 형식적인 끄적거림이 될 수도 있다.

## 분석 스케치

분석 스케치는 아이디어를 얻고, 그것을 세부적으로 조사하는데 보통 무엇이 왜 그러한 방식으로 있는지, 또는 그것이 사실상 어떻게 될 것인지를 설명하기 위해 여러 단계의 부분으로 이루어진다. 분석 스케치는 아이디어 해체를 가능하게 한다. 공간들은 그 안에서 일어날 활동이나 기능의 관점에서 분석될 수 있으며 도시들은 경험, 여정 또는 그것들이 포함하는 건물 매스의 관점에서 분석될 수 있다.

건물들은 서로 다른 방들과 공간 안의 빛의 양이나 그 기능과 같이 측정할 수 있는 관점에서 구체적으로 분석될 수 있다. 그러한 분석은 현재의 조건을 이해하는 데 중심적이며, 건축 아이디어나 가정을 통해 반응될 수 있다. 이러한 분석은 간결하고 다이어그램이 명확할 필요가 있다.

---

1) **피터 줌터 1943년 생**  피터 줌터는 컨텍스트와 재료에 대한 감수성으로 명성을 얻은 스위스 건축가이다. 그는 건축가일 뿐만 아니라 작가로 그의 건물들을 재료, 빛, 공간의 측면에서 시적이고 철학적으로 기술하는 데에 관심이 있다. 그의 대표 작품들로는 미술관, 박물관, 예배 장소를 포함한 문화 건물들이 있다.

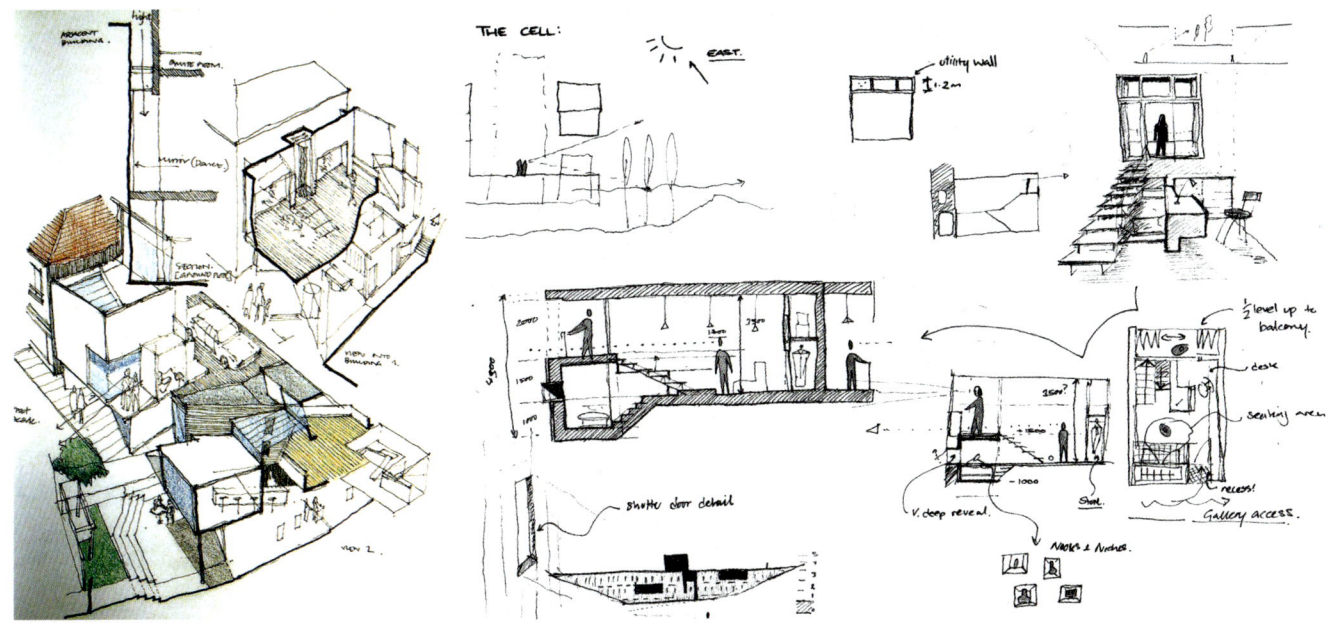

↑ **Serpentine Gallery Pavilion Peter Zumthor[1], 2011**
The Serpentine Gallery is a temporary structure that was placed in Hyde Park, London as a summer pavilion, and is part of a series of structures by renowned architects. Zumthor was interested in the relationship between the garden and the pavilion. The hard exterior contrasts with the Japanese-inspired garden within.

↗ **Analytical sketches**
Analytical sketches deconstruct an idea in order to allow a better understanding of the development and assembly behind it. Both of these analytical sketches investigate ideas of stairs and spaces.

**Conceptual sketches**   Conceptual sketches are created the moment that an architectural idea is conceived. These sketches connect idea with architecture. They can be abstract, metaphorical or even a formalized doodle that allows the journey of thinking to develop.

**Analytical sketches**   Analytical sketches take an idea and examine it in detail, usually as part of a series of steps to explain why something is the way it is, or how it will eventually be. Analytical sketches allow the deconstruction of an idea. Spaces can be analysed in terms of the activities or functions that will occur within them and cities can be analysed in terms of the experiences, journeys or building mass they contain.

Buildings can be specifically analysed in terms of measurables such as the amount of light in, or the function of, its different rooms and spaces. Such analysis is central to understanding the present condition, so that it can be responded to through the architectural idea or proposition. This analysis needs to be concise and diagrammatically clear.

---

**1) Peter Zumthor b. 1943**   Peter Zumthor is a Swiss architect who has a reputation for his sensitivity to context and materiality. He is a writer as well as an architect and is particularly interested to describe his buildings poetically and philosophically in terms of material, light and space. Some of his seminal pieces have been cultural buildings including galleries, museums and places of worship.

## 관찰 스케치

가장 훌륭한 아이디어들의 일부는 이미 존재하는 것을 더 잘 이해하는 데에서 오기도 한다. 관찰 스케치는 더 잘 이해할 수 있도록 형태와 구조의 상세부분을 드러내어 보여줄 수 있다. 이러한 유형의 스케치는 신체를 그려 예술가가 신체를 비율적으로나 기계적으로 더 잘 이해할 수 있도록 하는 것처럼 사생화와 유사할 수 있다. 건물을 그리는 데 똑같은 과정을 적용하여, 건물의 개별 요소들에 대한 탐구와 그것들이 전체에 어떻게 연결되는가를 알 수 있게 한다. 예를 들어, 서로 다른 재료들이 어떻게 중첩되어 서로 연결될 수 있는가의 자세한 정보는 인상 깊고 내포된 건축 아이디어들을 관찰 스케치를 통해 드러낼 수도 있다.

### ↙↘ 학생 스케치

이러한 스케치들은 건물의 내부와 외부 모두를 세심하게 연구한 것이다. 이미지를 심화하기 위해 색상과 재질을 효과적으로 사용하여 세부를 연구하고 그리는데 주의를 기울였다.

↓ ↘ **Student sketches**
These sketches are careful studies of buildings both inside and outside. Care has been taken to study and draw detail, with effective use of colour and texture to intensify the image.

**Observational sketches**   Some of the best ideas come from acquiring a better understanding of something that already exists. Observational sketches can reveal details of form and structure that help provide better understanding. This type of sketching can be likened to life drawing; by drawing the body the artist develops a greater understanding of it, both proportionally and mechanically. The same process can be applied to drawing a building; doing so allows the exploration of its individual components and an awareness of how they relate to the whole. For example, the details of how different materials are juxtaposed and joined together can reveal expressive or implicit architectural ideas.

표현Representation

## 스케치북: 아이디어 컬렉션

스케치북은 아이디어, 탐구, 이해의 서로 다른 여정들의 집합을 나타낸다. 이것들은 감정적이고, 가공되지 않았으며, 잠재력으로 불쑥 나타나기도 한다. 건축가의 스케치북은 아이디어가 지나쳐 비현실적이기도 하며, 가끔 스케치북의 마지막 장까지 잘못된 방향으로 그려지기도 한다. 다른 때에는 2차원의 가공되지 않은 스케치로 시작되어 완공 건물로 끝나는 컨셉들을 탐구하기도 한다. 야망의 시작은 원대할 수 있다!

스케치북은 자극과 영향을 줄 수 있는 시각적인 내용을 포함한다. 이러한 형태의 필기는 왜 건물이 그러한지에 대한 이론적 탐구뿐만 아니라 어떻게 건물들이 있는지 이해하는 현실 상황들의 관찰을 통해 전개된다.

건축 아이디어의 발전 과정은 스케치북에 잘 기록되어 보관될 수도 있지만 건축 디자인의 소통에서 컴퓨터와 결합하여 진행되기도 한다. 컨셉 스케치로 시작하는 것은 컴퓨터 상의 스케일에 맞춰 그려진다. 이러한 도면의 일부는 컴퓨터에서 완성된 제안으로 발전되기 전에 스케치북에서 좀 더 분석되고 재설계될 수도 있다. 컴퓨터와 스케치북은 건축에 필요한 두 가지 다양한 아이디어 방식을 표현한다. 스케치북은 상상력이 풍부하고 직관적이며, 컴퓨터는 정확하고 자세하다.

↑ 세인트 베네딕트 예배당
피터 줌터, 1987-1989
(스위스 그라우뷘덴)
예배당 내부 공간으로 들어오는 일광. 119페이지의 스케치와 비교해보아라.

↗ 투시도 스케치들
이 드로잉들은 빛이 세인트 베네딕트 예배당에 들어오는 방법을 탐구한다. 투시도 스케치에 사용된 색상은 내부 공간의 생기 있고 현실감을 준다.

↑ **Saint Benedict Chapel
Peter Zumthor, 1987–1989
(Graubünden, Switzerland)**
Daylight entering the interior space of the chapel. Compare this to the sketches shown on page 119.

↗↘ **Perspective sketches**
These drawings explore the way in which light enters Saint Benedict's Chapel. The use of colour on these perspective sketches creates an animated and realistic impression of the internal space.

**Sketchbooks: idea collections**   Sketchbooks represent a collection of ideas and different journeys of exploration and understanding. They are emotional, raw and bursting with potential. An architect's sketchbook allows an idea to be taken and pursued beyond reality, sometimes in the wrong direction, until there is no mileage left in it. At other times it explores concepts that start as two-dimensional, raw sketches and finish as a realized building; the leap of ambition can be enormous!

Sketchbooks contain visual notes to stimulate and inform. This form of note-taking is developed through observation of real situations (understanding how buildings are) as well as theoretical explorations (why buildings are).

The process of developing an architectural idea can be well documented and recorded in a sketchbook, but this works in conjunction with the computer in the communication of architectural design. What starts as a concept sketch is then drawn to scale on a computer. Parts of this drawing can then be further analysed and redesigned in the sketchbook, before being developed as a finished proposal on the computer. The computer and the sketchbook represent the two diverse types of thinking that are needed for architecture; the sketchbook is imaginative and intuitive, and the computer defined and precise.

# 스케일

스케일은 건축 및 공간 디자인에서 중요하게 고려되어야 한다. 건축적 아이디어의 도면과 모형을 현실 크기의 표현에 비교할 수 있도록 한다. 스케일은 보편적으로 알려지거나 이해하고 있는 치수 또는 치수의 시스템에 대한 아이디어의 상대적인 재현이다.

스케일 시스템을 이해하는 것은 특정 공간의 아이디어가 적당하게 소통될 수 있도록 한다. 생각을 스케일로 정렬하는 것은 우리가 컨셉의 비례를 더 잘 이해할 수 있도록 돕는다. 예를 들면, 방이나 건물에 놓인 사람은 우리가 즉시 스케일과 관련해 연관 지을 수 있다. 마찬가지로, 침대나 의자와 같은 가구는 인체 스케일에 관련되어 방 안에서의 배치는 우리가 건축적 컨셉, 비율 및 공간을 이해할 수 있도록 돕는다.

스케일은 사람들이 거주하는 구조물의 디자인을 시작하기 위해 이해해야 하는 첫 번째 개념 중 하나로, 이것이 우리가 공간을 실제로 어떻게 점유하는가를 이해할 수 있도록 하기 때문이다. 이것이 협소하고 친숙하며 닫힌 공간으로 의도되던지, 여유롭고 크고 열린 공간으로 의도되던지 상관없이 말이다.

| 스케일 비율 (Scale Ratio) | 활용 (Application) |
|---|---|
| 1:1 원척 (Full size) | 가구와 재료의 세부 (Details of furniture and materials) |
| 1:2 | 가구와 재료의 세부 (Details of furniture and materials) |
| 1:5 | 건물과 실내 세부 (Building and interior details) |
| 1:10 | 건물과 실내 세부 (Building and interior details) |
| 1:20 | 건물과 실내 세부 (Building and interior details) |
| 1:50 | 실내 세부 및 작은 건물 평면 (Interior details and small building plans) |
| 1:100 | 더 큰 건물의 전체 평면 (Overall larger building plans) |
| 1:200 | 더 큰 건물과 대지 배치의 전체 평면 (Overall larger building plans and site layouts) |
| 1:500 | 대지 배치 및 컨텍스트 관계 (Site layouts and context relationship) |
| 1:1000 | 주변 경관 및 대지 위치 (Surrounding landscape and site location) |
| 1:1250 | 지도 스케일 위치 (Map scale location) |
| 1:2500 | 대형 지도 스케일 위치 (Large map scale location) |

/ 스케일 모형(왼쪽에서 오른쪽으로 1:2000, 1:200, 1:20)
이 모형들은 다양한 스케일로 만들어졌는데, 각각의 스케일이 10배로 증가한다. 이 스케일 증가는 좀 더 세부적인 이해가 될 수 있도록 한다.

**10의 제곱수** 스케일은 물리적이고 상대적인 감각에서 모두 이해되어야 한다. 10의 제곱수(1968)는 찰스와 레이 임스가 제작한 스케일에 대한 영화이다. 이 영화는 피크닉 매트에 누워있는 사람이 보이는 장면에서 시작한다. 관찰자는 인식 가능한 스케일을 실제크기의 1:1비율로 쉽게 이해할 수 있다. 이후 영화는 10의 제곱수로 각각의 프레임을 움직인다. 처음은 1:10, 이후 1:100 등 스케일이 우주적인 것에 도달할 때까지 바꾼다.

이 영화는 스케일의 상대적 특징을 이해할 수 있는 유용한 방법을 제공한다. 스케일을 이해하는 것은 사물의 인식, 표현된 크기와 사물의 실제 현실 크기를 이해하는 것이 필요하도록 만든다. 스케일은 공간, 사물, 건물을 서로 다른 세부 층위에서 상상하는 개념이다.

더 자세한 정보는 www.powersof10.com에서 알 수 있다.

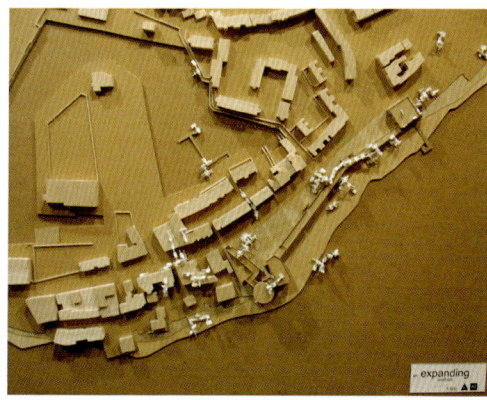
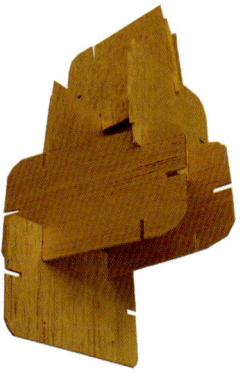

Scale of 1:2000　　　　　　　　　　　　　　　　　Scale of 1:200　　　　　　　　　　　Scale of 1:20

**Scale models(shown left to right: 1:2000, 1:200 and 1:20)**
These models are produced at a range of scales, each is increasing in scale by a factor of 10. Each incremental increase in scale allows more detail to be understood.

## SCALE

Scale is a critical consideration in architectural and spatial design as it allows the comparison of a drawing or model of an architectural idea to its real-size representation. Scale is the relative representation of an idea to a measurement, or system of measurement, that is universally known or understood.

Understanding a scale system allows the idea of a specific space to be properly communicated. Aligning the idea to something that we understand the scale of will help us to better understand the proportions of a concept. For example, a person placed in a room or building is something we can immediately connect with in terms of scale. Similarly, a piece of furniture, such as a bed or chair, also relates to human scale and so again its placement within a room will help our understanding of architectural concepts, proportions and spaces.

Scale is one of the first notions we need to understand in order to start designing structures for people to inhabit, because it allows us to comprehend how we can physically occupy a space – whether it is intended to be a tight, intimate and close space, or a loose, large and open one.

**The Powers of Ten**　　Scale needs to be understood in both a physical and a relative sense. The Powers of Ten (1968), a film by Charles and Ray Eames, is an important study of scale. This film opens with a shot of a person lying on a picnic mat. The viewer can easily comprehend the recognizable scale of this as it is full-size or 1:1 ratio. The film then moves each frame by a power of ten, first to 1:10 (one tenth real size), and then 1:100 (one hundredth real size) and so on until the scale reaches the (then) knowledge of the universe.

This film provides a useful way to understand the relative nature of scale. Understanding scale necessitates an understanding of the actual or real size of objects as well as the perceived and represented size of objects. Scale is a concept of imagining spaces, objects or buildings at different levels of detail.

For more information visit www.powersof10.com

**적절한 스케일**

정보를 효과적으로 설명하기 위해 스케일을 적절하게 사용하는 것은 컨셉 소통과 이해에 영향을 미칠 수 있기 때문에 중요하다. 건축가들은 기술자나 다른 디자인에서 사용하는 스케일과는 다른 스케일을 사용한다.

첫 번째 이해해야 할 스케일은 1:1 또는 실물 크기로, 현실에서 실제적인 크기로 건축에서는 작은 구성요소를 디자인하거나 공간을 작게 살필 때 사용된다. 무대 세트와 같이 컨셉을 조사하기 위해서, 공간들은 가끔 실제 규모로 모형이 만들어진다. 모든 스케일들은 실물 크기에 대해 비율적으로 표현된다.

1:1 이후에 각 스케일 비율은 서로 다른 맥락에서 아이디어의 다양한 면모들과 상세한 부분들이 그려지고 표현될 수 있도록 한다.

시공의 세부는 1:5 또는 1:10 스케일로 표현된다. 이러한 세부적인 부분들은 보통 건물을 예를 들면 벽이 바닥과 만나거나 지붕이나 기초를 만나는 건물의 접합부를 이해하는데 도움을 준다.

스케일의 다음 범위는 1:20과 1:50으로 전통적으로 실들과 실내 배치의 측면을 이해하고 공사와 구조에 대한 큰 컨셉을 소통하는데 사용된다.

건물 배치는 1:50, 1:100, 1:200으로 구조물의 크기에 따라 탐구된다. 대지 관계는 1:100, 1:200, 1:500의 스케일 비율로 그려진다. 가장 큰 스케일의 도면은 대지 위치를 나타내는 지도들로 보통 1:1000, 1:1250, 1:2500의 비율로 그려진다.

**1-5. 스케일 도면들**

1. 보통 1:5 또는 1:10의 스케일로 그려진 세부도면은 재료의 연결을 보여준다.

2. 1:20 또는 1:50 단면은 공간들 사이의 관계를 보여준다.

3. 1:50 또는 1:100 도면은 건물 전체의 평면이나 단면을 위해 사용된다.

4. 1:200 또는 1:500의 도면은 대지 위치를 표현하는 데에 사용되어 컨텍스트를 설명한다.

5. 1:1250 또는 1:2500의 지도는 도시나 경관의 더 큰 컨텍스트를 설명한다.

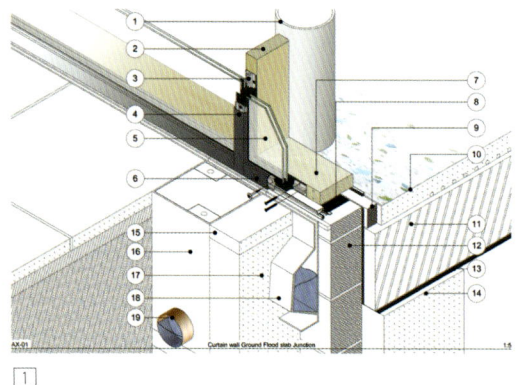

1

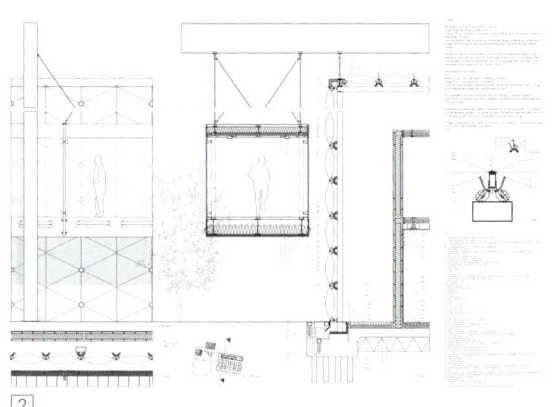

2

**1–5. Scale drawings**
1. A detail drawing normally at 1:5 or 1:10 scale to show material connections.

2. A section 1:20 or 1:50 shows relationships between spaces.

3. A 1:50 or 1:100 scale drawing can be used for plan and section drawings of a whole building.

4. Drawings at 1:200 or 1:500 scale are used for a site location plan to explain immediate context.

5. A map scale 1:1250 or 1:2500 describes a much larger context of a city or landscape.

**Appropriate scale**   Appropriateness of scale, using the correct ratio to explain the information effectively, is crucial as it affects the communication and understanding of a concept. Architects use different scales than those used by engineers or other designers.

The first scale ratio to understand is 1:1, or full-size scale, which is real or actual size and is used in architecture for designing small components and conducting smaller investigations of space. Sometimes spaces can be mocked up at real scale, much like a stage set, to investigate a concept. All scale ratios are expressed proportionately to full-size scale.

After 1:1, each scale ratio is used in different contexts to allow varying aspects or details of an idea to be drawn and expressed.

Construction details are expressed as 1:5 or 1:10 scale, Such details are usually concerned with understanding junctions in buildings, for example, where walls meet the floor and the roof or the foundations.

The next range of scale, 1:20 and 1:50, are traditionally used to understand the interior aspects of rooms and layouts or to communicate a larger idea of construction and structure.

Building layouts are explored at 1:50, 1:100 and 1:200 depending on the size of the structure. Site relationships are drawn at scale ratios of 1:100, 1:200 and 1:500. The largest scale drawings are maps that indicate site location, and these are usually produced at ratios of 1:1000, 1:1250 or 1:2500.

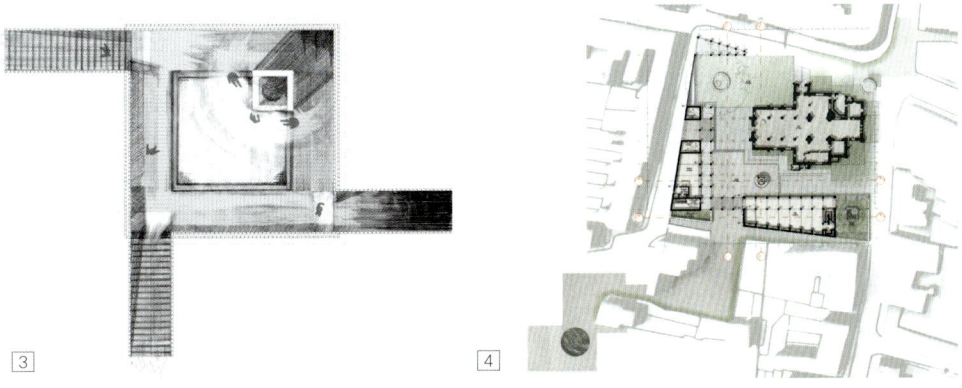

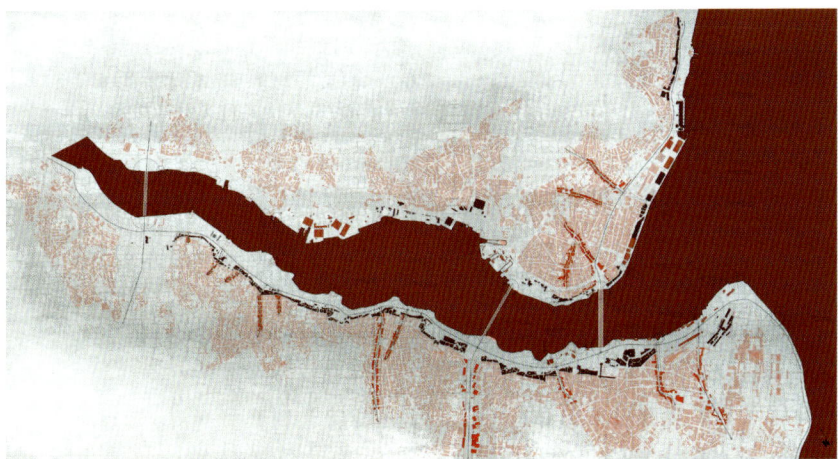

# 정사영도

정사영도는 3차원 사물을 2차원으로 표현하는 방법이다. 건축에서 정사영도는 일반적으로 세 가지 형태인 평면, 단면, 입면도 중 하나를 취한다.

평면도는 지면이나 마감된 바닥층 위로 약 1.2m 높이에서 이미지화된 방이나 건물의 수평 단면이다. 단면도는 건물이나 공간의 수직 단면을 보여준다. 입면도는 건물의 면이나 입면을 보여준다.

모든 유형의 도면들은 치수가 기입되는데 이것들은 각각의 스케일을 통해 내부 공간과 형태를 소통한다. 건축가는 평면, 단면, 입면, 세부 도면을 포함한 것을 도면 '풀 세트'라고 한다. 풀 세트와 다양한 스케일로 읽히는 각 도면 유형으로 건물 디자인은 명확하게 소통되고 3차원 비율로 이해할 수 있다. 이를 통해 측량사는 비용을 산출하고, 기술자는 건축적 의도를 볼 수 있으며, 공사업자는 도면을 이용하여 건물을 정확하게 지을 수 있다. 각 유형의 도면은 독립적으로는 특정 정보를 소통하지만 종합적으로는 완전하게 건축을 설명한다.

↘ 에클레스톤 하우스
**대지 위치 평면도**
**존 팔디 아키텍츠, 2006**
이 주택의 대지 평면도는 건물과 그 주변 컨텍스트의 관계를 설명한다. 평면도 주변 경관, 주차, 향, 방의 외부 조망과 전망에 대한 관계에 관한 정보를 담는다. 주변 경관의 컨텍스트에서 볼 때 건물 평면도는 명확하다.

## 평면도

평면도는 건물의 수평 층위를 설명하는데, 지하(또는 지면 아랫부분), 지면 층, 모든 다른 층과 지붕 평면이 있다.

대지 평면도는 건물을 설명하는 첫 번째 유형의 도면이다. 보통 조감도나 주변 지역을 보여주며, 건물 입구를 통합하고, 중요하게는 북쪽을 나타낸다.

평면도의 방법은 선택적일 수 있다. 하나의 방을 보여줄 수도 있고, 전체 건물을 다이어그램으로 보여줄 수도 있다. 상세 평면도는 매우 다양할 수 있다. 스케일과 공간의 사용을 보여주기 위해 안에 가구를 놓을 수도 있고, 실내에 사용될 재료를 보여줄 수도 있으며, 공간, 벽, 창, 문을 단순하게 보여줄 수도 있다. 평면도는 디자인 과정의 각 단계에 있는 정보를 가능한 한 많이(또는 가능한 한 적게) 보여줄 것이다.

**Eccleston House site location plan drawing**
**John Pardey Architects, 2006**
The site plan of this house explains the relationship of the building to its immediate context. The plan includes information about the surrounding landscape, available parking, orientation and the relationship of the house's rooms to external views and vistas. There is a clarity about the plan of the building when it is viewed in the context of its surrounding landscape.

## ORTHOGRAPHIC PROJECTION

Orthographic projection is a means of representing a three-dimensional object in two dimensions. In architecture, orthographic projection generally takes one of three forms: plan, section and elevation drawings.

A plan is an imagined horizontal cross section of a room or building approximately 1.2 metres (3.9 feet) above ground or finished floor level. A section drawing shows a vertical cross section of a building or space. The elevation drawing displays the building's face or façade.

All these types of drawings are measured; they each use scale to communicate the spaces and forms contained within them. When architects refer to a 'full set' of drawings, this term encompasses plan, section, elevation and detail drawings. With the full set of information, and with each drawing type displayed at varying scales, a building design can be communicated clearly and understood as a three-dimensional proposition. It can be costed by a quantity surveyor, an engineer can see the architectural intention, and a builder can use the drawings to construct the building accurately. Independently, each type of drawing communicates specific information, but collectively they explain the architecture completely.

**Plans**  Plans need to explain the horizontal layers of the building; the basement (or below ground area), the ground floor, all other floor levels and the roof plan.

A site location plan is the first kind of drawing that explains a building. It is usually a bird's eye view and shows the surrounding area, incorporating the entrance to the building and, importantly, a north point.

Plans can be selective and just show a single room, or they can be diagrammatic and display the whole building. The amount of detail in a plan can vary enormously. It may have furniture within it to show the scale and use of a space, or show the materials intended to be used for the interior, or it can simply display spaces, walls, windows and doors. A plan drawing will contain as much (or as little) information as is available at each stage of the design process.

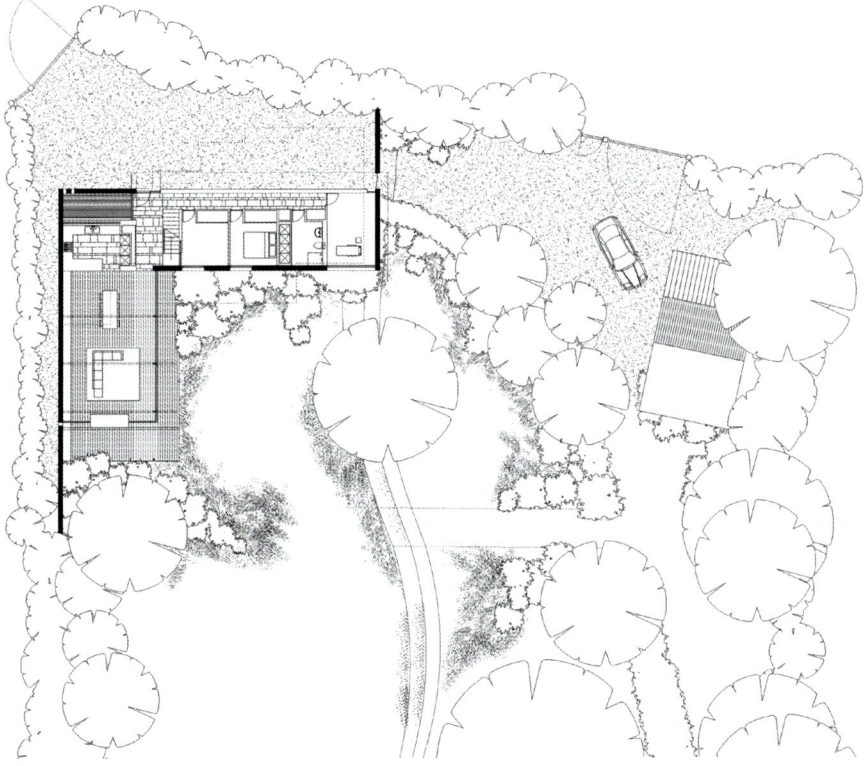

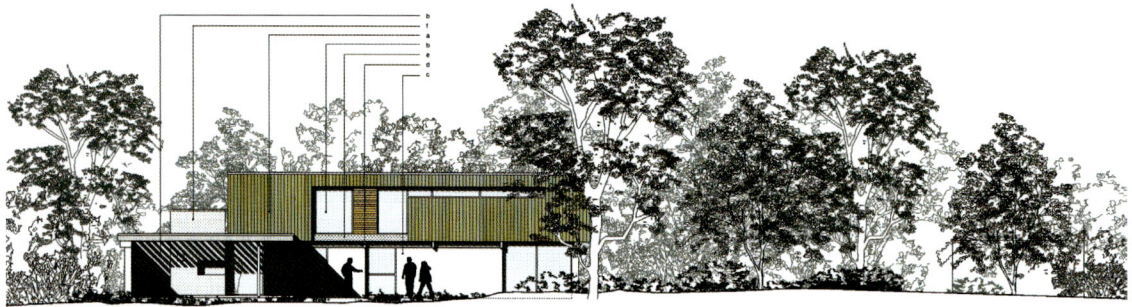

↑ 에클레스톤 하우스 입면도, 존 팔디 아키텍츠, 2006  컨텍스트는 건물을 명확하게 그 환경에서 보여줄 수 있도록 입면도에 표시된다. 이 입면도는 사람과 재료를 그림자와 색상으로 표현하여 스케일에 대한 감각을 제공한다. 또한, 나무는 주변 경관에 관계하며 건물의 스케일감을 제공한다.

→ 에클레스톤 하우스 최종 프레젠테이션 평면도, 존 팔디 아키텍츠, 2006  이 배치도는 주변 컨텍스트에서 주택의 환경을 보여주는 건물 입면, 1층 평면, 다양한 투시도를 보여준다. 이는 대지에 대한 관계뿐만 아니라 내부 배치부터 외부 형태에 이르기까지 이 계획에 대해 완전하게 묘사하고 있다.

↑ **Eccleston House**
**elevation drawing**
**John Pardey Architects, 2006**
Context is described in an elevation drawing as it shows the building clearly in its environment. This elevation drawing gives us a sense of scale, using figures and materials with shadow and colour. The trees provide a sense of scale to the building in relation to its surrounding landscape.

→ **Eccleston House final presentation plan**
**John Pardey Architects, 2006**
This layout drawing showing the building's elevations describes the setting of the house in the context of its surroundings, a first floor plan and a range of perspective images. This provides a complete description of the scheme, from inside layout to the external form, as well as its relationship to the site.

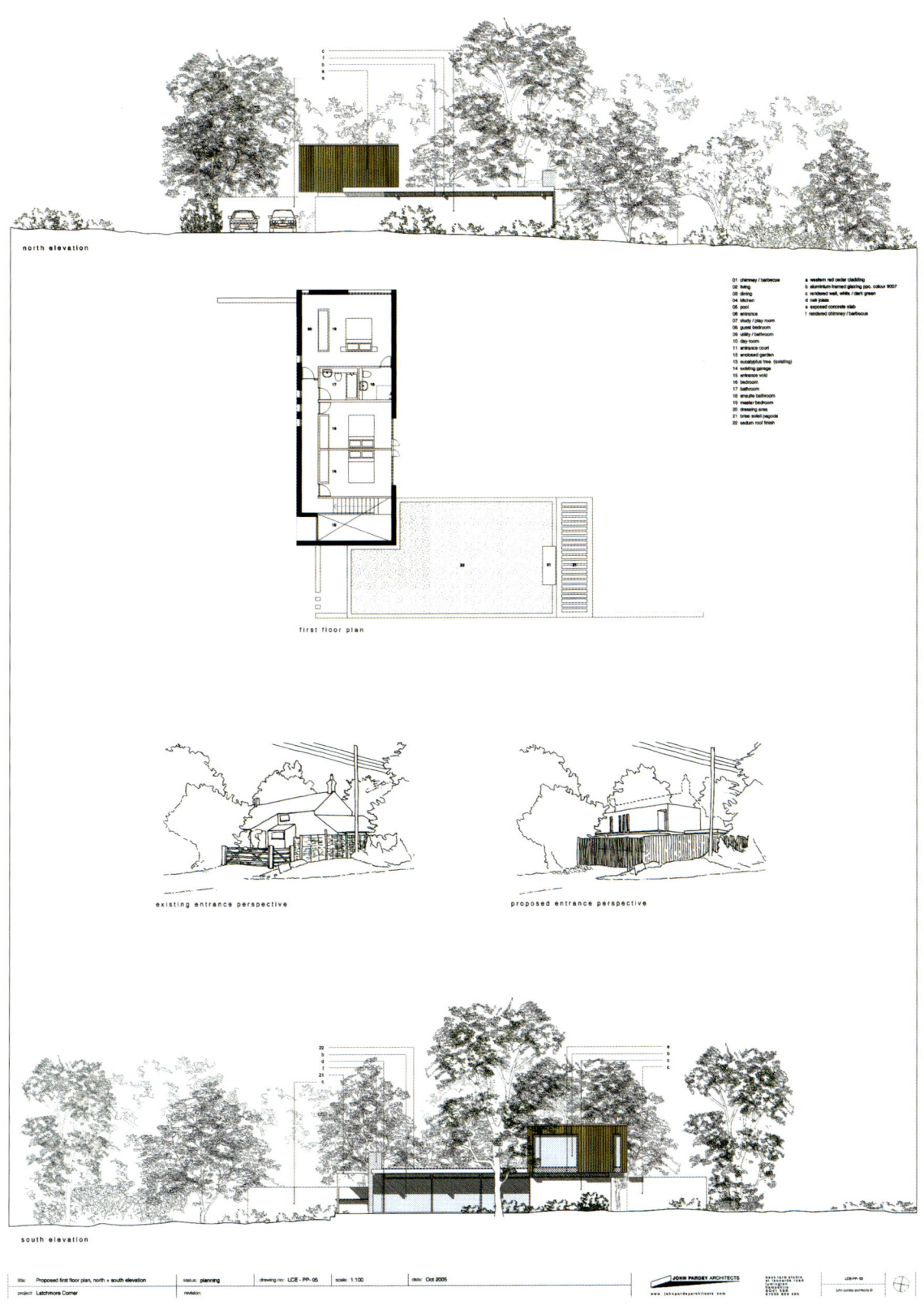

## 입면도

입면도는 건물이나 구조물의 입면을 보여준다. 입면도는 보통 건물이나 대지가 면한 각 방향(북측 입면이나 서측 입면 등)에서 만들어진다. 이 도면들은 그림자가 생겨 건물이나 대지가 영향을 받을 수도 있는 부분들을 보여주기 위해 톤을 사용하여 깊이감을 제공한다. 입면도는 수학적 정밀함, 기하학, 대칭을 이용하여 전반적인 효과를 결정하도록 디자인한다.

입면이 평면에 어떻게 연결되는지를 이해하고 '더 큰 그림'을 보기 위해서는 평면과 함께 입면도를 디자인하고 읽는 것이 중요하다. 예를 들면, 창문의 위치는 방에 어떻게 기능하느냐의 측면에서 중요하지만, 창문은 또한 전체 입면과 그 구성에 관계한다. 건축가가 서로 다른 스케일과 레벨에서 공간과 건물을 이해하는 것은 중요하다. 이처럼 창문은 한 층에서는 방과 연결되고 다른 한곳에서는 도로 입면과 관계한다.

↑ 입면도
영국 롬지에 위치한 모티스폰트 사원의 긴 입면의 이미지는 건물과 건물의 경관과 그 뒤의 숲에 대한 관계를 보여준다.

→ 스케치들
이러한 스케치들은 스케일에 의해 그려지지 않지만, 이 단면, 평면, 투시도는 디자인 아이디어를 설명한다.

↓ 단면도
단면도는 이 교회가 대지의 컨텍스트에서 이해될 수 있도록 하며, 내부 2층 높이의 공간을 보여준다.

## 단면도

단면도는 건물이나 공간의 이미지화된 '부분' 또는 잘린면이다. 단면도는 평면이 할 수 없는 방법으로 공간이 어떻게 연결되었는지 서로의 관계를 보여준다. 예를 들어 서로 다른 내부 공간이나 층 사이의 관계가 드러날 수도 있고, 건물의 외부와 내부 사이의 연결을 볼 수도 있다.

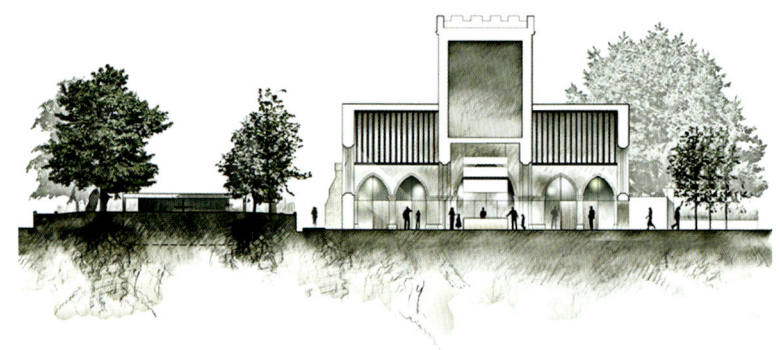

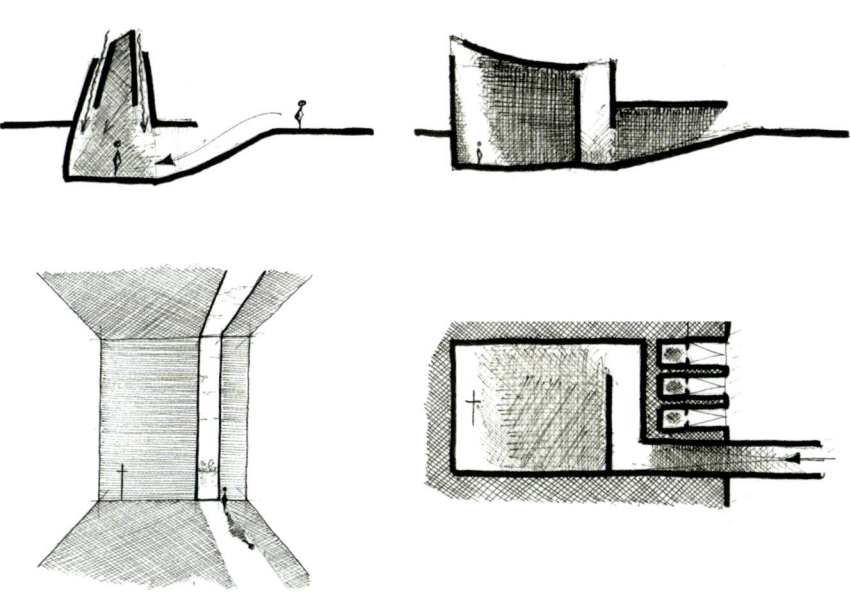

↑ **Elevation drawing**
This image of the proposed long elevation of Mottisfont Abbey in Romsey, UK, describes the building and its relationship to the landscape and woodland behind it.

→ **Sketches**
These sketches are not drawn to any scale, but they describe the design idea as a section, plan and perspective.

↓ **Section drawing**
A section drawing allows this church to be understood in its site context, revealing the double height spaces within.

**Elevations**  Elevation drawings display a building's or structure's façade. Elevation drawings are usually created from the view of each direction that the building or site faces (the north-facing elevation or the west-facing elevation and so on). These drawings can provide a sense of depth by using tone to show where shadows may fall and in doing so affect the building or site. Elevation drawings are designed using mathematical precision, geometry and symmetry to determine the overall effect.

It is important to design and read an elevation drawing alongside a plan in order to understand how the elevation relates to the plan and to see the 'bigger picture'. For example, the position of a window is important in terms of how a room functions, but the window also has to relate to the whole elevation and its composition. It is necessary for the architect to understand spaces and buildings at different scales and levels. In this example, the window relates to the room at one level and then to the street elevation at another.

**Sections**  A section drawing is an imagined 'slice' or cross section of a building or space. Section drawings impart an understanding of how spaces connect and interrelate with one another, and describe these relationships in a way that a plan can't. For example, relationships between different interior spaces and floor levels can be revealed, or the connection between the inside and outside of a building can be seen.

# 투시도

투시도면은 2차원 평면도와 단면도를 읽는 것이 익숙하지 않은 사람들에게도 매우 쉽게 이해된다. 그것들은 개인의 시점(또는 투시점)에 기초하여 공간이나 장소의 '현실감'이나 조망을 나타낸다.

**투시 스케치**　투시도로 스케치하는 것은 '사실적인' 느낌을 주기 위한 것이다. 이 방식으로 스케치하기 위해 먼저 세심하게 연구해야 하고, 시점의 모든 '선'이 수렴되는 지점을 정해야 한다. 이 추상적인 점은 소실점이라 일컫는다. 이 개념을 잘 이해하기 위해서는 공간을 사진으로 기록하고 그 안에서 모든 선이 교차되는 점을 찾는 것이다. 이 소실점은 투시 이미지를 만들기 위한 참조로 사용된다.

소실점이 정해지면, 수렴하는 선들은 주변 요소들의 모서리를 표시나 방에서 바닥이나 천장과 같은 수평 판들을 벽과 같은 수직 판에서 구분하도록 만들 수 있다. 이후에 벽, 창문, 문처럼 다른 세부적인 것이 이미지에 추가되어 더욱 깊게 정의한다. 투시도 스케치는 연습을 통해 빠르게 습득할 수 있다.

시공 투시도는 평면, 단면, 입면 스케일로부터 정보가 필요하기 때문에 더욱 복잡하다.

평행선을 포함하는 광경의 투시도는 하나 또는 그 이상의 소실점들을 갖는다. 1점 투시도는 도면이 한 개의 소실점을 가지고, 보통 관찰자의 눈에서 바로 맞은 편의 수평선 상에 있는 것을 뜻한다. 2점 투시도는 다른 각도로 두 개의 평행선을 가진다. 예를 들어 코너에서 집을 바라볼 때, 한 벽은 한 소실점으로 사라지고, 또 다른 벽은 반대 소실점 쪽으로 사라진다. 3점 투시도는 보통 위나 아래에서 건물을 바라볼 때 쓰인다.

시공 투시도는 복잡하게 보이지만, 공간과 건물의 흥미로운 모습들을 나타낸다.

**／ 소실점**
전후 이미지는 투시도를 위한 중요한 선을 보여준다. 실선은 평형을 나타내고 다른 점선은 시선에 의한 모든 선을 보여주고, 소실점에서 모아진다.

**＼ 투시도 스케치**
이 스케치는 '소실점'의 아이디어를 보여준다. 이미지는 나타나서 그림의 중심에서 사라진다. 현실에서는 이 거리의 벽들은 절대 이미지처럼 모아지거나 만나지 않지만, 이해되는 투시도 스케치를 그리기 위해서는 소실점의 착시가 적용되어야 한다.

**Vanishing point**
These before and after images display the critical lines for creating a perspective. The solid line denotes the horizon and the broken lines denote all the lines of view, which converge at the vanishing point.

**Sketch perspective**
This sketch demonstrates the idea of the 'vanishing point'; the image appears to disappear into the centre of the drawing. In reality, the walls of this street never get closer or meet, but to draw the perspective sketch convincingly, the illusion of a vanishing point must be applied.

## PERSPECTIVE

Perspective drawings are very easily understood by those who may not be familiar with reading two-dimensional plans and section drawings. They are based on the idea of an individual's viewpoint (or perspective) and convey a 'real' impression or view of a space or place.

**Sketch perspective**   To sketch in perspective is to try to create an impression of a 'real' view. To sketch in this way, the view first needs to be studied carefully and the point at which all the 'lines' of view appear to converge needs to be identified. This abstract point is called the vanishing point. This concept can be better understood by taking a photograph of a space and finding the point at which all the lines within it cross. This vanishing point is then used as a reference for the creation of perspective images.

Once the vanishing point is established, converging lines can be created to indicate the edges of surrounding elements, or in a room to distinguish horizontal planes (such as walls) from vertical planes (such as floors and ceilings). Other details can then be added to the image to further define the walls, windows or doors. With practice, perspective sketching is a skill that can be quickly acquired.

Constructed perspective drawing is more complex as it requires information from scale plan, section and elevation drawings.

Any perspective representation of a scene that includes parallel lines has one or more vanishing points. A one-point perspective drawing means that the drawing has a single vanishing point, usually directly opposite
the viewer's eye and on the horizon. A two-point perspective drawing has parallel lines at two different angles. For example, looking at a house from the corner, one wall would recede towards one vanishing point and the other towards the opposite vanishing point. Three-point perspective is usually used for buildings seen from above or below.

Although constructed perspective drawings appear complex, they do create interesting views of spaces and buildings.

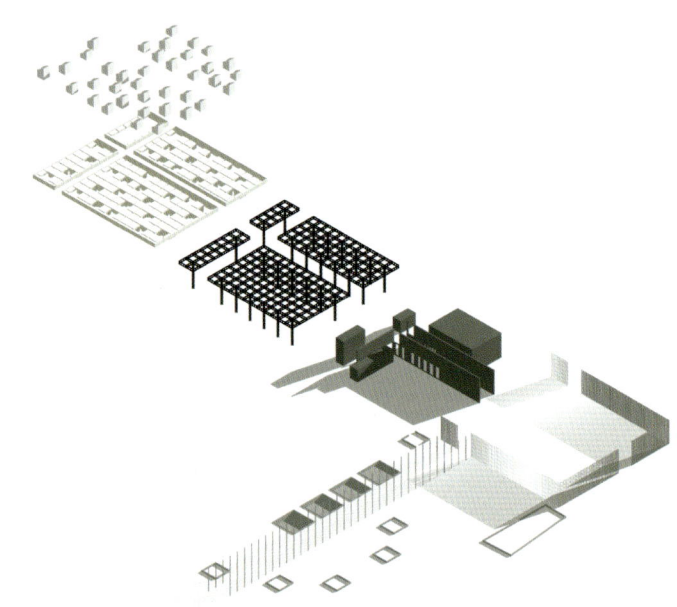

## 3차원 이미지

3차원 이미지는 2차원 평면도, 단면도, 입면도를 통해 전달할 수 없는 아이디어들을 소통한다. 3차원 도면들은 이미지에 깊이감을 주고, 더욱 현실감 있게 만든다. 어떤 3차원 도면들은 스케치 되기도 하고, 엑소노메트릭이나 아이소메트릭 3차원 도면은 기하학적으로 만들어지는 것처럼 더욱 측정된 접근 방식을 채택하기도 한다.

**아이소메트릭 도면**  아이소메트릭 도면은 3차원 이미지들을 생산한다. 길이, 폭, 높이의 모든 치수들이 같은 스케일로 그려지고, 12도로 떨어진 선들에 의해 표현된다.

이러한 도면을 그리기 위해서는 스케일이 있는 건물이나 공간의 평면도, 단면도, 입면도가 필요하다. 평면도는 회전하여 수평 면이나 수직 면에 30도 각도로 놓인다. 트레이싱 용지를 평면도 위에 놓고 새로운 각도로 이미지를 다시 그릴 수 있다. 선들은 다시 그려진 평면의 모퉁이부터 수직으로 사출되고 이것들은 건물이나 공간 높이를 표현한다. 이 높이를 표현하기 위해서 모든 치수들은 입면이나 단면도에서 나온 것이어야 하며, 수직 치수는 아이소메트릭 도면의 정보가 된다.

평면을 수평 또는 수직 판에 대해 30도로 왜곡하는 아이소메트릭 도면은 어느 정도의 초기 조작이 필요하기 때문에 엑소노메트릭 도면(134페이지 참고)보다 그리기 어렵다.

아이소메트릭 도면들은 내부 공간이나 더 큰 공간들을 효과적으로 묘사하는데 유용하며 3차원 구조의 세부사항과 조합된 도면을 보여준다.

**아이소메트릭 도면들**
3차원 이미지들은 전체적인 아이디어와 서로 다른 공간들이 어떻게 서로 연결될 수 있는가를 이해되도록 한다. 이러한 이미지들은 아이소메트릭 사출처럼 다양한 아이디어들을 보여준다.

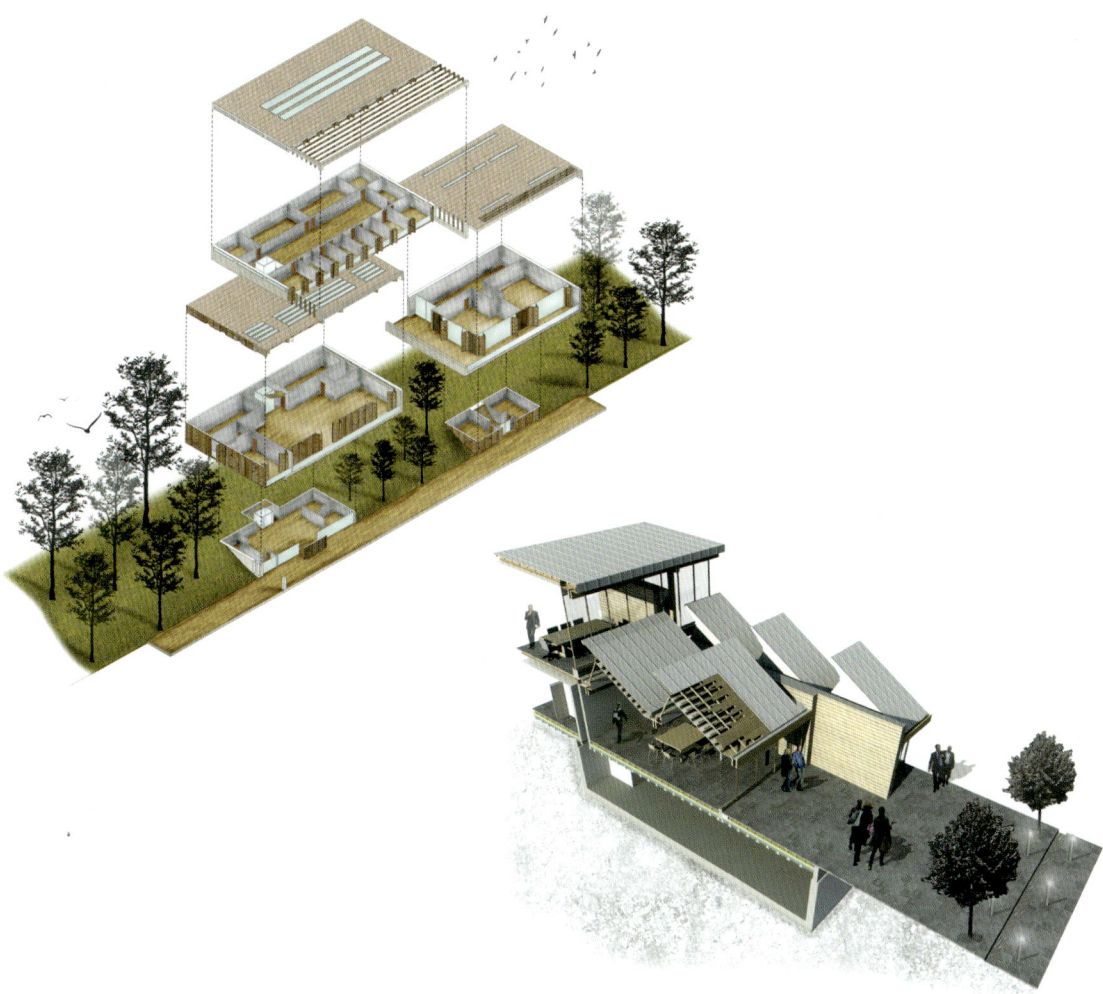

**Isometric drawings**

Three-dimensional images enable an understanding of a whole idea and how different spaces can connect to each other. These images show a range of ideas as isometric projections.

## THREE-DIMENSIONAL IMAGES

Three-dimensional images communicate ideas that cannot be conveyed in two-dimensional plan, section and elevation drawings. Drawing in three dimensions gives depth to an image and makes it appear more realistic. Some three-dimensional drawings are sketched and others adopt a more measured approach. Axonometric and isometric three-dimensional drawings, for example, are geometrically constructed.

**Isometric drawings**   Isometric drawings produce three-dimensional images. In these drawings the length, width and height are represented by lines that are 120 degrees apart, with all measurements in the same scale.

To create this type of drawing, a plan, and section and elevation drawings (to scale) of the building or space are required. The plan drawing is then rotated so that it sits at 30 degrees to the horizontal or vertical plane. Placing a piece of tracing paper over the plan will then allow you to redraw the image at the new angle. Lines are then projected vertically from the corners of the redrawn plan; these will represent the height of the building or space. All the measurements are taken from the elevation or section drawings to obtain height, and vertical dimensions should then be transferred to the isometric drawing.

Distorting the plan at 30 degrees to the horizontal or vertical plane makes an isometric drawing more difficult to construct than an axonometric drawing (see page 134), as some initial manipulation is required.

Isometric drawings are useful to describe an internal space or series of larger spaces effectively and explain three-dimensional construction details and assembly drawings.

## 엑소노메트릭 도면

엑소노메트릭 도면은 평면도에서 방이나 공간의 즉각적인 3차원 투영을 형성한다. 엑소노메트릭 도면은 3차원 효과를 가져올 수 있는 가장 단순한 표현 수단이다.

이 도면 양식에서는 스케일에 맞는 건물이나 공간의 평면도, 단면도, 입면도가 다시 필요하다. 평면도는 회전되어 수평이나 수직 판에 45도 각도로 놓이고 다시 새로운 각도로 그려진다. 아이소메트릭 도면과 똑같은 방식으로 선들이 다시 그려진 평면의 구성부터 수직적으로 사출되고, 모든 치수는 입면이나 단면도로부터 나와 엑소노메트릭 도면이 된다.

엑소노메트릭 도면은 빠르게 만들어질 수 있지만, 특히, 그것이 건물의 외관일 경우, 도면의 이미지 결과물은 지붕이 과장되어 보일 수도 있다.

전개되어 보이는 세부사항을 보여주기에 적합하다. 말 그대로 도면이 서로 떨어져 보이는 것으로 건물이 어떻게 해체되고 재조합될 수 있는지를 설명한다.

↙ **엑소노메트릭 도면**
이 도면은 일련의 박스, 구조, 판 요소들로 아이디어를 설명한다.

↖ **3차원 도면**
이 3차원 도면은 스케일감을 주기 위해 계획된 기초 평면도를 사용하여, 2차원 평면도에 부가적으로 구조적인 측면들을 드러낸다.

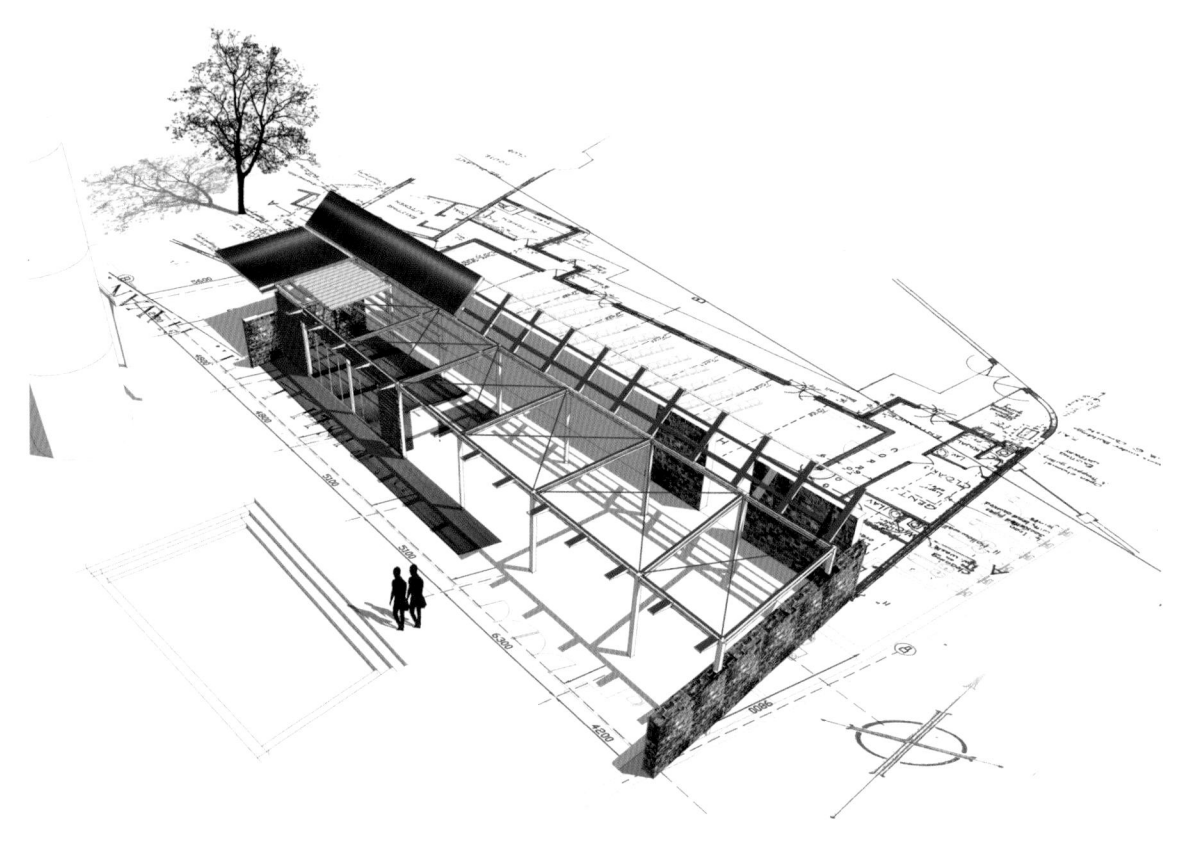

**Axonometric drawing**
This drawing explains an idea as a series of boxes, structure and planar elements.

**Three-dimensional drawing**
This 3D drawing uses the base plan of a proposed scheme to give a sense of scale and reveals aspects of the structure in addition to the 2D plan.

**Axonometric drawings**  An axonometric drawing creates a quick three-dimensional projection of a room or space and is produced from a plan drawing. Axonometric drawings are the simplest representational means of achieving a three-dimensional effect.

This type of drawing again requires plan, section and elevation drawings (to scale) of the building or space. The plan drawing is then rotated so that it sits at 45 degrees to the horizontal or vertical plane and is redrawn at this new
angle. Using the same approach as with the isometric drawing, lines are then projected vertically from the corners of the redrawn plan and all measurements are taken from the elevation or section drawings and transferred to the axonometric drawing.

Axonometric drawings are quick to produce, but the resultant image, particularly if it is one of a building's exterior, can make the roof appear exaggerated.

Exploded views are a good way of showing detail. These are drawings that appear literally to have been taken apart, and exploded axonometric drawings will explain how a building can be deconstructed and reassembled.

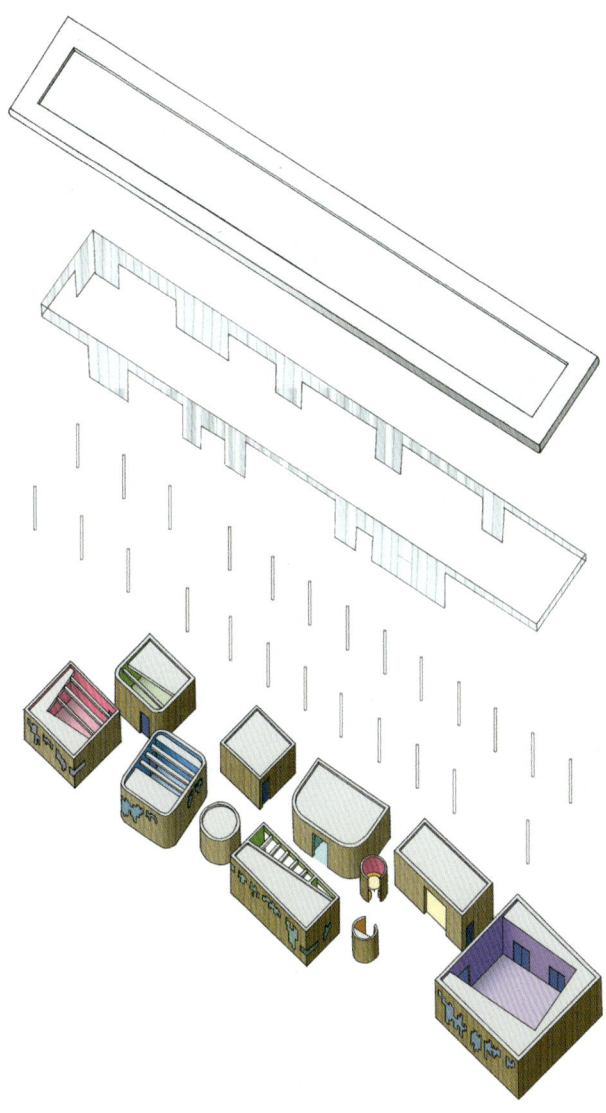

표현Representation 135

# 모형

모형은 아이디어를 3차원 형태로 보여주기 위한 또 다른 방법이다. 모형은 수많은 형태를 취할 수 있고, 다양한 재료로 만들어질 수 있으며 다양한 스케일로 있을 수 있다. 서로 다른 유형의 도면처럼 서로 다른 유형의 모형이 디자인되는 과정에서 서로 다른 단계에 사용되어 특정 컨셉이나 아이디어를 가장 잘 설명할 수 있다.

서로 다른 유형의 모형은 프로젝트가 발전될 때 서로 다른 단계에서 사용된다. 모든 모형에서 고려해야 할 주요사항으로 모형의 스케일과 아이디어를 표현하는 데 사용되는 재료이다. 프로젝트에 실제로 의도된 재료를 사용하는 것보다는 다양한 방식으로 마감재를 제시해야 한다. 하지만 가끔 실제로 짓기 위해 나무나 진흙처럼 의도된 재료를 사용한 모형은 디자인 컨셉을 강하게 전달할 수 있다.

스케치 모형은 빠르게 만들 수 있다. 사용될 재료에 대한 생각이나 대지의 컨셉을 연구할 때, 스케일에 맞게 또는 프로젝트의 초기 단계에서 더 추상적인 형태로 생산될 수도 있다. 스케치 모형들은 건축가가 공간에 대한 아이디어를 빠르게 발전시킬 수 있도록 해준다.

컨셉 모형은 다양한 재료를 사용하여 아이디어나 컨셉의 과장된 해석을 만든다. 이는 다양한 스케일로 생산이 가능하고, 특히 계획의 시작 단계에서는 아이디어의 방향을 설명하기 위해 유용하다. 이 컨셉들이 포함하는 정보는 간결하고 명확해야 한다.

세부 모형은 재료가 시공 접합부 또는 마감 내부의 세부사항에서 어떻게 합쳐지는가를 연구하는 것처럼 아이디어의 특정 부분을 연구한다. 세부 모형의 초점은 한가지 요소에 있고 전체 건물이나 건축적 컨셉에 대한 것은 아니다.

도시 모형은 주변 장소의 컨텍스트에 대한 대지의 이해를 돕는다. 이런 유형의 모형은 자세한 것을 보기 보다는, 전체적인 것을 보는 것이 중요하다. 도시 모형은 주요 대지 요소들과 대지의 지형에 관한 정보를 제공한다. 상대적 위치와 요소들의 스케일은 중요하다.

완성된 모형은 최종적인 건축 아이디어를 표현한다. 세부적인 부분에 대한 관심은 중요하며, 완성된 모형들은 내부 공간의 중요한 부분들을 설명하기 위해 없앨 수도 있고 지붕이나 벽을 만들 수도 있다.

↑ **대지 모형**
대지 모형은 기존 건물과 제안된 프로젝트를 대조한다.

↗ **단면 모형**
1:20의 단면 모형은 계획의 시공 아이디어를 나타낸다.

→ **도시 스케일 모형**
이 도시 스케일 모형은 대지의 다양한 높이에서 건물의 볼륨을 보여준다.

↑ **Site model**
A site model contrasts the proposed project with the existing buildings.

↗ **Sectional model**
A sectional model at scale 1: 20 reveals the construction idea for a scheme.

→ **Urban scale model**
This urban scale model illustrates the massing of buildings at various heights on a site.

## PHYSICAL MODELLING

Physical models offer another means to show an idea in three-dimensional form. Physical models can take many forms, and can be made from a range of materials and exist at a variety of scales. Just like different drawing types, different model types are used at different stages of the design process to best explain a particular concept or idea.

Different types of physical models are used at different stages of a project's development. In all model types the important issues for consideration are the scale of the model and the materials used to describe the idea. It is not necessary to use the actual intended materials for the project, it is sufficient to just suggest finishes in various ways. However, sometimes using the intended material for the build, such as wood or clay, in the model can strongly communicate the design concept.

Sketch models are quick to construct. They may be produced to scale, or at earlier stages of a project, in a more abstract form, exploring an idea of materials that might be used or a site concept. Sketch models allow the architect to quickly develop a spatial idea.

Concept models use various materials to produce an exaggerated interpretation of an idea or concept. Concept models can be produced at a range of scales and are especially useful at the start of a scheme to explain the direction of the idea. As such, the information they contain needs to be concise and clear.

Detail models explore a specific aspect of an idea, this may be how materials come together at a construction junction or perhaps an interior detail of the finished build. The focus in a detail model is on a single element, not the whole building or architectural concept.

Urban models provide an understanding of a site in the context of its surrounding location. In this type of model the detail is not critical, but the overview is. Urban models provide information about the location of key site elements and the site's topography. The relative position and scale of these elements are important considerations here.

Finished models describe the final architectural idea, and the attention to detail in these models is crucial. Finished models may have roofs or walls that can be removed to describe important aspects of the interior space.

# 캐드 모델링

캐드 모델링은 2차원과 3차원 이미지를 결합한다. 캐드 소프트웨어는 디자인 과정의 서로 다른 단계에서 사용될 만큼 정교하며, 초기 아이디어부터 현장에서의 세부 장식과 시공에 이르기까지 사용된다. 수많은 소프트웨어 프로그램들은 정확한 이미지들을 생산하기 위해 평면 및 입면 정보가 필요하다. 이러한 정보는 보통 특정 매개 변수들을 가진 벽체의 길이와 높이 치수나 좌표들이다.

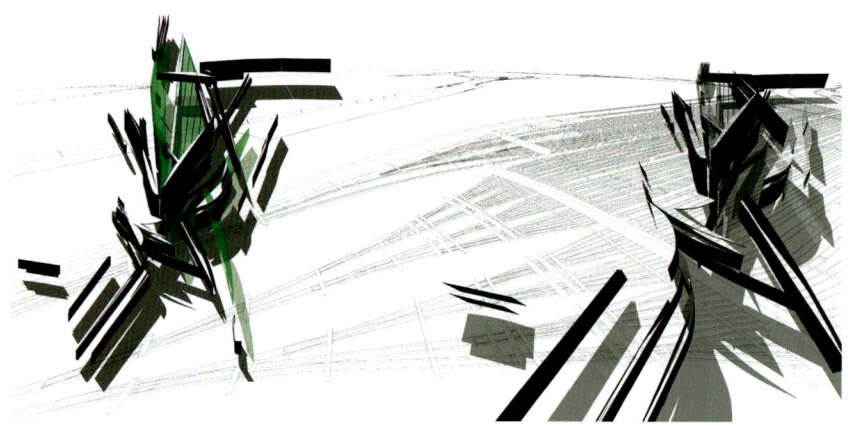

캐드는 건물을 디자인할 때 많은 측면에서 효율적으로 만들었다. 아이디어와 도면들은 빠르게 만들어져 다시 찾고 조절하고 수정할 수 있다. 많은 캐드 모델은 관찰자와의 신속한 상호작용이 가능하게 한다. 건물은 '플라이 스루'로 살필 수 있어서, 관찰자가 계획을 모두 살펴보고 건물의 모형과 상호작용할 수 있도록 해준다.

오토캐드, 리얼캐드, 솔리드 웍스와 같은 수많은 소프트웨어 패키지들이 있는데, 이것들은 가구 및 시공 부분의 디자인을 2차원 및 3차원 형태로 가능하게 한다. 다른 특수한 소프트웨어는 건물의 디자인과 건물 내부 공간들의 3차원적 조작을 가능하게 한다. 또한 도시 전체는 캐드 소프트웨어를 사용하여 디자인되고 시각화시킬 수 있는데, 건물을 특정 대지나 장소에 놓는 것, 그리고 그것이 주변 대지들에 가지게 될 영향에 대한 이해를 하게 한다.

렌더링 패키지들은 마감재료의 현실적인 느낌을 준다. 다른 소프트웨어는 그림자, 빛, 단열, 구조적 성능 및 건물 에너지 성능의 측면을 측정하고 디자인할 수 있도록 돕는다. 디자인 과정의 각 단계는 서로 다른 특수 프로그램을 통해 디자인 생각의 발전과 실험을 돕는다. 이러한 프로그램들을 다양하게 사용하면 완벽한 건축적 컨셉 및 경험의 프레젠테이션을 창출하거나 디자인 아이디어를 살펴보는데 유용한 방법을 제시할 수 있다.

↘ **수영장 현상 설계**
**데이비드 마티아스와 피터 윌리엄스, 2006**
이 캐드 이미지는 수영장 계획을 위해 그려졌고, 역동적인 효과를 주기 위해 컴퓨터 그래픽을 사용하였다.

↗ **캐드 도면**
이 도면은 기존 대지 사진과 계획된 캐드 이미지와 스케일을 보여주기 위한 경관과 인물 사진들을 이용하여 그려졌다.

↘ **Pool competition**
**David Mathias and Peter Williams, 2006**
This CAD image was generated for a swimming-pool scheme and uses computer graphics to create a dynamic effect.

↗ **CAD drawing**
This drawing is developed using existing site photos, CAD images for a proposed scheme and imported images of landscape and figures to indicate scale.

**CAD MODELLING**

CAD modelling combines aspects of two- and three-dimensional imaging. CAD software is sufficiently sophisticated to be used at different stages of the design process, from the initial thinking to on-site detailing and implementation. Many software programs require the plan and elevation data in order to produce an accurate set of images. This data is usually a series of coordinates or the length and height measurements of walls with specific parameters.

Computer-aided design (CAD) has made many aspects of building design more efficient. Ideas and drawings can be quickly rendered, revisited, manipulated and revised. Many CAD models allow quick interaction with the viewer and a building can be explored with 'fly-throughs', allowing the viewer to take journeys through the schemes and interact with models of the buildings.

There are many software packages, such as AutoCAD, RealCAD or SolidWorks, which allow the design of elements such as furniture or construction components in two- and three-dimensional forms. Other specialist software allows for the design of buildings and three-dimensional manipulation of the spaces within them. Entire cities can also be designed and visualized using CAD software, allowing an understanding of placing a building on a particular site or location and the impact it may have on adjacent sites.

Rendering packages can provide impressions of realistic material finishes. Other software can help measure and design aspects of shadow, lighting, insulation, structural performance and building energy performance. Each stage of the design process has different specialist programs that can assist with the development and testing of the design idea. Using many of these programs together can provide useful ways to explore a design idea or create a presentation of the complete architectural concept and experience.

# 레이아웃 및 프리젠테이션

표준 용지 크기는 포트폴리오에서의 도면 크기를 결정한다. 유럽에서는 국제 표준 기구ISO의 시스템을 사용한다. 이것은 하드카피 프레젠테이션의 획일성을 주었다. ISO 용지 규격 시스템에서, 높이의 폭에 대한 비례는 모두 2의 제곱근(1.4142:1)이다. 이 값은 황금분할과 피보나치 수열을 뒷받침한다.

레이아웃의 적절한 규격을 위해서는 고려해야 하는 수많은 요소가 있다. 큰 규모의 도면이 보여지기 위해서는 큰 물리적 공간이 필요할 것이고, 효과적으로 보일 필요가 있는 도면은 큰 스케일로 보여질 필요가 있다. 작은 스케일의 도면은 물론 물리적으로도 작고 더 작은 도면 공간이 필요할 것이다.

도면 규격이 적절한 스케일로 이미지들을 수월하게 수용하는 것은 중요하다. 배치 선택의 주요 인자로는 실제 스케일, 도면의 의도된 독자, 제목, 범례 스케일, 북점과 같이 평면에서 필수적인 것들인 도면을 뒷받침하기 위해 작성된 정보의 명료성, 이러한 정보의 크기가 도면을 읽거나 보는 것을 방해되지 않도록 해야 한다.

가로나 세로의 레이아웃은 또 다르게 고려해야 하는 사항이다. 이것은 프레젠테이션이 여러 이미지 중 하나일 경우 다른 도면과도 관련되어야 한다. 또한, 그 포맷이 어떻게 하면 정보가 쉽게 읽히고 잘 이해될 수 있을까에 대한 고민과도 관련되어야 한다.

## 황금분할 만들기

 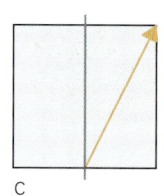 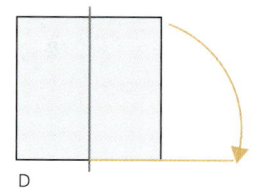 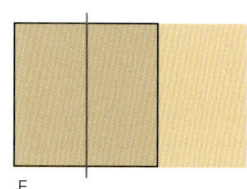

**황금분할 구축하기** 이 그림은 황금 분할을 그리기 위한 순서이다. 정사각형 'A'로 시작하여, 'B'를 이등분하라. 그리고 난 뒤 'C'의 분할선 바닥으로부터 정사각형의 위 끝으로 선을 그려 삼각형을 만들어라. 'D'에서 컴퍼스로 삼각형의 꼭대기에서 바닥으로 호를 그려라. 호가 교차하는 지점으로부터 바닥 선에 평행하는 선을 그려라. 'E'에서 황금 분할을 구성하는 사각형을 완성하라.

**황금 분할 (황금 비율)** 황금 분할은 비논리적 숫자로 약 1.618로 이것은 여러 흥미로운 성질을 가지고 있다. 황금 비율로 규정된 형태는 서구 문화에서는 오랜 기간 미적 기준에서 좋은 것으로 간주 하여 대칭과 비대칭 사이의 자연의 균형, 현실이 숫자로 이루어진 현실이라는 고대 피타고라스의 신조를 반영한다. 파르테논을 위시한 아크로폴리스의 연구는 비율의 상당 부분이 대체로 황금비율을 따른다고 결론지었다. 파르테논의 입면은 그 둘레가 황금 사각형으로 정해졌다.

**피보나치 수열** 이탈리아의 피사에서 1175년경 태어난 피보나치는 피사의 레오나르도라고 알려졌다. 그는 수 이론에서 수학적 천재로 묘사된다. 그는 피보나치 수열을 발전시켰는데, 각각 연속된 숫자들은 이전의 두 숫자의 합과 같다(1, 2, 3, 5, 8, 13, 21, 34, 55,8 9, 144, 등). 그 열이 진행됨에 따라, 바로 이전의 숫자로 나눈 피보나치 숫자의 비율은 황금 분할이 1.618에 점점 가까워진다.

**LAYOUT AND PRESENTATION**

Standard paper sizes determine the size of drawings in a portfolio. In Europe the ISO (International Organization for Standardization) system is used, and this gives a sense of uniformity to hard-copy presentations. In the ISO paper size system, the height-to-width ratio of all pages is the square root of two (1.4142:1). This value underpins the golden section and the Fibonacci sequence.

In terms of appropriate size of layout, there are many factors to consider. Large-scale drawings may need more physical space to be presented, and drawings that need to make an impact may also need to be displayed at a large scale. A smaller-scale drawing will of course be physically smaller and so require less drawing space.

It is critical that the drawing size comfortably accommodates the image at the appropriate scale. Key factors for layout selection are: the actual drawing scale; the intended audience for, or reader of, the drawing; the clarity of the written information that supports the drawing (such as its title, legend scale, and north point, which is essential on a plan), and the requirement that the size of this supporting information does not distract the reader or viewer from the drawing.

Portrait or landscape layout is another consideration. This choice must relate to other drawings (if the presentation is one of a series of images), and how the format helps the information to be easily read and better understood.

**TO CREATE A GOLDEN SECTION**

**Constructing a golden section**  Pictured is the sequence for drawing a golden section. Begin with a square (A) and bisect it (B). Then form a triangle (C) by drawing a line from the bottom of the bisecting line to the top corner of the square. With a compass, extend an arc from the apex of the triangle to the baseline (D) and draw a line perpendicular to the baseline from the point at which the arc intersects it. Complete the rectangle to form the golden section (E).

**The golden section (or golden ratio)**  The golden section is an irrational number, approximately 1.618, which possesses many interesting properties. Shapes defined by the golden section have long been considered aesthetically pleasing in Western cultures, reflecting nature's balance between symmetry and asymmetry and the ancient Pythagorean belief that reality is a numerical reality. Some studies of the Acropolis, including the Parthenon, conclude that many of its proportions approximate the golden ratio. The Parthenon's façade can be circumscribed by golden rectangles.

**Fibonacci numbers**  Fibonacci, also known as Leonardo of Pisa, was born in Pisa, Italy (c. 1175). He has been described as a mathematical genius of number theory. He developed the Fibonacci series, in which each consecutive number is the sum of the two preceding numbers (1, 2, 3, 5, 8, 13, 21, 34, 55, 89, 144, etc.). As the series progresses, the ratio of a Fibonacci number divided by the immediately preceding number comes closer and closer to 1.618, the golden section.

피보나치 수열 The Fibonacci sequence
0, 1, 1, 2, 3, 5, 8, 13, 21, 34, 55, 89, 144, 233, 377, 610, 987, 1597, 2584, 4181, 6765, 10946

## 스토리보드

스토리보드는 영화 제작자나 애니메이션 제작자들이 종종 사용하는 방법으로 건축가가 아이디어 계획을 설명할 때 사용된다. 스토리보드는 장면과 활동을 보여주기 위해 견해나 공간들을 통합하고 캡션을 사용하기에 디자이너들에게 매우 유용한 도구이다. 스토리보드는 공간과 시간의 2차원적 표현이다.

스토리보드는 내러티브를 위한 계획을 위해 이야기, 대본, 장소가 합쳐진 장면을 위한 레이아웃을 만드는 데 사용된다.

보통 스토리보드의 구조와 프레임은 내러티브의 인물 및 사건을 묘사한 스케치로 채워진 일련의 박스이다. 또한, 자유로운 스케치 주변에 관련된 텍스트들이 장면의 자세한 내용을 제공한다. 이것은 주변 실체 환경에 대한 더 많은 정보를 포함하고 움직임이나 행동을 설명할 것이다. 또한, 이야기는 한 곳에 묶여야 하기때문에 각 프레임 간의 연결이 중요하다.

스토리보드는 건축에서 시간에 따라 사건들이 어떻게 일어날 수 있는지를 설명하는 방법이기에 건축가들에게 매우 유용하다. 건물을 잠재적인 사건이 일어날 수 있는 일종의 배경으로 사용하는 것은 일종의 내러티브나 이야기로서의 건축적 컨셉과 아이디어를 던지고 프레젠테이션을 계획하는 유용한 방법이다.

↑ 이동 스토리보드
이 주석이 달린 이미지들은 도시의 일련의 공간을 통한 이동을 나타낸다. 스토리보드는 쉽게 여러 이미지를 수용하여 시간에 따라 전개되는 해설이나 이동을 보여준다.

↑ **Storyboarding a journey**
These annotated images describe a journey through a series of spaces in a city. A storyboard can easily accommodate a series of images and help suggest a narrative or journey that unfolds over time.

**STORYBOARDING**

Storyboarding is a technique often used by film-makers and animators, which can also be used by architects to communicate a plan for a design idea. The storyboard is a very useful tool for designers as it uses captions and incorporates comments and spaces to suggest scenes and activities. The storyboard is a two-dimensional representation of space and time.

Storyboards are used in film-making to create layouts for scenes, bringing together the story, script and location as a plan for the narrative.

Usually, the structure or framework for a storyboard is a series of boxes, which are filled with sketches to describe the characters and events in the narrative. In addition, notes surround these loose sketches, which give further detail about the scene. This level of detail may describe movement or action and contain more information about the surrounding physical environment. The connection between each frame is also important, because it is these connections that bind the story together.

Storyboarding can be a very useful technique for architects because it offers a means to explain how events may take place within their architecture over time. Using the building as a kind of backdrop where potential events might take place is a useful way to plan presentations and pitch architectural concepts and ideas as a kind of narrative or story.

# 포트폴리오

포트폴리오는 작업의 집합이며 기록이다. 건축가에게 포트폴리오는 그 자체가 '프로젝트'이며, 어느 정도 필요조건들을 만족시켜야 한다. 포트폴리오는 여러 가지 형태를 취할 수 있으며 건축 아이디어를 완전하게 연구하고 표현하기 위한 다양한 표현 방법들을 담고 있어야 한다. 컨셉 스케치, 정사영도(평면, 단면, 입면), 치수가 기입된 도면, 추상적 이미지, 실제 모형의 사진이나 캐드 이미지를 모아서 전체를 이뤄도 된다. 포트폴리오는 작품의 이야기를 담는 일종의 해설로써 보여지기 위해서는 포트폴리오를 엮기 전에 특정 독자에 대해 아는 것이 필요하다.

**포트폴리오**     가끔 A3(297×420mm) 포트폴리오가 간결한 프레젠테이션을 위해 사용되기는 하지만 전통적으로 A1(594mm×841mm) 포맷으로 제작된다. 하지만, 포트폴리오의 규격은 선택한 레이아웃과 특정 독자에 맞추어 결정될 것이다.

포트폴리오는 다양한 목적을 위해 제작, 수정, 조정될 수 있다. 교육용 포트폴리오는 특정 수업을 위해 제작된 작품을 모은 것이며, 전문용 포트폴리오는 건축주나 미래 고용주에게 아이디어를 보여주는 데 사용될 것이다. 다른 포트폴리오들은 보다 개인적인 작품들이나 특정 프로젝트의 프레젠테이션을 가능하게 한다.

특정 독자나 포트폴리오의 용도와 관계없이 그 안에 담긴 정보는 명확해야 하며, 내용은 편집되고 세심하게 계획되어야 한다. 종종 포트폴리오는(예를 들어 현상설계 제출안일 경우) 더 자세하게 뒷받침되는 자료를 보여줄 필요가 없을 때에는 명료하고 정확한 표현이 필요하다.

/ **포트폴리오 계획**
포트폴리오의 배치는 디자인되어야 하고, 그 내용은 이야기처럼 시작, 중간, 결말로 읽힐 수 있는 방법으로 구성되어야 한다.

→ **학생 포트폴리오**
이 포트폴리오는 열었을 때 두 랜드스케이프 시트의 연결을 보여준다.

**포트폴리오를 준비하는 팁**
1. 스토리보드와 같은 레이아웃 테크닉을 계획해서 사용하고 포트폴리오의 내용을 구성하라.
2. 이미지 시트가 의도하는 방향은 매우 중요하다. 포트폴리오는 책처럼 읽혀야 한다는 것을 명심하고 가끔 두 장의 포트폴리오가 하나로 읽히는 것을 위한 두 페이지 크기의 지면이 필요할 수도 있다.
3. 도면의 순서는 건물이나 프로젝트를 인식하는 것부터 최종적으로 세부적인 것까지 정확하게 이야기를 하는 것이 중요하다.
4. 보는 사람을 작품을 읽기 위해 움직이도록 해서는 안 된다.

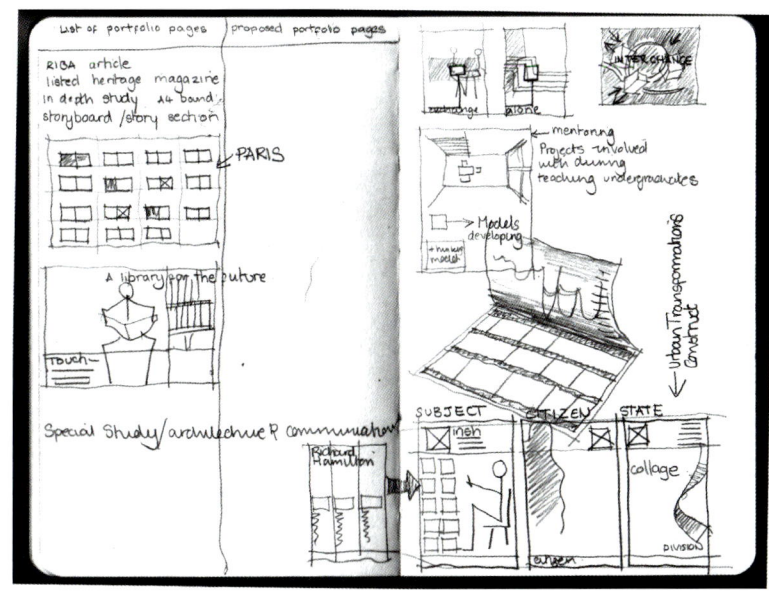

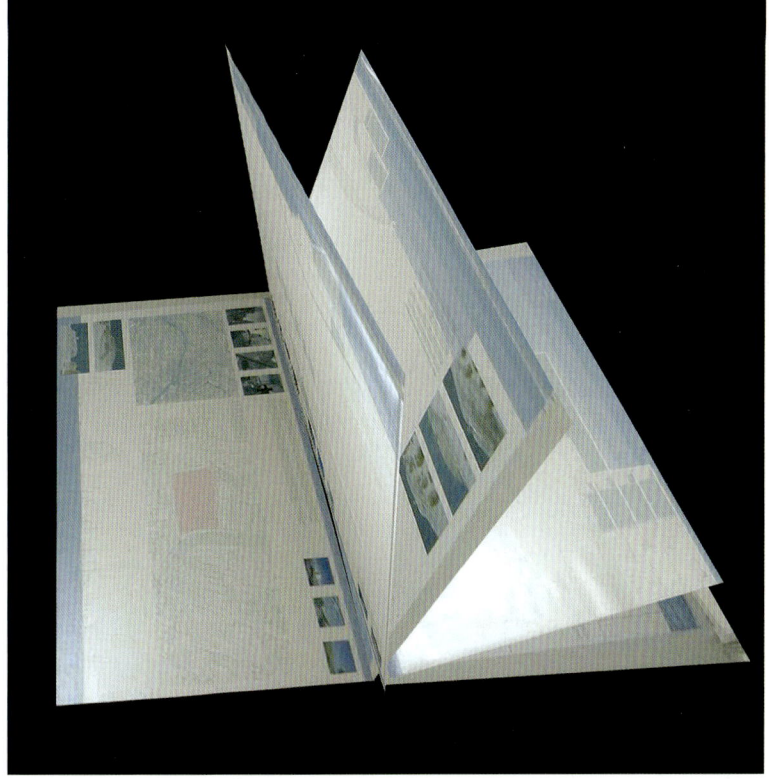

✏ **Portfolio plan**
The layout of a portfolio needs to be designed and the content organized in such a way that it reads as a story, with a beginning, middle and end.

→ **Student portfolio**
This portfolio illustrates the connection of two landscape sheets when opened.

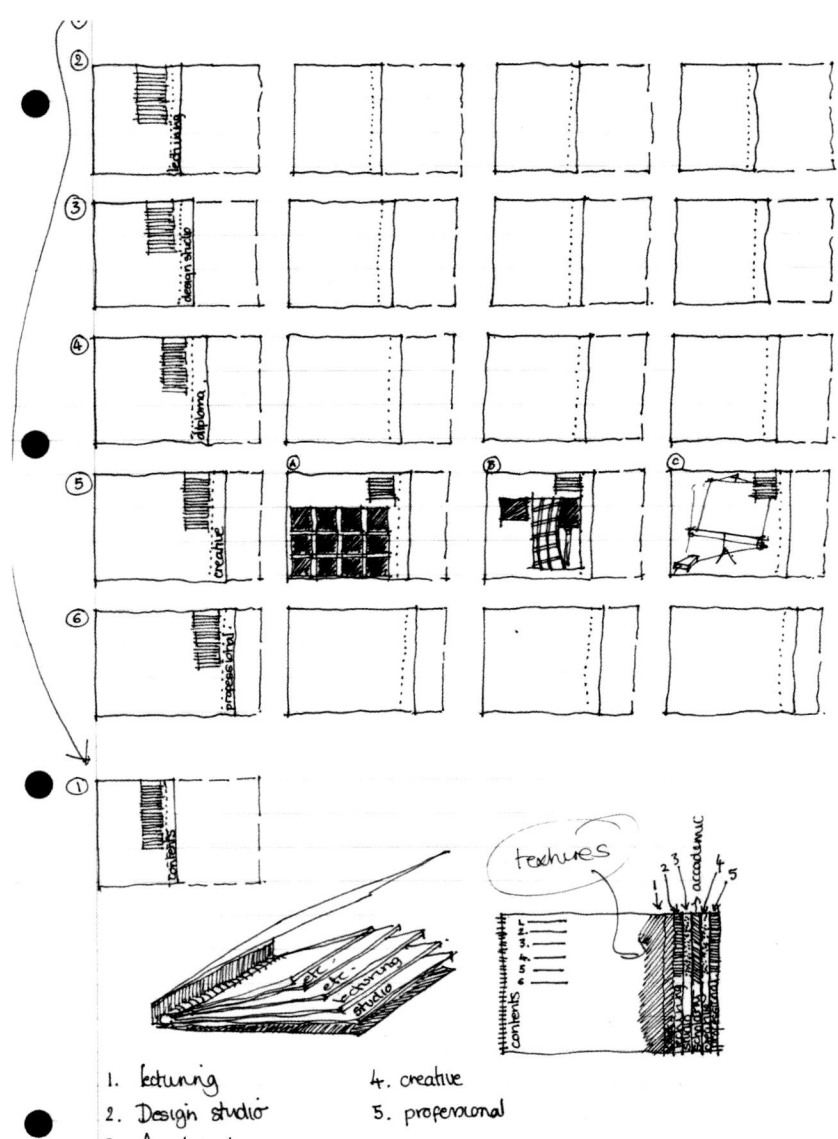

← **스토리보드**

스토리보드는 포트폴리오 배치를 계획하고 내용의 개관을 제공하는 데 사용될 수 있다. 이는 포트폴리오를 일련의 논리적으로 진행되는 페이지들로 계획하는 개요 배치이다.

←— **Storyboarding**
Storyboarding can be used to plan a portfolio layout and provide an overview of the content. This is an outline layout that plans a portfolio as a series of logically progressing pages.

## PORTFOLIOS

A portfolio is a collection and record of work. For architects, it must satisfy a specific range of requirements and is in itself a design 'project'. Portfolios can take several forms and need to contain a variety of representation techniques to fully explore and represent architectural ideas. They may incorporate concept sketches, orthographic drawings (such as plans, sections and elevations), measured drawings, abstract images, photographs of physical models or CAD images. A portfolio is a kind of narrative that tells a story of your body of work, and before compiling any portfolio for viewing it is essential to know your intended audience.

**Physical portfolios**    A physical portfolio is traditionally produced in an A1 (594 x 841 mm) format, although A3 (297 x 420 mm) portfolios are sometimes used for more concise presentations. However, the size of portfolio will be determined by the layout chosen and the intended audience.

Portfolios can be produced, revised and adapted for a range of purposes. An academic portfolio is a collection of work produced for a particular course. Professional portfolios may be used to present ideas to a client or to a prospective employer. Other portfolios may be more personal and allow presentation of a body of work or a particular project.

Whatever the intended audience or purpose of the portfolio, the information presented within it needs to be clear and the content edited and carefully planned. Often the portfolio may need to be seen without further supporting material(competition entries, for instance), and in such cases the need for clarity and accurate representation is crucial.

---

**Tips for preparing a portfolio**
1. Use a layout technique (such as storyboarding) to plan and organize your portfolio's content.
2. The orientation of the image sheets is very important. Remember a portfolio should read like a book, and sometimes double-page spreads (where two folio sheets read together as one) may be required.
3. Sequencing of drawings is important to accurately tell the story of the building or project from its conception through to final details.
4. The viewer should not have to move to read the work.

**전자 포트폴리오**

전자 포트폴리오나 e-포트폴리오, 디지털 사용은 컴퓨터에서 비춰지거나 보여줄 수 있는 CD를 제작하는 것을 의미한다. 이러한 포트폴리오들은 마이크로소프트 파워포인트와 같이 적절한 소프트웨어를 사용하여 제작한다. 전자 포트폴리오를 만들기 위해서는 보여줄 이미지들이 디지털 포맷으로 있어야 한다. 이는 실제 모형은 디지털 사진으로 촬영한 뒤 어도비 포토샵에서 편집하여 보강될 필요가 있으며 캐드에서 제작된 도면들은 e-포트폴리오로 제작되기 위해 다시 한 번 더 편집되어야 한다는 것을 의미한다.

여기서 중요하게 고려되어야 할 것은 이렇게 모아진 이미지를 위한 전시 방법이다. 컴퓨터 스크린에서 보여질 것인가? 아니면 훨씬 더 큰 스케일로 비춰질 것인가? 이미지의 질, 해상도, 크기는 청중과 보여지게 될 방법에 맞춰져야 한다.

웹 포트폴리오는 인터넷을 이용해 볼 수있기에 원격으로 보거나 다운로드 할 수 있다. 웹에 접근할 수 있는 사람은 누구나 볼 수 있다.

**1. 존 팔디 아키텍츠**
www.johnpardeyarchitects.com
여러 섬네일 이미지들은 개인 주택부터 더 큰 마스터 플랜에 이르기까지 넓은 범위의 프로젝트를 보여준다. 각 이미지는 프로젝트의 더 세부적인 설명으로 연결한다.

**2. 디자인 엔진 아키텍츠**
www.designengine.co.uk
이 웹 포트폴리오는 홈페이지에 명확한 4가지 선택사항의 프로젝트를 보여준다.

**3. 팬터 허드스피스 아키텍츠**
www.panterhudspith.com
이 사이트는 각 페이지에 명확한 설명글을 포함한 강한 이미지들을 사용한다. 사이트의 특정 색인은 사용자들이 다양한 프로젝트를 찾아볼 수 있도록 도와준다.

**4. 리-포맷**
www.re-format.co.uk
리-포맷의 웹사이트는 각 프로젝트의 정보, 이미지, 컨셉을 쉽게 살펴볼 수 있다. 또한, 뉴스와 토론을 위한 블로그도 포함한다.

**5. 메이크**
www.makearchitects.com
메이크는 강력한 시각 효과를 창출하기 위해 그들의 웹사이트에 움직이는 이미지들을 사용한다. 섬네일 롤오버 비주얼은 사용자를 추가적인 프로젝트 정보에 연결한다.

1

2

3

**1. John Pardey Architects**
www.johnpardeyarchitects.com
A range of thumbnail images illustrates a wide range of projects, from private houses to larger master-planning schemes. Each image is linked to a range of drawings that explain the project in more detail.

**2. Design Engine Architects**
www.designengine.co.uk
This web portfolio has a series of clear choices on the home page, identifying four key architectural projects.

**3. Panter Hudspith Architects**
www.panterhudspith.com
This site uses powerful images on each page, accompanied by clear descriptive text. A local index on the site helps the user to navigate through the range of practice projects.

**4. Re-Format**
www.re-format.co.uk
Re-Format has an easily navigable website that contains information, images and concepts about each of its projects. The site also includes a blog for news and discussions.

**5. Make**
www.makearchitects.com
Make uses animated images on their website to create a powerful visual effect. Thumbnail rollover visuals connect the user to additional project information.

**Electronic portfolio**   Electronic portfolios, or e-portfolios, use digital means to produce a CD that can be projected or viewed on a computer. These portfolios are constructed using appropriate software (such as Microsoft's PowerPoint®, for example). To compile an electronic portfolio the images to be displayed must exist in digital form. This may mean that physical models need to be digitally photographed and enhanced and edited in Adobe Photoshop, and drawings that originate in CAD software can again be edited for inclusion in an e-portfolio.

An important consideration here is the means of display for such a collection of images. Are they to be viewed on a computer screen or projected at a much larger scale? The quality, resolution and size of the images will need to be adjusted according to the audience and the way in which the audience will view the material.

A web portfolio is shown via the Internet so it can be viewed or downloaded remotely or by anyone with access to the web.

4

5

# 리노베이션

프로젝트: 뉴욕대학교 철학과
건축가: 스티븐 홀 아키텍츠
건축주: 뉴욕대학교
연도/위치: 2007 / 미국 뉴욕

특히, 시공 단계에서 건축 프로젝트를 설명하는 방법은 여러 가지가 있다. 건축가들은 상세도면을 이용하여 건물이 시공업자와 건설업자들에 의해 어떻게 조합될 수 있는지 설명한다. 또한, 스케치들은 공간, 아이디어와 세부사항을 기록하는데 사용될 수도 있다.

세부 디자인 단계에서 스티븐 홀의 실무는 공간의 의도된 분위기로 환기시키는 스케치들을 사용한다. 또한, 이러한 스케치들은 컨셉이나 아이디어를 설명하기 위해 손으로 주석을 달기도 한다. 프리핸드 도면과 다른 유형의 선 도면을 혼합하는 것은 건축적 아이디어를 제시하기 위한 훌륭한 방법이다. 스케치는 치수가 기입된 스케일에 맞춰 도면을 보완하고, 엄격한 도면에 다른 유형의 역동적 도면을 첨가할 수 있다.

스케치는 건물에 대해 보다 개인적인 반응으로 읽힐 수 있고, 그 자체가 투시도 스케치처럼 건물의 해석을 그린 독창적인 작품이 될 수도 있다.

뉴욕대학교 철학과의 예술 과학 교수들이 스티븐 홀 아키텍츠를 고용하여 뉴욕 워싱턴의 역사깊은 건물의 실내 리노베이션을 착수하였다. 본 건물은 1890년에 지어진 그리니치 빌리지의 뉴욕대학교 주 캠퍼스의 일부이다. 뉴욕 역사 지구에 있고, 이곳은 개발을 제한하기 위한 보존 규칙들이 있다.

계획의 컨셉은 재료에 대한 경험과 감각적 특징에 따른 아이디어와 같이 현상학적으로 조사하는 것과 더불어 위로부터 공간으로 들어오는 빛 주변으로 건물 내부의 공간들을 구성하는 것이었다. 이 지침은 건축가가 기존 건물에 도전하여 신·구 간의 대화를 자아내도록 하였다.

건물 안에 새로운 역동감을 생성하기 위해 계단 통로가 삽입되어 빛은 6층 건물을 통과하여 아래로 비춰지게 하였다. 남쪽을 면한 계단 창은 그 표면에 프리즘 필름이 입혀져, 낮의 빛 움직임에 따라 내부에 무지개 효과를 만들어낸다.

↘ 건물 스케치 단면도
이 도면은 빛이 건물을 통과해 들어오고, 그 수직 연결로서 작동하는 빛의 컨셉을 보여준다.

↘ **Sketch section through the building**
This drawing shows the concept of the light entering through the building and acting conceptually as a vertical connection for the scheme.

**Renovation**
Project: Department of Philosophy, New York University
Architect: Steven Holl Architects
Client: New York University
Date / Location: 2007 / New York, USA

There are many ways to describe an architectural project, particularly at the construction phase. Architects use detail drawings to explain how the building is to be assembled by contractors and builders. In addition, sketches can be used to describe spaces, ideas and details.

At the detail design stage, Steven Holl's practice use sketches that are evocative of the intended atmosphere of the space. In addition, these sketches can be annotated by hand to explain a concept or idea. Mixing freehand drawings with other types of line drawings is an excellent way to present architectural ideas. A sketch can supplement measured line drawings, which may be to scale, and can add a different type of dynamic drawing to rigid line drawings.

A sketch can read as a more personal response to a building and can in itself become an original piece of drawn interpretation of a building, like a perspective sketch.

Steven Holl Architects was commissioned by the faculty of Arts and Science at the New York University Department of Philosophy to undertake a complete interior renovation of a historic corner building in Washington Place, New York. The original building dates back to 1890 and is part of the main NYU campus in Greenwich Village. It is located in a historic district of New York and has many preservation orders that restrict its development.

The concept for the scheme was to try to organize the spaces within the building around light coming into the spaces from above, as well as to investigate materials phenomenologically; the idea of the experience of the materials and their sensory qualities. This brief allowed the architect to challenge the existing building and create a dialogue between old and new.

To create a new dynamic in the building, a stair shaft was inserted, allowing light to penetrate down through the six stories of the building. The south-facing stairwell windows have a prismatic film on their surface, which creates a rainbow effect internally as light changes throughout the day.

## CASE STUDY

**교차점**

지면 층은 대학 전체가 사용하는 건물 주요시설의 모든 구역을 연결한다. 출입구뿐만 아니라 건물을 가로지르고 통과하는 이동 지점 및 교차로이다. 학생들에게 중요한 사교적인 공간을 제공하며, 도로로 향하는 강한 시각적 연결을 가진다.

지면 층에서 나무로 만들어진 새로운 강당이 추가되었는데, 그것은 곡선을 이루는 형태로 재료와 형태 면에서 주변 건물로부터 구별된다. 다양한 철학적 글들이 상층부의 대학 사무소를 장식한다. 여기에는 루드비히 비트겐슈타인의 '색에 대한 소견'도 포함되어 있다. 이 아이디어는 벽이 일종의 철학적 사고에 영감을 줄 수도 있다는 것이었다.

↑ **지면 층의 열린 로비**
19세기 후반 역사적 건물의 기존 구조는 실내의 현대적 재설계와 함께 읽힌다.

↗ **지면 층 공간**
지면 층에 있는 학생들의 사회 공간은 도로에 강한 시각적 연결을 이룬다.

↘ **타공 표면들**
타공 스크린은 역동적인 빛의 특징을 형성한다.

↑ **The open foyer space on the ground floor**
The existing structure of the historic late nineteenth-century building can still be read alongside the contemporary redesign of the interior.

↗ **The ground floor space**
The students' social spaces on the ground floor have strong visual links to the street.

↘ **Perforated surfaces**
The perforated screen creates a dynamic light quality.

**A point of intersection** The ground level, an important facility used by the entire university, serves to connect all areas of the building. As well as the point of entry and exit, it is the intersection and point of movement across and through the building. It offers an important social space for students and has strong visual connections to the street.

On the ground floor, a new wooden auditorium has been inserted that has a curvilinear form, distinctive from the surrounding building in terms of material and form. Various philosophical texts decorate the faculty offices on the upper floors, including Ludwig Wittgenstein's 'Remarks on Colour'. The idea is that the walls can also inspire some philosophical thinking.

# 포토몽타쥬

종종 건축 아이디어는 대지의 기존 경관에 놓일 필요가 있다. 건물이 제안된 대지에서 사실상 어떻게 보일 것인지를 제시하는 효과적인 방법이다.

실제 대지의 이미지나 사진, 건물의 스케치 아이디어를 합치고 도면의 스케일을 줄 나무나 도로시설 같은 사물들을 사용하여 도면은 아이디어를 소통하는 중요한 방법이 된다.

연습을 위해:
1. 배경 사진을 고르고 포토샵에서 열어라.
2. 이미지를 흑백으로 만들어라.
3. 장면에 편집되어 들어갈 건물을 스케치한 뒤 스캔하라.
4. 스케치를 집어넣고 흰 배경을 지워라.
5. 색상과 하늘을 도면에 넣고 레이어 투명도를 조절하라.
6. 나무 이미지들을 이미지의 배경 앞으로 편집하고 이것들의 투명도를 조절하라.
7. 사람, 동물, 새, 풍선 등을 붙여 넣어라. 원한다면, 사람들을 실루엣으로 만들기 위해 색상으로 채울 수 있으며 투명도도 조절 가능하다.
8. 이미지를 완성하기 위해 밝기와 명암을 조절하고 필요하다면 필터를 추가해라.

→ 런던 광역시청
**포스터 앤 파트너스**
**(영국 런던)**
런던의 광역시청 건물의 이미지들이 건물의 다양한 인상을 보여주기 위해 조절되었다.

## Photomontage

Sometimes an architectural idea needs to be placed into an existing view of a site. This is an effective way to suggest how the building may eventually look on its proposed site.

Bringing together a real site image or photo, a sketch idea of a building and then using objects such as trees and street furniture to scale the drawing is an important way to communicate an idea.

For this exercise:
1. Choose a background image and open it in Adobe Photoshop.
2. Make the image black and white.
3. Sketch the proposed building to be edited into the scene and scan this sketch.
4. Import the sketch and delete the white background.
5. Introduce colours and sky into the drawing using the layer transparency settings.
6. Edit images of trees into the foreground of the image and adjust these using the transparency tools.
7. Paste in a selection of people, animals, birds, balloons and so on. If desired, the people can be filled with colour to create silhouettes and the transparency can be adjusted.
8. To complete the image, adjust the brightness and contrast settings and add filters if necessary.

→**Interpretations of the Greater London Authority (GLA) City Hall Foster + Partners (London, UK)**
This series of images of the GLA building in London have been adapted to show a variety of impressions of the building.

표현Representation

# 제5장
# 현대의 아이디어

이 책에서의 건축에 관한 현대 아이디어는 20세기 및 21세기의 아이디어를 일컫는다. 건축은 시대정신의 영향을 많이 받지만, 예술, 디자인이나 기술과 같은 다른 문화적 측면과 비교해본다면, 건축의 반응은 느리다. 큰 건물이나 공공 기념물이 상상, 개발, 시공되는데 10년 또는 더 오랜 기간이 걸리는 것은 예삿일이다. 심지어 더 작은 주거 규모의 건물들도 종종 그 시대의 생활 양식이나 패션을 보여주지만, 항상 바로 실현되지는 않는다.

→ 맥시 국립 21세기 미술관
자하 하디드 아키텍츠, 1998-2009
(이탈리아 로마)
맥시 미술관의 내부 공간은 주변 콘크리트 형태들에 의해 조각된 것처럼 보인다. 좀 더 자세한 정보를 위해서는 178-181페이지의 '케이스 스터디'를 참고하라.

**Chapter 5**
**Contemporary Ideas**
Within the parameters of this book, contemporary ideas in architecture refer to those of the twentieth and twenty-first century. Architecture is heavily influenced by the zeitgeist (the spirit of the age), but when compared to other aspects of culture, such as art, design or technology, architecture is slower to react. It is not unusual for a large building or public monument to take a decade or longer to be conceived, developed and constructed. Even smaller, domestic-scale buildings, which are often indicative of the lifestyle and fashion of their time, aren't always immediate in their realization.

→ **MAXXI National Museum of 21st Century Arts**
**Zaha Hadid Architects, 1998–2009**
**(Rome, Italy)**
The spaces inside the MAXXI Museum appear to be sculpted by the concrete forms around them. For more on the MAXXI Museum see the case study on pages 178–181.

# 보편적 아이디어와 원칙

양식과 시대를 초월하고 다양한 방식으로 모든 건축에 영향을 미치는 보편적인 아이디어와 컨셉이 있다. 이것들은 기하학, 형태, 경로 이 세 가지 그룹으로 분류된다. 이 각각의 그룹 안에서 대부분의 건축이 정의되거나 설명된다.

**기하학**

이 컨텍스트에서 기하학은 기하학적 원칙에 따라 공간을 정돈하고 조직하는 것을 말한다. 기하학은 건물의 문이나 창문과 같은 개별 요소뿐만 아니라, 평면, 입면, 단면에 영향을 준다.

대칭성은 중심선이나 축 주변으로 평면이나 입면을 반사하는 조직 시스템이다. 축은 두개나 그 이상의 정의된 점들을 연결하고, 조망 및 전망과 같은 경험이나 건물의 출입구에 영향을 주는 창이나 문과 같은 요소들을 통제할 수 있다.

비례는 부분전체에 대한 관계를 기술한다. 건축 안에서 비례는 스케일의 관계나 건물 또는 전체 형태에 대한 구조 요소들의 체계이다.

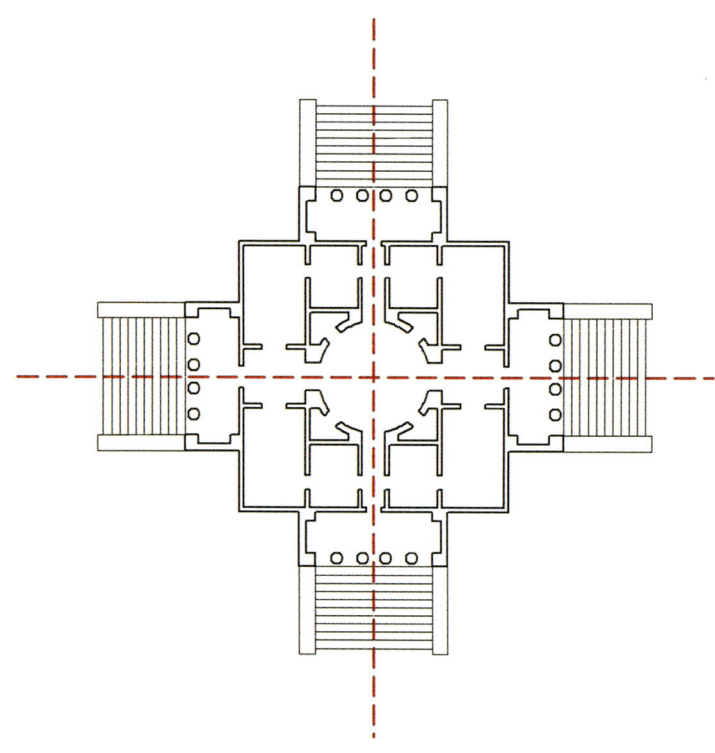

↙ **빌라 로톤다 평면도**
**안드레아 팔라디오, 1550**
**(이탈리아 비첸자)**
건축에서의 대칭성은 합리적인 수학원칙을 상징적으로 나타낸다. 빌라 로톤다의 평면은 두 방향에서 좌우 대칭을 보여준다. 빨간 선은 빌라의 중심점을 교차하는 대칭축을 표시한다.

→ **빌라 스테인 평면도**
**르 코르뷔지에**
**(프랑스 가르슈)**
르 코르뷔지에의 빌라 스테인의 평면은 겉보기에는 불규칙하지만 모듈러 그리드의 자세한 기하학적 비례 시스템에 지배받는다. 보여지는 숫자들은 건물의 평면과 입면 모두에 적용되는 모듈 치수와 관계하며, 이러한 치수들은 일종의 리듬을 형성한다.

↘ **베르사유 궁전 평면도**
**루이 르 보**
**(프랑스)**
건축가 루이 르 보가 설계한 베르사유 궁전의 이 평면은 궁전의 조경 건축가 앙드레 르 노트르가 설계한 정원에 대한 관계를 보여주며 축을 중심으로 강한 대칭 시스템을 보여준다. 도안을 따라 가꿔놓은 화단이 있는 각 파테르 정원에서는 다른 대칭 유형들이 존재한다. 여기에서 빨간 선은 정원과 주택 모두의 주요 조직 축을 지시한다.

↗ **Plan of the Villa Rotonda
Andrea Palladio, 1550
(Vicenza, Italy)**
Symmetry in architecture symbolizes rational mathematical principles. Plans for the Villa Rotonda show bilateral symmetry in two directions. The red lines indicate the axis of symmetry that crosses the villa's central point.

→ **Plan of Villa Stein, Garches
Le Corbusier
(France)**
The seemingly irregular plan of Le Corbusier's Villa Stein is governed by the precise geometric proportioning system of a modular grid. The numbers shown relate to the module measurement that is applied to both the plan and the elevation of the building, which creates a certain rhythm.

↘ **Plan of Château de Versailles
Louis Le Vau
(France)**
This plan of the Château de Versailles displays the relationship of the château (designed by architect Louis Le Vau) to the gardens (designed by landscape architect André Le Notre) and demonstrates strong systems of symmetry along an axis. Within each of the parterre gardens, other symmetrical patterns exist. The red lines here indicate the main organizing axis of both garden and house.

## UNIVERSAL IDEAS AND PRINCIPLES

There are universal ideas and concepts that transcend style or time and affect all architecture in varying ways. These have been categorized into three groups: geometry, form and route. Within each of these groups, most architecture can be defined or described.

**Geometry**   In this context, geometry describes the ordering and organizing of spaces according to geometric principles. Geometry can affect the plan, elevation or section of a building, as well as its individual elements, such as the doors or windows.

Symmetry is an organizing system that reflects either a plan, or elevation around a central line or axis. An axis connects two or more defined points and can regulate elements such as windows and doors (which will affect experiences such as views and vistas, and the entrance to and exit from buildings).

Proportion describes the relationship of parts to a whole. Within architecture, proportion is the relationship of scale and the hierarchy of a building or structure's elements to its whole form.

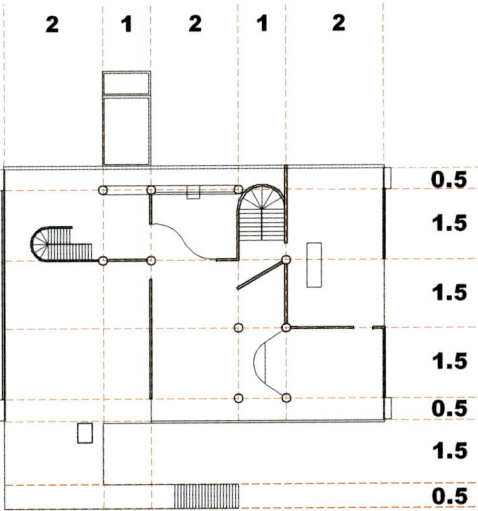

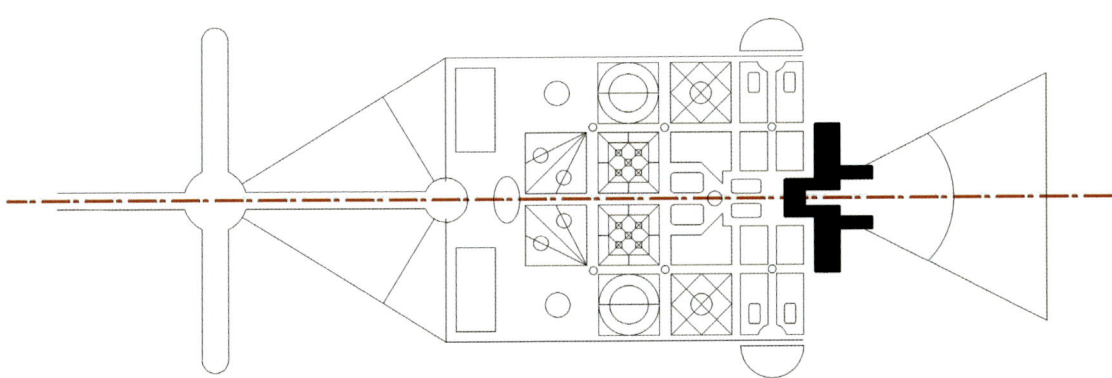

현대의 아이디어 Contemporary Ideas   **159**

## 형태

건축 컨셉은 건물의 형태나 모양을 규정짓는 단순한 용어로 표현될 수 있다. 어떠한 형태들은 역동적이고 조각적이며 건물의 형태로부터 많은 영향을 받는다. 이러한 디자인 아이디어의 범주는 '기능이 형태를 따른다'라고 설명된다. 다른 건물 형태는 훨씬 실용적으로 건물의 내부 활동이나 용도에 의해 결정된다. 이러한 아이디어들은 '형태는 기능을 따른다'로 설명된다.

'서비스 제공하는 공간/서비스 받는 공간'은 루이스 칸[1]이 건물 안의 서로 다른 공간 범주를 설명하는 데 사용한 것으로, 작은 규모의 집이던지 큰 규모의 공공 건물이던지 모두 적용된다. 서비스를 제공하는 공간은 창고, 화장실이나 부엌과 같이 기능적 용도를 갖고, 적절하게 기능하는 건물을 위해 필수적인 공간들이다. 서비스를 제공받는 공간은 거실, 식당 또는 오피스와 같이 서비스를 제공하는 공간들이다. 이 컨셉은 건물의 조직을 이해하기에 매우 유용한 방법을 제공한다.

/ **호러스 사원 평면도**
이 이집트 사원은 프톨레미 3세가 완공했으며, 시기는 기원전 237-57년경으로 추정된다. 일련의 포장 벽과 안뜰, 그리고 홀의 콜로네이드 처리가 된 입구로 둘러싸인 내부 성소로 구성되었다. 건물의 평면은 보호된 중심 공간 주변의 여러 층으로 읽는다.

\ **리처드 메디컬 센터 평면도 루이스 칸**
**(미국 필라델피아)**
루이스 칸의 주요 아이디어 중 하나는 '서비스를 받는' 공간과 '서비스를 제공하는' 공간 사이의 구분이었다. 미국 필라델피아의 리처드 메디컬 센터는 이 아이디어의 전형적인 사례이다. 유리 벽의 작업실들은 분리된 독립적이고, 서 있는 벽돌 굴뚝으로부터 '서비스를 받는' 공간이 된다. 각각의 '서비스를 받는' 공간은 완전한 지지물로 독립적인 구조적인 프레임을 가지고, 그 자체의 자연 채광을 가진다.

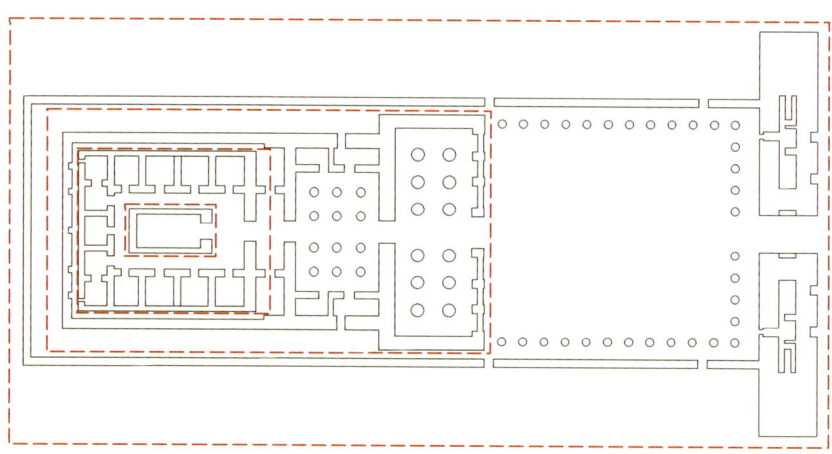

[1] **루이스 칸 1901-1974** 에스토니아 출신의 칸은 뉴욕에서 자랐으나 유럽의 고전 건축에서 영향을 받았다. 칸은 재료와 재료의 형태에 대한 관계에 매우 관심이 많았고, 서비스를 제공하고 받는 공간의 개념과 건물 평면의 체계에 매료되었다. 그의 가장 대표적인 건물은 미국 코네티컷의 예일 아트 갤러리, 미국 필라델피아의 리처드 메디컬 센터, 미국 텍사스의 킴벨 아트 뮤지엄, 방글라데시 다카의 국회의사당이 있다.

**Plan of the Temple of Horus**
This Egyptian temple, whose design is attributed to Ptolemy III and dates from 237–57 BC, consists of an inner sanctuary that is surrounded by a series of wrapping walls and colonnaded entrance courtyards and halls. The plan of the building reads as a series of layers around the central protected space.

**Plan of Richards Medical Centre
Louis Kahn
(Philadelphia, USA)**
One of Louis Kahn's principal ideas was the distinction between 'served' and 'servant' spaces. The Richards Medical Centre in Philadelphia, USA, exemplifies this ideal. The glass-walled workrooms are 'served' by separate, free-standing brick chimneys. Each 'served' space has an independent structural frame with a complete set of supports and its own source of natural illumination.

**Form**   Architectural concepts can be expressed using simple terms that characterize the form or shape of a building. Some forms are dynamic, sculptural and strongly influenced by the external appearance of the building. This category of design idea is described as 'function following form'. Other building forms are more practical, determined by the internal activities or purpose of the building. These ideas can be described as those of 'form following function'.

'Servant served' is a description that Louis Kahn[1] used to describe the different categories of space in a building, whether a small-scale house or a large-scale civic building. Servant spaces have functional use, such as storage rooms, bathrooms or kitchens – the spaces that are essential for a building to function properly. Served spaces might be living or dining rooms or offices – spaces that the servant areas serve. This concept provides a very useful way to understand the organization of a building.

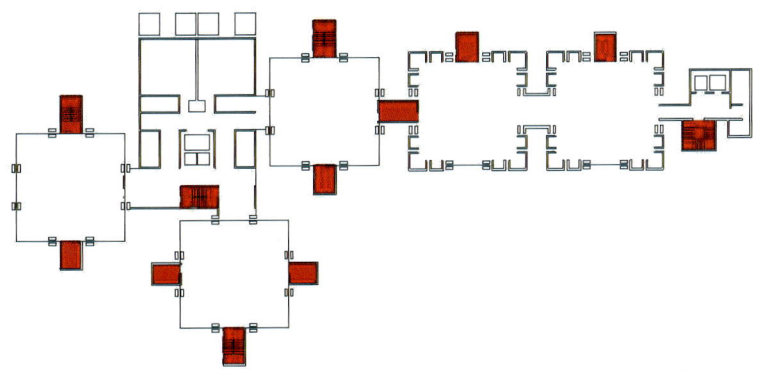

**1) Louis Kahn 1901–1974**   Originally from Estonia, Kahn grew up in New York but he remained influenced by European classical architecture. Kahn was very interested in materials and their relationship to form, and was fascinated by the notions of served and servant spaces and the hierarchies in building plans.   His most important buildings are the Yale Art Gallery in Connecticut, USA, the Richards Medical Centre in Philadelphia, USA, the Kimbell Art Museum in Texas, USA, and the National Assembly Building in Dhaka, Bangladesh.

## 경로

건물을 관통하는 경로는 중요한 구조적인 도구이다. 건물의 문이나 현관 밖에서 건물 내부로 들어오는 경로는 건물을 방문하는 사람이 처음으로 경험하게 되는 것이다. 이러한 움직임은 건물에서 어떻게 지속되는가, 내외부 사이의 연결이나 서로 다른 실내 레벨 사이의 연결은 더욱 경험을 증진시킬 것이다.

미술관이나 박물관 같은 특정 건물들에서는 이러한 경로가 건축 컨셉으로서 디자인될 수도 있다. 이러한 건물들을 통한 경로는 예를 들어 예술 및 전시품이 더 잘 이해되고 경험할 수 있도록 한다. 건물들은 또한 그 주변의 이동이나 동선과 깊은 관계를 가지고 있다. 예를 들어 산책로는 건물 내부와 외부 모두에서 건물이나 구조물 주변의 움직임을 만들어준다.

↗ **빌라 사보아 도면**
**르 코르뷔지에**
**(프랑스 파리)**
르 코르뷔지에는 빌라 사보아에서 조망과 전망을 가지고 있는 건물 주변에서 동선을 연결하는 경사로와 계단을 사용하여, 동선과 그 주변의 이동을 예찬하였다. 프랑스어에서 따온 끝에서 끝으로 통과하거나 꿰어지는 것을 뜻하는 병렬 배치는 서로 정렬되는 문을 가진 일련의 방을 뜻한다. 빌라 사보아는 이러한 방식으로 디자인되어 건물 전체의 이동을 창출하기 위해 방들이 연결되고 개방된다.

↘ **베르사유 궁전 평면**
**루이 르 보**
**(프랑스)**
베르사유 궁전의 평면은 병렬배치 계획의 사례이다. 축을 따라 서로 연결된 일련의 방들을 통합하고 있다.

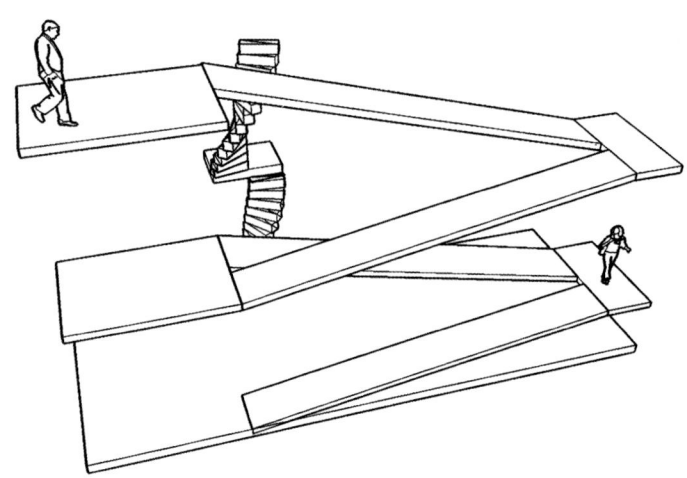

**Drawing of Villa Savoye**
**Le Corbusier**
**(Paris, France)**
Le Corbusier celebrated the journey around and the route through the Villa Savoye, using ramps and stairs to connect the movement around the building with the views and vistas from it. Enfilade (taken from the French, meaning to thread or to pass through from end to end) refers to a suite of rooms with doorways that align with one another. The Villa Savoye is planned in this way so that the rooms also connect and open up to create a journey through the building.

**Plan of the Château de Versailles**
**Louis Le Vau**
**(France)**
This plan of the Château de Versailles provides an example of enfilade planning; it incorporates a series of rooms that are connected together along an axis.

**Route** The route through a building is an important organizational tool. The route from outside a building's door or entrance into the building will be any visitor's first experience of the architecture. How this journey then continues through the building, the connections between the outside and the inside and through and between the different interior levels, will further enhance the experience.

In some buildings, such as museums and galleries, this route may be designed as part of the architectural concept. The route through these buildings might allow, in this instance, the art or artefacts to be better understood and experienced. Buildings can also have strong relationships to the journeys or routes around them; a promenade, for example, celebrates the movement around a building or structure both inside and outside the building.

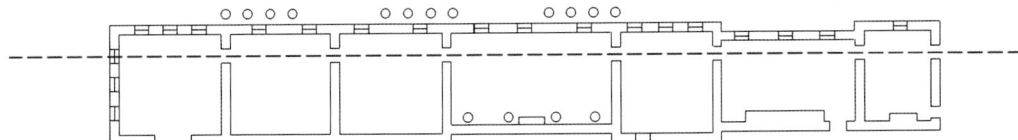

# 기능주의

미국의 건축가 루이스 설리번[1]은 '형태는 기능을 따른다'라고 말했다. 건축을 전용하는 방법을 설명하며, 어떠한 건물의 형태에도 역사적 선례나 미적 이상보다 건물 안에서 일어나는 활동들에 의해 규정되어야 한다는 전제를 따랐다. 설리번은 이러한 기능주의 디자인 원칙에 의해 세계 최초로 고층 건물을 설계하였다. 기능주의 개념은 오스트리아 건축가 아돌프 로스에 의해 더욱 발전하였다. 그는 '장식은 죄악이다.'라고 말했으며, 건물의 불필요한 장식은 필요 없다고 주장했다. 두 건축가 모두의 생각은 건축 디자인에 대한 새로운 근대의 반응에 기여하였다.

## 모더니즘

모더니즘은 20세기의 거대한 건축적 영향으로 명칭에서 말하고 있듯이, 모더니즘은 현대의 근대 문화까지 포용하였다. 모더니즘은 정치, 사회, 문화 변화를 모두 합친 역학에 상호작용하였다. 미니멀한 표현과 유기적인 양식들은 어느 정도 모더니즘과 관련된다.

1900년대쯤에 처음으로 등장한 모더니즘 건축은 주로 형태의 단순화, 장식을 제거한 건물처럼 유사한 성격을 지닌 여러 건물 양식에 붙여진다. 모더니즘 건축가들은 '형태는 기능을 따른다'와 '장식은 죄악이다'라는 개념에 반응하여, 건물 내부의 기능이나 활동들에서 유출된 형태를 채택하고 불필요한 장식이나 꾸밈을 없앴고, 특징적으로는 깨끗한 흰 공간의 건물을 지었다.

1940년대까지 이러한 양식들은 강화되어 20세기에 수 십 년간 시설이나 회사 건물의 지배적인 건축 양식이 되었다.

/ 아이소콘 론 로드 플랫
웰스 코츠, 1934
(영국 런던)
이 아파트는 의도적으로 모더니즘 원칙을 적용하여 디자인되었다. 건축은 밝고, 실용적이며 매우 기능적이다. 또한, 가구는 실내 공간을 위해 의도적으로 디자인되었다. 이 아파트는 영국에서 최초로 실현된 실내가 마감된 부엌을 포함하였고, 실용적이고 현대적인 생활 방식을 사용자들에게 제공하였다.

→ 빌라 사보아(실내)
르 코르뷔지에, 1928-1929
(프랑스 파리)
르 코르뷔지에의 빌라 사보아는 오픈 플랜 건물의 새로운 유형을 보여주었다. 밝은 실내 공간과 장식 및 꾸밈의 부재는 실용적이고 단순하며 기능적인 생활에 대한 접근 방식을 보여주었다.

---

루이스 설리번 1856-1924   미국 건축가인 설리번은 고층 건물의 디자인으로 가장 유명하다. 철골조 건물들은 시공 기술이 발전되면서 실현 가능해졌다. (시카고의 카슨 피리 스콧 앤 컴퍼니 백화점은 설리번의 가장 유명한 철골조 건물이다.) 그의 접근 방식은 '형태는 기능을 따른다'와 관련되며 그가 만든 건물들은 기능적 필요에 의해 만들어졌다.

↗ **Isokon Lawn Road flats**
**Wells Coates, 1934**
**(London, UK)**
These apartments were purposefully designed using the application of modernist principles. The architecture is bright, practical and very functional, and the furniture was also purpose-designed for the interior spaces. These apartments also incorporated some of the UK's first examples of fitted kitchens, which offered potential occupants a practical and contemporary lifestyle.

→ **Villa Savoye(interior)**
**Le Corbusier, 1928–1929**
**(Paris, France)**
Le Corbusier's Villa Savoye introduced a new type of open-plan building. Its light interior spaces and the absence of any decoration or adornment presented a practical, simple and functional approach to living.

## FUNCTIONALISM

'Form follows function' was a phrase coined by American architect Louis Sullivan. It described a means of redirecting architecture and followed the premise that the form of any building should be defined by the activities that were to be carried out inside it, rather than any historical precedent or aesthetic ideal. Sullivan designed the world's first skyscrapers using these functionalist design principles. The concept of functionalism was further developed by Austrian architect Adolf Loos. He wrote of 'ornament as crime', and was a proponent of the argument that any superfluous decoration on a building was unnecessary. The thinking of both architects contributed towards new and modern responses to architectural design.

**Modernism**   Modernism was a huge architectural influence in the twentieth century and, as its name suggests, the modernist movement embraced the contemporary modern culture. Modernism interacted with a dynamic that brought together political, social and cultural changes. Expressive minimal and organic styles can refer to modernism in some way.

Modernist architecture is a term given to a number of building styles with similar characteristics, primarily the simplification of form and the elimination of ornament, which first arose around 1900. The modernist architects responded to the concepts of 'form following function' and 'ornament as crime', adopting forms that derived from the response to the functions or activities within the buildings, and leaving the buildings devoid of any adornment or unnecessary decoration, producing characteristically clean white spaces.

By the 1940s, these styles had been consolidated and became the dominant architectural style for institutional and corporate building for several decades in the twentieth century.

**Louis Sullivan 1856–1924**   An American architect, Sullivan is most notably associated with the design of the skyscraper, which became a real possibility when the development of steel-framed buildings and construction technology advanced (the Carson Pirie Scott and Company department store in Chicago is Sullivan's most famous steel-framed building). His approach was concerned with 'form following function' and the buildings he produced were driven by functional necessity.

↑ 판스워스 하우스
**미스 반 데어 로에, 1946-1951
(미국 일리노이)**
판스워스 하우스는 모더니즘 주거 건축 중 가장 유명한 사례 중 하나이며, 당시에 그 선례가 없는 것으로 간주되었다. 어떠한 전통적 가사 기능을 초월하여, 이 주택의 중요성은 건축적 아이디어의 절대적 순수함과 일관성에 있다.

**모더니즘의 선구자들**  1920년대까지 근대 건축에서 가장 중요한 인물들은 그들의 명성을 확고히 쌓았다. 일반적으로 프랑스의 르 코르뷔지에, 독일의 미스 반 데어 로에와 발터 그로피우스는 세 명의 '선구자들'로 불린다.

미스 반 데어 로에와 그로피우스는 모두 바우하우스 학교(1919-1938)의 교장이었으며, 바우하우스는 장인 전통과 산업 기술의 조화에 관심을 둔 여러 유럽 학교 및 연대 중 하나였으며, 20세기의 건축, 예술, 디자인의 가장 영향력 있는 학교 중 하나였다. 교육은 새로운 접근방식을 요구하였다. 디자인의 기능성과 실용성을 탐구하며 워크숍과 스튜디오를 열고, 건축을 당대 문화, 영화, 무용, 예술 및 제품 디자인의 측면들을 통해 가르치는 것이었다. 바우하우스는 예술과 기술 사이의 새로운 통합을 촉진했고, 기술과 사상 모두에 반응하는 생각과 디자인을 독려하였다.

↑ **The Farnsworth House
Ludwig Mies van der Rohe,
1946–1951
(Illinois, USA)**

The Farnsworth House is one of the more famous examples of modernist domestic architecture and was considered unprecedented in its day. Transcending any traditional domestic function, the importance of this house lies in the absolute purity and consistency of its architectural idea.

**The Modernist founders**   By the 1920s, the most important figures in modern architecture had established their reputations. The three 'founders' are commonly recognized as Le Corbusier in France, and Ludwig Mies van der Rohe and Walter Gropius in Germany.

Mies van der Rohe and Gropius were both directors of the Bauhaus School (1919–1938), one of a number of European schools and associations concerned with reconciling craft tradition and industrial technology. The Bauhaus was one of the most influential schools of architecture, art and design of the twentieth century. Its pedagogy required a new approach, one that explored the functionality and practicality of design, housed workshops and studios, and taught architecture through aspects of contemporary culture, film, dance, art and product design. The Bauhaus promoted a new unity between art and technology, and encouraged thinking and designs that responded to both technology and ideology.

# 형태주의 건축

건물의 기능이 최종적인 형태나 모양에 영향을 미친다고 보았던 모더니즘의 접근방식을 반대하고 건축 아이디어에 반응한 학파이다. 조각주의는 기능이 형태를 따른다고 말한다. 건물의 형태는 건축가의 주요 고려사항이 되어야 하며, 건물이 수용할 어떠한 기능이나 활동도 이 형태에 맞춰 수용되어야 한다.

이러한 수많은 건물은 강한 아이콘으로써 도시나 장소의 브랜드와 연관을 맺을 수 있게 되었다. 이러한 건물들은 매우 조각적이거나 상징적인 형태를 가지는 경향이 있으며, 이러한 건축은 독특하다.

**유기적, 조각적 건축**  유기적 건축은 형태에 지배받는다. 또한, 유동적이고 역동적인 형태에 영향을 받는 디자인 접근 방식을 말한다. 이러한 유형의 형태 구조의 시공은 보통 공간 디자인이나 건물 제작에 도움이 되는 혁신적인 재료나 첨단 기술을 사용하여야 한다. 안토니 가우디는 유기적 건축의 이상을 품은 건축가들 중의 한 사람이었다. 그의 가장 유명한 작품으로는 스페인 바르셀로나의 성 가족 성당과 구엘 공원이 있으며, 이들은 굉장히 역동적인 효과를 보여줄 수 있는 조각적인 형태이다.

조각적 건축의 예는 프랭크 게리의 작품과 획기적이고 놀라운 방법으로 재료를 사용하는 것을 들 수 있다. 게리의 건축적 아이디어는 처음은 조각적 과정을 통해 생성되고 디자인된다. 조각적 건축은 유연한 재료로 잘 표현되는데, 그 훌륭한 사례로는 게리의 스페인 빌바오에 있는 구겐하임 미술관을 들 수 있다. 미술관은 기부에는 육중한 석회암 블록을 사용하고, 곡선을 이루며 빛을 반사하는 타이타늄 금속판이 벽과 지붕을 구성한다. 선택한 재료와 형태의 조합은 도시의 직선 형태와 강한 대조를 이룬다.

조각적 디자인 접근과 유기적 디자인 접근은 모두 건물에서의 활동이 극적인 모양이나 형태에 맞춰져야 한다고 요구한다. 이러한 건축의 가장 훌륭한 사례들에서는 내부와 외부의 경험이 함께 극적인 효과를 낳을 수 있도록 한다.

/ **성 가족 성당**
**안토니 가우디(시공 중)**
**(스페인 바르셀로나)**
성 가족 성당은 굉장히 장식적이고 꾸며져 있다. 이 성당은 지어졌다고 보여지기보다는 조각된 것처럼 보인다. 돌은 거의 액체처럼 보이고, 가볍고 개방된 특징을 가지고 있다. 무거운 석재 구조물에 대한 우리의 선입견에 도전한다.

→ **와이즈먼 미술관**
**프랭크 게리, 1993**
**(미국 미니애폴리스)**
이 미술관은 기능이 형태를 따르는 훌륭한 사례이다. 게리의 건축은 형태를 주로 건물을 결정하기 위해 사용하고, 그 물질성과 형태가 주로 고려된다.

/ **학생 작품**
학생들이 재료로 실험하여 조각적인 형태를 만들어낸다.

↗ **La Sagrada Familia**
**Antoni Gaudi, still to be completed**
**(Barcelona, Spain)**
La Sagrada Familia is extremely ornamental and decorative. It looks like it has been sculpted rather than built. Its stones appear almost liquid-like and display a light, open quality. This challenges our preconceptions of a heavy stone structure.

→ **Frederick R. Weisman**
**Art Museum**
**Frank Gehry, 1993**
**(Minneapolis, USA)**
This museum is a great example of function following form. Gehry's architecture uses the form primarily to determine the building; its materiality and shape are the main considerations.

↗ **Student work**
Student experiments with material to create sculpted forms.

## Form-driven architecture

The modernist approach, which saw the function of a building affect its final shape and form, was to produce a reactive and opposing school of architectural thought. Sculpturalism dictates that function follows form; that the shape of a building should be the architect's primary consideration, and that any functions and activities the building is to house should be accommodated into this form.

Many such buildings have become so iconic that they have become associated with the brand of a city or place. These buildings tend to have a very strong sculptural or iconic form; the architecture is distinctive.

**Organic and sculptural**   Organic architecture describes a design approach where the form is dominant and is influenced by fluid and dynamic shapes. The construction of this type of structural form can usually only be achieved using innovative materials and cutting-edge technology to assist with the design of the spaces and the manufacture of the building. One of the earliest architects who embraced the ideals of organic architecture was Antoni Gaudí; his most famous works La Sagrada Familia and the Parc Güel (both in Barcelona, Spain) use forms in a sculptural way to great dynamic effect.

Sculptural architecture is also exemplified by the work of Frank Gehry and his use of materials in groundbreaking and jaw-dropping ways. Gehry's architectural ideas are initially created and designed using a sculptural process too. Sculptural architecture works well with flexible materials and a fine example of this is Gehry's Guggenheim Museum in Bilbao, Spain. The museum uses heavy limestone blocks at the base, and titanium metal sheets, which curve and reflect light, form the walls and the roof. The combination of materials and the forms that they are made to adopt creates a striking contrast with the rectilinear forms of the city.

Both sculptural and organic design approaches require all the activities of a building to be fitted into the dramatic shape or form. In the best examples of this architecture, the interior and exterior experience work together to impressive effect.

## 조각적 실내

건물들은 유기적이거나 조각적인 형태로 극적인 외부를 가지는 동시에 역동적인 실내를 포함시킬 수 있다. 바닥, 벽, 천장은 좋은 극적인 효과로 내부나 외부로 관습과 경사에 도전한다. 경사진 천장과 바닥 면이 함께하면 굉장한 과장 효과를 가져올 수 있으며, 내부의 투시 감각을 공간으로 확장한다. 이처럼, 벽은 공간에서 인지하고 있는 높이가 과장되도록 시공할 수 있다. 이는 건축적 착시를 만들고, 이러한 공간에 대한 우리의 인식은 재료와 형태의 세심한 사용을 통해 바뀐다.

이러한 건물은 예상하지 못한 것을 창출하는데, 예를 들어 경사진 바닥과 기울어진 벽은 중력에 반하는 경험을 만들어낸다. 이러한 건물에서 모든 것들이 조명이나 가구부터 벽의 구멍이나 창문에 이르기까지 재고될 필요가 있다. 건축의 외부의 내부에 대한 관계는 특히 역동적이다. 새로운 경량의 합성 재료는 이러한 유형의 건축이 현실적으로 가능하도록 만들었다.

/ 파에노 과학 센터
**자하 하디드, 2000-2005
(독일 볼프스부르크)**
이 건물은 기존의 전통적인 모양과 형태에 도전하며, 조각적이면서도 역동적인 자하 하디드의 아이디어의 전형을 보여준다. 파에노 과학 센터는 건축의 새로운 패러다임이다. 역동적인 형태는 건물이 경관과 같이 작동하도록 디자인되어, 그 안의 서로 다른 높이에 자리 잡은 높이의 전시 공간들이 있다. 이 공간은 기존 건물의 아이디어에 도전한다. 벽의 끝이 어디이고 바닥이나 천장의 시작은 어디인지를 아는 것은 거의 불가능하다.

\ 스포츠 센터 프로젝트의 시각 표현
**학생 작품**
이 계획은 3학년 건축 학생의 작품으로 스포츠 센터 프로젝트의 실내 모습이다. 지붕 컨셉은 자연 채광을 반사되도록 조각된 표면이다.

**Phaeno Science Center
Zaha Hadid, 2000–2005
(Wolfsburg, Germany)**
This building challenges conventional and traditional shapes and forms and is typical of Zaha Hadid's ideas, which are both sculptural and dynamic. The Phaeno Science Center is a new paradigm for architecture; dynamic shapes are formed as the building acts like a landscape, with the different levels of the exhibition space positioned at different heights within it. The spaces challenge most preconceived ideas about a building; it is almost impossible to determine where the walls stop and where the floor or ceiling begins.

**Visualization of
a sports centre project
Student work**
This scheme by a third year architecture student shows an interior view of a sports centre project. The concept for the roof is a sculpted surface that reflects natural light.

**Sculptural Interiors** Buildings can have dramatic exteriors as well as organic or sculptural forms, and can also contain an interior experience that is equally dynamic. Floors, walls and ceilings can challenge convention and slope inward or outward to great theatrical effect. Sloped ceilings and floor planes working together can create an incredibly exaggerated effect, extending the sense of perspective inside a space. Equally, walls can be constructed to exaggerate the perceived height of a space. This creates an architectural illusion; our perception of these spaces is altered through careful use of material and form.

This type of building creates unexpected encounters, sloping floors and leaning walls, for example, produce a gravity-defying experience. In such a building, everything needs to be reconsidered, from the lighting and furniture, to the apertures for walls and windows. The relationship from the outside to the inside of the architecture is particularly dramatic. New types of lightweight composite materials have made architecture of this sort a real possibility.

## 기념주의

기념적인 건물은 형태와 기능을 초월하는 의미를 지닌다. 그 규모와 그것이 표상하는 바가 기념적일 수 있다. 기념물은 수 세기 동안 중요한 사건들과 사람들을 기념하기 위해 지어졌다. 이러한 구조물의 일부는 여전히 오늘날에도 우리 문화의 일부이다. 영국의 스톤헨지나 기자의 피라미드를 보라. 도시나 문화와 함께 그것들이 가지고 있는 기능 이상과 아주 밀접한 건물들은 기념비적이라고 설명될 수 있다. 기념적인 건물들은 사용되지 않을 수도 있고 오히려, 이것이 나타내는 바 자체가 상징적일 수 있다.

**하이브리드**

어떠한 건물들은 그 위치나 정체성과 매우 밀접한 관계를 갖는다. 주요 도시를 생각할 때 그 도시와 관련된 건물이나 구조물을 떠올릴 수 있다. 워싱턴의 백악관, 런던의 버킹험 궁, 파리의 루브르 박물관이 그러하다. 이 모든 건물은 그 건축 이상의 의미가 있다. 이들은 그 지역의 상징이 되었다.

좀 더 현대적인 상징물로 건물이나 공간 아이디어가 있는데, 이들은 중요한 사건을 기념하거나 문화 행사가 일어날 수 있으며 문화적으로나 국가적으로 중요한 장소이다. 이러한 예로는 타임스퀘어, 시드니 오페라 하우스, 에펠 탑, 트라팔가 광장이 있다. 이러한 건물이나 공간들은 그 정의에서 이중 용도가 있거나 복합적인 것으로 설명된다.

의회 건물들은 국가적인 상징이며 종종 문화 정체성과 관련되기 때문에 기념 건축에 속한다. 새로운 의회 건물은 건축적 형태, 재료성, 그리고 그 존재의 측면에서 국가를 대변할 필요가 있다.

독일의 의회 건물인 제국의회 의사당은 건축적이고 정치적인 은유를 강화시키는 재료들을 사용한다. 이 19세기 건물은 1999년 포스터 앤 파트너스가 재설계 및 재해석을 하여 투명한 구조물에 의해 보강되었다. 투명한 구조물은 정부의 투명하고, 개방된 현대 민주주의의 이상을 반영하도록 의도되었다. 유리 돔의 구조물은 그 안에 경사로가 있어 위에서 토론 회의실을 들여다볼 수 있게 하여 의회 활동을 볼 수 있도록 하였다. 제국의회 의사당 건물은 현대 독일의 재통일과 리인베이션의 상징이 되었다.

→ **국립 도서관**
**도미니크 페로, 1989-1997**
**(프랑스 파리)**
이 국립 도서관은 도서관 공간에 대한 우리의 이해와 그 공간이 어떻게 도시와 상호작용하는지에 대해 도전한다. 이 건물은 센 강을 가로지르는 것처럼 보이는 플랫폼으로 여러 계단을 통해 접근할 수 있으며, 경사진 평면 에스컬레이터를 타고 도서관으로 내려갈 수 있다. 내부에는 의외 크기의 나무가 있는 열린 정원이 있다. 이 빌딩에서 책과 자료들은 빌딩안에서의 도착과 이동의 경험을 위해서 거의 부차적이다.

→ **La Bibliothèque Nationale Dominique Perrault, 1989–1997 (Paris, France)**
La Bibliothèque Nationale challenges our understanding of library spaces and how they interact with the city. The building is accessed by climbing a series of steps onto a platform that looks across the River Seine. One then descends along an inclined travelator into the library. Inside there is an internalized open garden, which contains trees of quite an unexpected scale. In this building the books and resources are almost secondary to the experience of arrival and movement within the building.

## MONUMENTALISM

A building that is monumental has meaning beyond its form and function. It can be monumental both in its scale and in what it represents. Monuments have been constructed to celebrate important events and people for centuries. Some of these structures are still part of our culture today; think of Stonehenge in the UK or the pyramids at Giza. Buildings that become synonymous with more than their function, perhaps with a city or a culture, could be described as monumental. Monumental buildings may not be occupied; rather, they can be symbolic in terms of what they represent.

**Hybrid** Some buildings have become synonymous with their location and the identity of it. If one considers any major city, it's possible to think of a building or structure associated with it, the White House in Washington, Buckingham Palace in London or the Musée du Louvre in Paris, for example. All these buildings have meaning associated with them beyond their architecture. They have become icons of their location.

There is another, more contemporary, idea of a building or space that works as a monument and also celebrates an important event or is a place for cultural events to take place (and/or has a cultural or national significance). Examples of these include Times Square, the Sydney Opera House, the Eiffel Tower and Trafalgar Square. Such buildings or spaces can be described as having a dual purpose or are hybrid in terms of their definition.

Parliament buildings also fall into the category of monumental architecture as they have a national symbolism and often connect with a cultural identity. A new parliament building needs to represent a nation in terms of its architectural form, its materiality and its presence.

The German parliament building, the Reichstag, uses materials that reinforce architectural and political metaphors. This nineteenth-century building was redesigned and reinterpreted by Foster + Partners in 1999 and its architecture is underpinned by a transparent structure, which is intended to reflect the ideal of a transparent, open and modern democracy in government. The glass-domed structure has a ramp within it, so one can look down from above into the debating chamber, to watch the activity of parliament. The Reichstag building was a symbol of reunification and the reinvention of modern Germany.

# 시대정신

독일 용어에서 온 시대정신은 시대의 정신을 뜻한다. 디자인에서는 필연적으로 변화하고 전환되는 컨셉이다. 시대정신은 현재의 사회 문화 현상에 반응하며, 자연적으로 진화한다. 건물은 역사의 한 순간을 요약할 수도 있고 많은 문화 세대를 받아들이며 장수 할 수도 있다.

**국제적 컨텍스트**  20세기 초에 디자인은 모더니즘의 이상과 접근방식에 반응하고 있었다. 모더니즘과 그 재료와 형태의 사용은 유럽에서 유래하였고, 비록 모든 컨텍스트에서 적용 가능하지는 않았지만, 전 세계의 다른 지역들에도 많은 영향을 주었다. '국제' 양식의 컨셉은 양식이나 디자인이 많은 문화를 초월하여 존재하고 경계를 갖지 않는다는 것에 기초하였다.

국제양식이 가지고 있는 강점 중 하나는 디자인 해결책은 지역, 대지, 기후와는 무관하다는 것이었다. 이것은 소위 '국제적'이라 불리는 이유 중 하나로, 양식은 지역 역사나 국가의 지방성과는 관련이 없다. 후기에, 이 같은 강점은 국제양식의 주요 약점 중 하나로 인식되었다.

그러나 모더니즘은 일부 건축가들에 의해서 지역 조건을 수용하도록 변형되었다. 이러한 사례로 브라질의 오스카 니마이어의 건축과 멕시코의 루이스 바라간의 작품이 있다. 그들의 양식은 형태에서는 모더니즘을 따랐지만, 지역의 전통으로부터 영향을 받아 더 강한 형태와 색상을 사용하였다.

← 뮌헨 공항
머피 안 아키텍츠, 1989-1999
(독일 뮌헨)
뮌헨 공항은 범지구화 시대의 공항을 정의한다. 그 자체로 장소이자, 교통, 상업, 기술, 경관을 통합하는 목적지이다. 공항은 여행, 업무, 쇼핑, 엔터테인먼트와 관계하며 완벽한 건축 경험을 하도록 한다.

↗ 국회 의사당
오스카 니마이어, 1958-1960
(브라질 브라질리아)
니마이어는 브라질리아 도시현상 설계를 하였고 당선작은 그의 오래된 스승이자 친구인 루치오 코스타의 제안이었다. 니마이어는 그 건물을 디자인하고 루치오는 도시를 계획하였다. 니마이어는 모더니즘으로부터 영향을 받아 수많은 주거, 상업, 정부 건물들을 설계하였다. 그중에는 많은 수의 주거 건물뿐만 아니라 대통령 관저, 부총리 관저, 국회 의사당도 있다. 위에서 도시를 보면, 모든 건물이 서로 반복되는 요소들을 가지고 있어 형태적으로 단합을 이루는 것처럼 보이기도 한다.

← **Munich Airport Centre (MAC)**
**Murphy Jahn Architects, 1989–1999**
**(Munich, Germany)**
The Munich Airport Centre defines the airport in an era of globalization. It is a place in itself, a destination that integrates transportation, commerce, technology and landscape. There is a relationship between travel, work, shopping and entertainment that allows the airport to become a complete architectural experience.

↗ **The National Congress**
**Oscar Niemeyer, 1958–1960**
**(Brasilia, Brazil)**
Niemeyer organized a competition for the urbanistic layout of Brasilia and the winner was a proposal from his old master and friend, Lúcio Costa. Niemeyer would design the buildings and Lúcio the plan of the city. Taking his lead from modernist ideals, Niemeyer designed a large number of residential, commercial and government buildings. Among them were the residence of the President, the House of the Deputy, the National Congress, as well as many residential buildings. Viewed from above, the city can be seen to have elements that repeat themselves in every building, giving it a formal unity.

**Zeitgeist**
The German term 'zeitgeist' refers to the spirit of a time. In terms of design, this is an inevitably changing and shifting notion. The zeitgeist naturally evolves as it responds to current social and cultural phenomena. A building can encapsulate a moment in history and have a longevity that allows it to survive through many cultural generations.

**International context** At the beginning of the twentieth century, design was responding to modernist ideals and approaches. The modernist style and its use of materials and form originated in Europe and, although not applicable in all contexts, had enormous influence in other regions across the world. The concept of an 'international' style was based on the notion that a style or design could exist across many cultures and have no boundaries.

One of the perceived strengths of the international style was that the design solutions were indifferent to location, site, and climate. This was one of the reasons it was called 'international'; the style made no reference to local history or national vernacular. Later, this was identified as one of the style's primary weaknesses.

The modernist style has, however, been adapted by some to accommodate local conditions. Examples of this are Oscar Niemeyer's architecture in Brazil and Luis Barragan's work in Mexico. Their style is modern in form, but uses bolder form and colour as it is influenced by local traditions.

## 재료

재료의 가능성과 한계를 이해하는 것은 건축의 중요한 부분이다. 재료의 현대적인 사용과 역사적인 사용 모두에 대한 이해, 혁신적인 재료 활용 및 이용에 대한 접근 방식의 시험에 대한 이해 모두는 디자인 프로세스에 영향을 미치고 보강한다.

건물 재료의 특성은 대지의 환경(외부) 및 기능과 사용자(내부)에 관련된다. 이것들은 매우 다른 필요조건들이지만, 재료의 사양은 건물의 내·외부 요구를 만족시켜야 한다. 어떻게 이러한 기술을 발전시킬 수 있는지를 배우기 위해서는, 재료들이 어떻게 함께 놓일 필요가 있고 고정될 필요가 있는지, 그리고 어떻게 공존하며 서로 보완하는지를 건축가가 살펴보는 것이 중요하다.

## 양식

양식은 문화에 대한 반응을 표현하며, 일종의 패션이나 유행으로 간주될 수 있다. 많은 다른 문화 예술의 형태처럼 건축에서는 주로 '이즘'이라 표현된다. 고전주의는 고전 건축과 문화의 영향을 받은 양식이다. 마찬가지로 모더니즘은 1920년대와 1930년대의 근대 문화의 영향을 받았다.

이러한 양식에 붙여지는 라벨들은 다양하다. 어떤 것들은 매우 특별한 반면, 어떠한 것들은 매우 대충 표현된다. 각 '이즘'이 계승되는 양식들에 가지는 영향을 인식하고 모든 디자인이 역사, 문화, 사회에 상관없이 선계에 대한 이해에서 비롯된다는 것을 기억하는 것이 중요하다. 디자인의 창안과 독창성은 현대 문화에서의 시기 적절함, 즉 현재와의 적합성과 그 활용에서 기인한다.

양식에 대한 질문은 건축에서는 기능적 매개 변수 뿐만 아니라 미적 변수들도 가지기 때문에 일반적으로 서로 다른 이슈이다. 건축이 너무 현대 양식에 귀결되면, 그것은 재빨리 '유행에 뒤쳐지게' 될 것이고, 건축에 요구되는 내구성 때문에 문제가 될 것이다. 가장 오래가는 건축적 컨셉과 아이디어는 변화하는 문화, 이용자, 기능을 수용해 왔다.

✓ 바르셀로나 파빌리온(내부)
미스 반 데어 로에, 1928-1929
바르셀로나 파빌리온 내부의 대리석 벽 부분이다. 파빌리온은 유리, 트래버틴, 서로 다른 대리석으로 지어졌다.

↘ 바르셀로나 현대 미술관
리처드 마이어, 1994-1996
(스페인 바르셀로나)
마이어는 건축에 대한 일관적인 접근방식과 양식을 가지고 있다. 공간 내부에서 차가운 흰색의 밝은 특징과 그림자로 구분되는 구역은 관심을 불러일으킨다. 그는 독특하고 예술작품과는 반대로 흰색의 중립적이 배경을 제공하는 수많은 미술관을 디자인하였다.

**The Barcelona Pavilion (interior)
Ludwig Mies van der Rohe,
1928–1929**
This is an interior detail of a marble wall inside the Barcelona Pavilion. The pavilion was built from glass, travertine and different kinds of marble.

**Museum of Contemporary
Art Barcelona
Richard Meier, 1994–1996
(Barcelona, Spain)**
Meier has a consistent approach and style to his architecture. The cool, white light qualities and distinct areas of shadow in the spaces create interest. He has designed many galleries that are distinctive and provide a white neutral background against which to read the artworks.

**Materials**  To understand the possibilities and limitations of materials is an important aspect of architecture. Whether it be an understanding of both contemporary and historical uses of a material, or the testing of an innovative approach to its application or use, this knowledge informs and underpins the design process.

The material quality of a building has to relate to its site and environment (the exterior), and to its function and users (the interior). These are very different requirements, but the specification of the materials must reconcile the interior and exterior demands of the building. To learn how to develop this skill, it is important for architects to see how materials need to sit together, are fixed together and how they can coexist and complement one another.

**Style**  Style represents a response to culture and can be viewed as a kind of fashion or popular trend. In architecture, as in many other cultural art forms, very often these styles are referred to as 'isms'. Classicism is a style informed by classical architecture and culture. Similarly, modernism was influenced by modern culture of the 1920s and 1930s.

Labels that attach themselves to these styles are varied. Some are very particular while others are much looser.It is important to appreciate the affect that each 'ism' has had on succeeding styles and to remember that all design comes from an understanding of precedent, whether historic, cultural or social. The invention and originality of design comes from its application and timing in contemporary culture: its appropriateness for now.

The question of style is a difficult issue for architecture generally, as it has aesthetic as well as functional parameters. If architecture is too attached to contemporary style, it will quickly appear 'unfashionable', which is problematic as architecture needs to be durable. The most enduring architectural concepts and ideas have accommodated changing cultures, users and functions.

# 도시 경관과의 통합

프로젝트: 국립 맥시 21세기 미술관
건축가: 자하 하디드 아키텍츠
건축주: 이탈리아 문화부
연도/위치: 1998-2009 / 이탈리아 로마

현대의 아이디어들은 건축에서 가장 최근의 생각을 표현하고, 시대정신을 건축적인 관점에서 잡아낸다. 건축은 문화의 여러 곳에서 발생하거나 예술, 문화 또는 기술의 영향을 받을지도 모르는 아이디어들에 반응해야 한다.

자하 하디드의 건축은 매우 독특하다. 외부와 실내 형태가 모두 조각적이기 때문이다. 하디드의 실무는 이러한 조각적 표현으로 작동하는 새로운 방식의 재료들을 이용한다. 그녀가 디자인한 공간들은 3차원적으로 경험할 필요가 있는데, 이것은 공간과 형태의 기존 생각들에 도전한다.

예를 들면, 하디드의 로마에 있는 국립 맥시 21세기 미술관은 재질과 빛에 관한 것이며 양식적으로나 경험적으로 독특한 상징 건물의 아이디어에 관한 것이다.

로마의 맥시 미술관은 2010년 완공되었다. 이 프로젝트의 컨셉은 주변 도시 경관에 반응하여 어떤 지점에서는 지면에 연결되고 다른 지점에서는 구분되어 분리되는 것이었다.

건물내의 주요 동선은 지역 구역을 주변 티베르 강에 연결하는 도로로부터 시작된다. 시작점으로서 주요 수로와의 연결을 취하여, 건물 디자인은 한정된 대지의 제약을 초월하는 연결들로 가득하다. 건물 안의 동선 경로는 미술관 밖의 경로로 지속되어 건물은 주변 도시와 묶여진다.

건물로부터 형태적으로 드러난 건축 요소들은 건물 밖의 기하학적 질서와 연결되어 로마의 도로와 보행자로에 영향을 미치는 도시 그리드에 연결된다. 도시에 대한 이러한 관계는 건물의 성격을 규정하는 열쇠로, 내부 동선과 외부 동선을 관계시킨다. 건물은 그 주변 도시에 종속되는 것 대신에 대표 문화 객체 이상으로 디자인된다. 건물은 도시의 지형 경관의 일부가 되며, 공공 공간의 한 부분이 된다.

미술관 내부의 공간들은 강한 형태적 건축 요소들로 정의되어, 내부에 전시되는 예술 작품들을 중첩하기 위해 강한 캔버스 또는 배경을 형성한다. 이 미술관은 전시품들을 위한 역동적인 배경을 제공한다.

→ **국립 맥시 21세기 미술관 단면도 자하 하디드 아키텍츠 (이탈리아 로마)**
건물의 단면은 2층 높이의 공간들과 미술관의 나머지 부분과의 관계를 보여준다.

→ **Building section of the National Museum of 21st Century Arts Zaha Hadid Architects (Rome, Italy)**
The section through the building illustrates the double height spaces and the relationship of the gallery area to the rest of the building.

**Integrating with an urban landscape**
Project: Museo delle arti del XXI secolo (MAXXI) / National Museum of the 21st Century Arts
Architect: Zaha Hadid Architects
Culture: Italian Ministry of Culture
Date / Location: 1998–2009 / Rome, Italy

Contemporary ideas represent the latest thinking in architectural expression and capture the zeitgeist, or 'spirit of the time' in terms of architectural thinking. Architecture needs to respond to ideas that may originate in many areas of society, or be influenced by art, sculpture or technologies.

Zaha Hadid's architecture is very distinctive; it is sculptural in form, both on the outside and also in terms of the interior experience. Hadid's practice uses materials in new ways that work with this sculptural expression. The spaces she designs need to be experienced three-dimensionally; they challenge conventional ideas of space and form.

For example, Hadid's Museo delle arti del XXI secolo (MAXXI), or the National Museum of 21st Century Arts, in Rome, is about texture and light, and the idea of an iconic building that is stylistically and experientially distinctive.

The MAXXI Museum in Rome was completed in 2010. The concept of the project was to respond to the surrounding urban landscape, to make a connection to the ground level at certain points and at others to become distinct and separate.

The main route into the building is from a road that connects the local area to the nearby River Tiber. Taking this link with a major waterway as a starting point, the building's design is full of connections beyond the limitations of the contained site. Circulation routes within the building carry on as routes outside the museum, tying the building into the surrounding city.

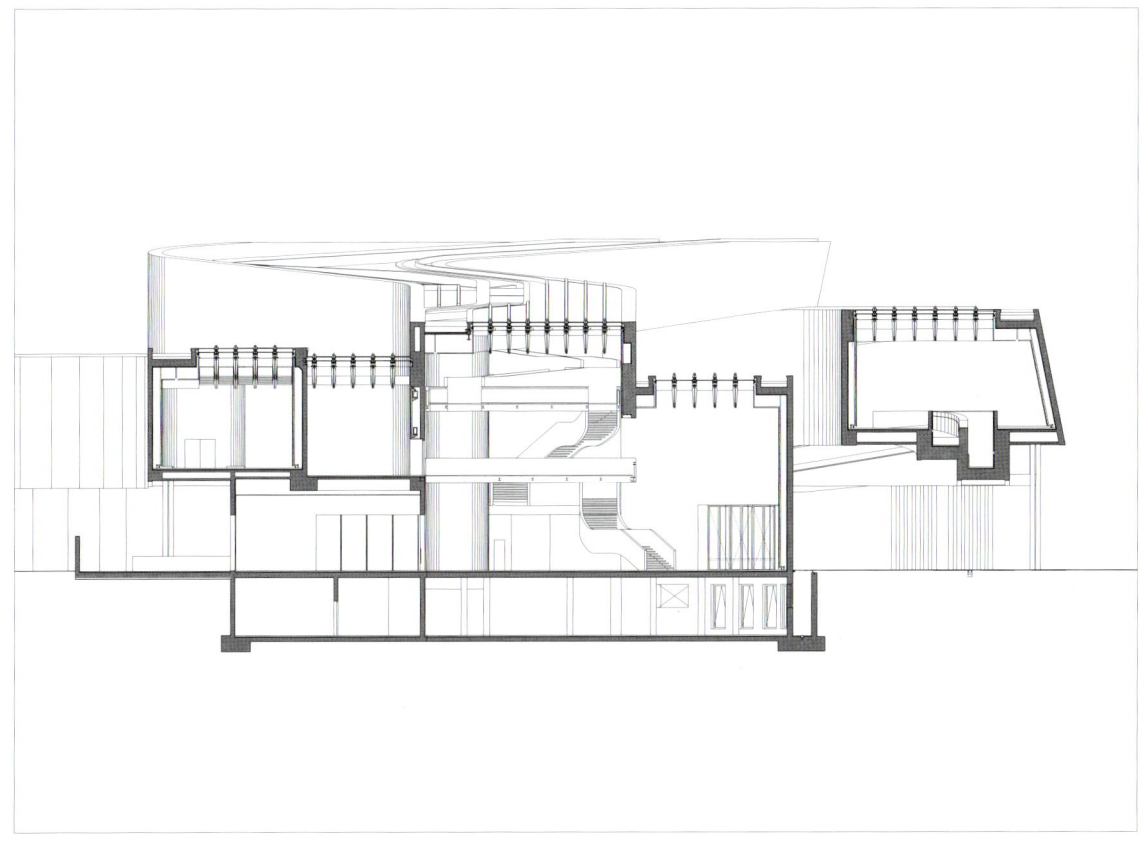

미술관은 건물을 굽이굽이 통과하는 긴 전시 공간으로 구성되어, 일종의 미로 경험 또는 여정을 형성한다. 그 공간은 곡선의 역동성을 이용하여, 그 자체가 건물 안의 조각적인 요소가 된다. 예술작품은 벽에 걸려있지 않지만, 대신 변형 가능한 분리되는 벽들에 부착되어, 전시가 건물로부터 분리된 정체성을 갖도록 한다.

이 건물은 콘크리트를 대담하고 효과적으로 이용하여 예술작품을 위한 역동적인 배경을 만든다.

건물을 통과하여 가로지르는 동선과 주변 도시 컨텍스트를 통과하여 가로지르는 동선에 대한 관계는 프로젝트의 컨셉적인 직접적 원인이 되었다.

**1. 내부 빛**
실내 공간은 섬세하게 조명으로 밝혀진다. 자연광은 콘크리트 표면의 재질을 강조한다.

**2. 대조적인 외부 형태**
건물의 외부 형태는 조각적이며 역동적으로 육중한 요소가 그 아래의 구조벽에 균형을 이루고 있는 것처럼 읽힌다.

**3. 재료의 대조**
전시 벽의 흰 판이 콘크리트벽과 구조에 대조를 이룬다.

**4. 빛과 운동**
내부의 콘크리트 구조는 건물을 통한 흐름과 운동을 결정하며, 계단은 인공조명으로 강조된다.

4

## CASE STUDY

**1. Internal light**
The interior spaces are carefully lit; the natural light highlights the texture of the concrete surface.

**2. Contrasting external forms**
The external form of the building is sculptural and dynamic, reading as a massive element balanced on a structural wall beneath.

**3. Material contrast**
The white panels of the exhibition walls contrast with the concrete walls and structure.

**4. Light and movement**
The concrete structure inside determines the flow and movement through the building, the stairs are emphasized by artificial lighting.

The architectural elements that project formally from the building are also connected to geometric orders outside the building, connecting to urban grids that inform the roadways and pathways in Rome. This relationship to the city is a key defining characteristic of the building; relating internal and external circulation. The building is designed to be more than a signature cultural object, instead it belongs to the city that surrounds it. The building is part of the topographical landscape of the city: part of the public space.

The spaces within the museum are defined by strong formal architectural elements to create a strong canvas or backdrop against which to juxtapose the artwork that is displayed within. The building offers a dynamic background for the objects of the gallery.

The gallery comprises a long exhibition space that snakes through the building, creating a kind of labyrinth experience or journey. The space uses a dynamic set of curves and is itself a sculptural element within the building. The artwork is not mounted on the wall, but is instead attached to adjustable partitions to ensure the exhibitions have a separate identity from the building.

The building uses concrete confidently and effectively to create a dynamic background to the artwork.

Movement through and across the building, and its relationship to movement through and across the surrounding city context was the conceptual driver for the project.

# 분석 다이어그램

건물을 디자인한다는 것은 컨셉의 이해와 관련된 것으로 건축의 시작점이다. 컨셉은 단순한 다이어그램과 도면으로 가장 잘 설명된다. 그러나 컨셉을 단순한 도면으로 만드는 것은 매우 어렵다.

어떻게 건물들이 디자인되는가를 이해하려고 한다면 기하학, 접근성, 경로와 같이 건물을 생성하는 기본 아이디어들을 일련의 도면에 분석하여 아이디어들을 단순화시킬 수 있을 것이다.

연습을 위해:
> 평면이나 단면을 선택해서 그것을 따라 그려라. 진행 경로, 접근성, 건물로부터의 출구, 서비스를 제공하고 서비스를 받는 공간들, 포장 벽들, 자유 판들, 두꺼운 벽과 층들과 같은 디자인 안의 주요 이론들을 나타내라. 그리고 이러한 요소들의 체계를 고려하라. 건물들을 가능한 단순하게 그려보아라.

183페이지의 사례는 미스 반 데어 로에의 바르셀로나 파빌리온의 도면들이다. 이 건물 안에 나타난 주요 아이디어들은 포장 벽과 자유 판들로, 벽과 지붕이 떠 있는 것처럼 보이도록 표현된다.

건물은 벽이 비구조적으로 단순한 판일 수 있게 만드는 단순한 구조 프레임으로 디자인된다. 이는 건물 내부에서 벽, 지붕, 개구부와 표면의 유연성을 가능하게 한다.

→ 바르셀로나 파빌리온 분석 다이어그램
바르셀로나 파빌리온은 일련의 다이어그램으로 분석되어 건물 안에서 구성되는 건축적 아이디어들을 보여준다.

**Chapter 5 Exercise: Analytical diagrams**
Designing buildings is about understanding concepts; the starting point of the architecture. Concepts are best explained as simple diagrams and drawings. However, translating a concept into a simple drawing is quite a challenge.

To start to understand how buildings are designed, basic ideas that generate buildings, such as geometry, access and route, can be analysed on a set of drawings to help you to simplify ideas.

For this exercise:
> Take a plan or section and trace over it. Identify key theories within the design – such as promenade, routes, access, exits from buildings, servant and served spaces, wrapping walls, free planes, thick walls and layers – and consider the hierarchy of these elements. Try to draw the buildings as simply as possible.

The example on page 183 shows drawings of the Barcelona Pavilion by Mies van der Rohe. The key ideas identified within this building are the wrapping walls and free planes, which are expressed as walls and a roof that appear to float.

The building is designed as a simple structural frame that allows the walls to be considered as non-structural simple planes. This allows a flexibility for the position of walls, roofs, openings and surfaces within the building.

→ **Analytical diagrams of the Barcelona Pavilion**
The Barcelona Pavilion is analysed here as a set of diagrams to describe the architectural ideas that are comprised within the building.

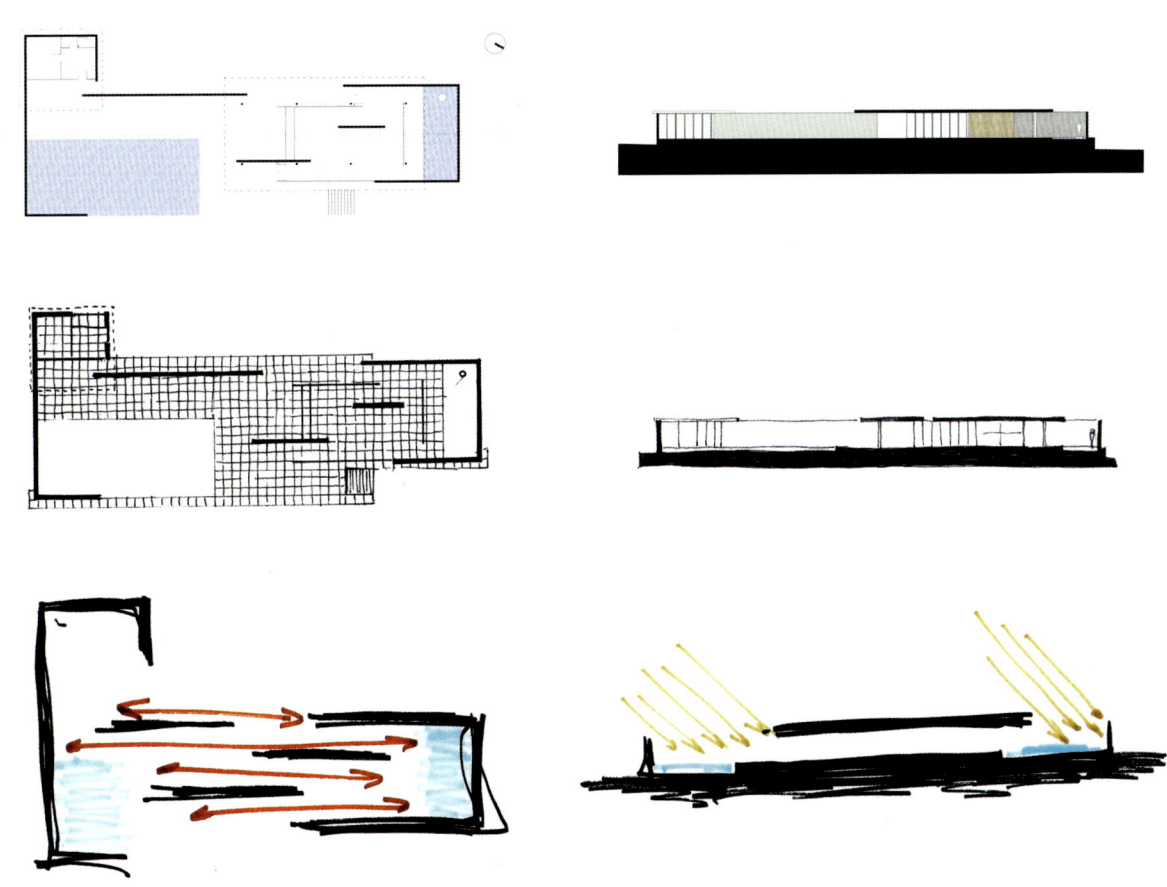

# 제6장
# 실현

이 장은 6a 아키텍츠가 재건축을 진행한 사우스 런던 갤러리 사례로 시작부터 완성까지 건축 프로젝트가 실현되는 단계들을 보여주며, 건축 프로젝트를 살펴본다. 이 프로젝트는 건축에서 아이디어와 생각들의 중요한 종합을 보여준다. 이 종합되는 과정은 일종의 여정이다. 건물을 지을 때 따르는 설명이 있는데, 이 설명은 초기 컨셉부터 완공 건물까지 이른다. 이러한 각 단계를 통해 프로젝트를 따르는 것은 컨셉 아이디어부터 실무적 고려에 이르기까지 다양한 기술이 관여된다는 것을 보여줄 것이다.

→ **사우스 런던 갤러리**
**6a 아키텍츠, 2010**
**(영국 런던)**
사우스 런던 갤러리에 인접한 버려진 주택의 외관으로, 6a 아키텍츠가 재건축하여 미술관으로 만들었다.

**Chapter 6**
**Realization**
This chapter explores an architectural project, 6a Architects' refurbishment of the South London Gallery, from inception through to completion, showing the stages through which an architectural project is realized. This project helps to demonstrate the important synthesis of ideas and considerations that come together in the architecture of a building. This process of synthesis is a type of journey; there is a narrative attached to the making of a building, from its initial concept to the finished construction. Following a project through each of these stages will show that a diverse range of skills is involved, from conceptual thinking to practical construction.

→ **South London Gallery(SLG)**
**6a Architects, 2010**
**(London, UK)**
The exterior of the derelict house adjacent to the South London Gallery (SLG), which 6a Architects refurbished and incorporated into the life of the museum.

## 프로젝트의 연대표

프로젝트는 시간과 복잡성에 따라 다양한데, 각각은 어떻게 건물이 만들어지는지에 대한 과정을 말한다. 이 연대표는 프로젝트 실현의 5가지 주요 단계를 보여주는데, 컨셉, 대지 분석, 디자인 프로세스, 시공, 세부발전 및 그 결과이다. 연대표에서 나타내는 각 단계는 이 장의 뒤에서 좀 더 자세히 설명할 것이다.

### 1. 컨셉 (196 페이지)

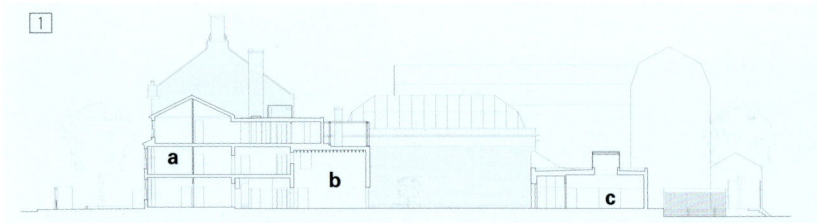

**1. 건물 단면도**
 a: No.67, 버려진 테라스 하우스
 b: 새로운 3개 층 높이 확장
 c: 새로운 클로어 에듀케이션 스튜디오

### 2. 대지분석 (198 페이지)

2. 시공 전 대지
3. 드러난 기존의 벽돌 벽
4. 시공 중 노출된 목재 프레임

### 3. 디자인 과정 (200 페이지)

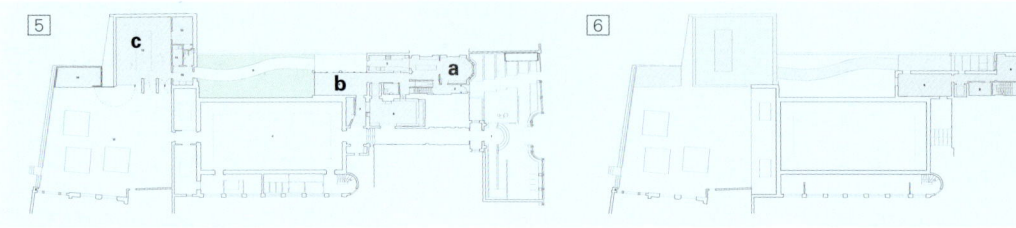

### 4. 세부발전 (202 페이지)

### 5. 완공 건물 (204 페이지)

**Project timeline**  Projects vary depending on time and complexity, but in each case their realization represents a journey that tells the story of how a building is made. This timeline shows a set of five key stages of a project's realization: concept, site analysis, the design process, construction and detail development and the result. Each of the sections identified in the timeline will be described in more detail later in the chapter.

1. **Concept**(page 196)
    1. Section through the building.
        a: No. 67, derelict terrace house.
        b: New triple-height extension.
        c: The New Clore Education Studio.

2. **Site analysis**(page 198)
    2. The site before construction.
    3. The existing brick wall revealed.
    4. The timber frame exposed during construction.

3. **The design process**(page 200)
    5. The ground floor plan.
        (a: derelict house, b: triple-height extension, c: The Clore Education Studio).
    6. The first floor plan.
    7. The roof plan.

4. **Detail development**(page 202)
    8. The Clore Education Studio at the rear of the site.
    9. The wall opening to the garden.
    10. The new space under construction.
    11. The stair of no. 67 with dynamic artwork suggesting movement.

5. **The finished building**(page 204)
    12. New fittings at no. 67, updated but still reflecting the original domestic scale of the building.
    13. This was part of a range of artwork incorporated as a temporary installation to mark the inaugural exhibition.
    14. Temporary artwork by Ernst Caramelle, commissioned by SLG as part of the inaugural exhibition.
    15. The study room with gold leaf design by Paul Morrison.

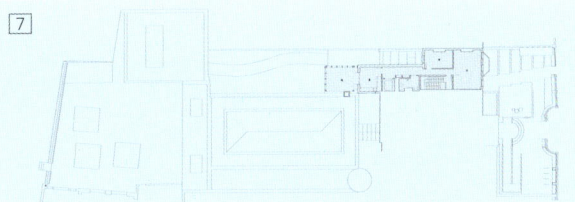

5. 지면층 평면
    (a: 버려진 주택, b: 3개 층 높이의 확장, c: 클로어 에듀케이션 스튜디오)
6. 1층 평면
7. 지붕 평면

8. 대지 뒤의 클로어 에듀케이션 스튜디오
9. 정원을 향해 있는 벽 개구부
10. 시공 중인 새로운 공간
11. 움직임을 제안하는 역동적인 예술작품이 있는 no.67의 계단

12. 개선되었지만 건물 원래의 주택 스케일을 반영한 no.67 새로운 실내
13. 첫 전시를 위해 잠시 설치된 여러 예술 작품 중 일부
14. 에른스트 카라멜레의 잠시 전시 되었던 예술 작품, 첫 전시의 하나로 사우스 런던 갤러리가 위탁
15. 폴 모리슨이 디자인한 금색 잎이 있는 스터디 룸

## 프로젝트

이 프로젝트는 1891년에 설립된 런던 남동쪽에 위치한 작은 갤러리인 사우스 런던 갤러리의 증축을 포함한다. 갤러리는 현대 예술 전시, 예술 행사, 참여 교육 프로그램을 진행한다. 이 갤러리의 확장은 런던에 위치한 국제적인 사무소인 6a 아키텍츠가 설계하였다. 그들의 지침은 사우스 런던 갤러리를 새로운 갤러리 공간, 카페, 아티스트-인-레지던스를 위한 아파트와 새로운 교육 건물과 통합되도록 확장하는 것이었다. 그들은 이것을 3가지 중재를 통해 달성하였다. 첫 번째로는 그들은 이웃의 버려진 주택을 재건축하여 카페, 아티스트-인-레지던스 숙소 및 새로운 전시 공간을 통합하도록 하였다. 그들은 또한 3개 층의 증축을 갤러리 뒤의 집을 포함시켜 갤러리의 주 건물과 연결했다. 전체 증축은 '마추다이라 윙'이라는 이름이 붙여졌다.

그들은 새로운 교육 건물도 설계하였는데 이는 클로어 에듀케이션 스튜디오로 불리며, 2차 대전 중 부서진 오래된 계단식 교실의 벽돌 벽을 이용하였다. 그 디자인은 계단식 교실의 남아있는 두 개 벽을 통합하여 그 대지 뒤의 새로운 폭스 가든과 연결되도록 하여, 갤러리의 기존 정원과 합쳐졌다.

╱ 기존 공간과 재료의 사례

↓ 건물의 기존 도로 파사드

╲ 이전 건물의 평면도
'a'로 표시된 단면은 원래의 갤러리 공간을 나타낸다. 'b'라 표시된 단면은 새로운 클로어 에듀케이션 스튜디오의 대지를 보여주는데, 2차 세계 대전으로 인해 부분적으로 손실된 계단형 교실의 두 벽을 통합한다.

↗ **Examples of the existing spaces and materials.**

↓ **The original street façade of the building.**

↘ **The original plans of the building**
The section marked 'a' denotes the original gallery space. The section marked 'b' shows the site of the new Clore Education Studio, which incorporates two walls from a lecture theatre partially destroyed in the Second World War.

## THE PROJECT

This project involves the expansion of the South London Gallery (SLG), a small gallery in South East London, founded in 1891. The gallery presents contemporary art exhibitions and live art events, with integrated education projects. The expansion of the gallery was designed by 6a Architects, an international practice based in London. Their brief was to expand the SLG to incorporate new gallery spaces, a café, a flat for an artist-in-residence and a new education building. They achieved this through three interventions. Firstly, they refurbished a neighbouring derelict house to incorporate the café, artist-in-residence accommodation and new exhibition space. They also added a three-storey extension to the back of the house that links with the main gallery building, the whole extension was renamed the 'Matsudaira Wing'.

They also designed a new education building, called The Clore Education Studio, which utilized the brick walls of an old lecture theatre that had been destroyed in the Second World War. The design incorporated two surviving walls from the lecture theatre and acts as a link to the new Fox Garden behind the site, joining it with the gallery's existing garden.

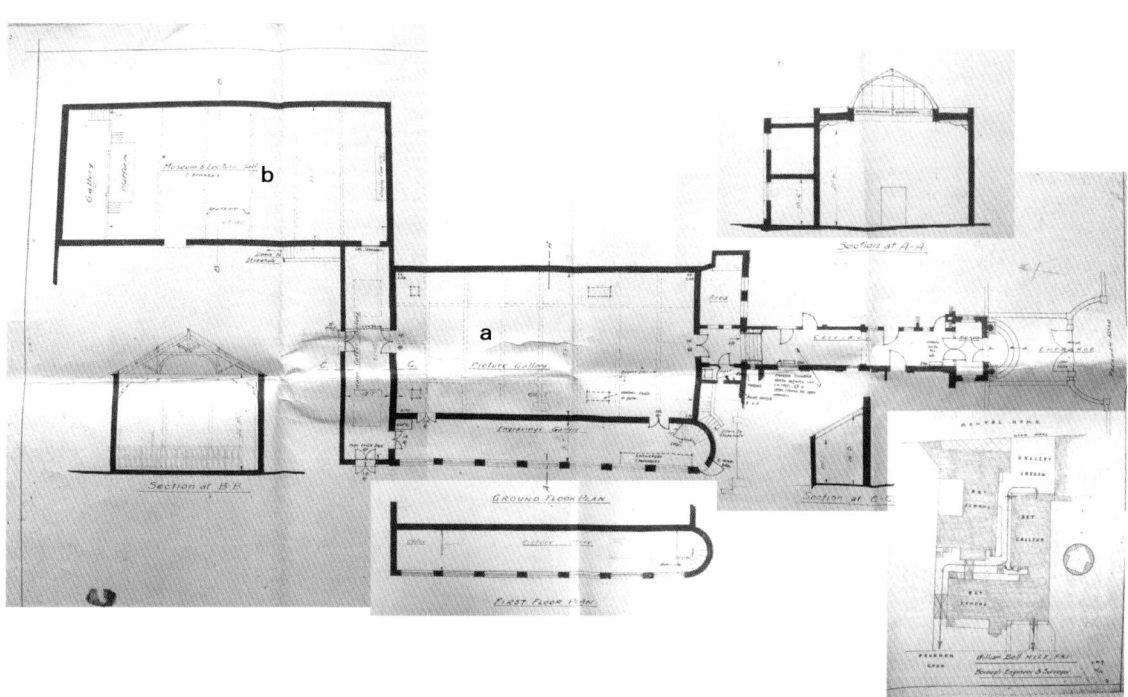

# 참여자들과 그들의 역할

어떤 프로젝트를 실현하기 위해서는 큰 팀이 필요하고, 각 팀의 구성원은 서로 다른 기술을 가지고 있어 디자인과 시공 과정의 서로 다른 단계에 적용될 수 있을 것이다. 건축 프로젝트의 성공 중심에는 팀 작업이 잘 이루어지고 필요한 프로젝트의 중요한 정보가 팀 구성원 간에 명확하게 소통이 있어야 한다.

아래에 설명한 역할은 프로젝트팀의 일반적인 리스트이다. 어떠한 프로젝트는 작아서 작은 팀 구성원이 필요하다. 특수한 프로젝트에는 프로젝트 매니저부터 특수 기술자까지 다양한 프로젝트 단계에서 더 많은 참여자가 필요할 것이다.

**건축주**  건축주는 보통 건물의 최종 사용자로 프로젝트를 개시하고 시공을 위한 기금을 제공한다. 가장 훌륭한 건축주는 그들의 건물에 대한 요구가 있고 이런 것들은 건축에서 여러 활동과 기능으로 명확하게 바꾸어 표현될 것이다. 예를 들어 건축주가 원하는 내외부 환경에 환상을 가지고 있거나, 건물이 상징하거나 표현되어야 하는 것에 대한 기대를 갖는다.

이러한 필요조건, 요구와 기능이 프로젝트 지침으로 구성되고, 건축가는 디자인 아이디어의 시작과 척도로 사용하게 될 것이다.

**측량사**  측량사들은 건물의 서로 다른 면들을 측정한다. 그들은 건축의 재료와 조직을 측정하고 대지의 기존 건물, 위치, 현재의 대지 레벨들의 도면을 작성한다. 이러한 도면의 정보는 건축가가 건물의 디자인을 고려하기 시작하기 전에 대지의 매개변수를 더 잘 이해할 수 있도록 한다. 예를 들어 대지가 경사지일 경우 건축에 영향을 줄 것이다.

건물 측량사들은 또한 대지와 건물의 경계를 세우는데 관여한다. 역사 건물 측량사와 같은 전문가들은 가치가 높을 만한 오래된 건물들에 대한 구체적인 지식을 가진다.

견적사들은 건물의 재료를 측정하여 항목별로 그 가격을 산출하고 프로젝트 비용의 견적을 제공한다. 이러한 예측과 건물이 어떻게 지어질 것 인가에 대한 계약이나 지시를 형성하는데 지침과 측량 도면과 함께 사용한다.

**기술자**  기술자들은 디자인에 대한 과학적 이해의 기술적 활동에 관여한다. 그들은 건축가와 함께 시스템을 설계하는데 건물의 구조, 난방, 환기, 전기 설비 등을 포함한다.

구조 기술자들은 프레임, 기초, 입면을 포함한 건물 구조의 다양한 면들을 작업한다. 그들은 건물의 전체적 프레임부터 구조 지지물이나 고정의 크기와 같은 각각의 세부적인 면까지 건물의 구조적 측면을 조언하고, 영향을 미치고 설계한다. 구조 기술자는 건물의 실행 가능성

**CONTRIBUTORS AND THEIR ROLES**

The realization of any project will involve a vast team of people, and each member of that team will have different skills that can be applied at different stages of the design and construction processes. Central to the success of any architectural project will be ensuring that the team works well together and that the necessary project information is communicated clearly among all members of the team.

The roles described below are a general list of the project team. Some projects are small and require fewer team players. More specialized projects will need a range of contributors, from project managers to specialist engineers, at various stages of the project.

**The client**

The client initiates the project, provides the funds for construction and is usually the building's end user. The best clients will have aspirations for their building, and these will be translated clearly into a range of activities and functionality that they want the architecture to accommodate. For example, they may have a vision in terms of what internal and external environments they expect the building to provide them with, or have expectations about what the building needs to symbolize or represent.

All these requirements, desires and functions will then be shaped into a project brief, which is used by the architect as a springboard and measure of their design ideas.

**Surveyors**

Surveyors measure different aspects of a building. A building surveyor measures the material and fabric of the architecture and produces drawings of an existing building on site or of the location and levels of extant site features.
The information in these drawings allows the site parameters to be better understood before the architect begins to consider the building's design. For example, if the site is sloped, this will affect what it is possible to build.

Building surveyors can also be involved in establishing boundaries of sites and buildings. Specialists such as historic building surveyors have specific knowledge of older buildings, which can also be valuable.

A quantity surveyor measures the building's materials and, by itemizing and costing all these, provides an estimate of the project costs. Together with the brief and survey drawings, these projections are used to form the contract or instructions that will indicate how the building is to be constructed.

**Engineers**

Engineers are concerned with the technical application of scientific understanding to design. They design systems in conjunction with the architect, whether it is the building's structure or its heating, ventilation or electrical solutions.

Structural engineers work with the various aspects of a building's structure, including the frame, the foundations and the façades. They advise, inform and design structural aspects of the building, from its overall frame through to individual details such as the size of structural supports or fixings. A structural engineer will demonstrate the viability of the building and rationalize its structural elements so that they are efficient, effective and so that they complement the overall architectural idea.

A mechanical engineer is, broadly, someone who is involved with the design, development and installation of machinery. In building terms, this refers to

을 증명하고 구조적인 요소들을 합리화하여 그것들이 효율적이고 효과적이도록 하며, 전반적인 건축적 아이디어를 보완한다.

기계 기술자는 넓게는 기계의 디자인, 개발, 설치에 관여하는 사람이다. 건물에서는 건물의 설비, 난방, 환기 시스템 디자이너를 의미한다. 이러한 시스템들은 고려되어 구체적이고 디자인 아이디어에 통합되어 공간, 재료, 형태적인 건축 컨셉과 효과적으로 작동될 수 있어야 한다.

전기 기술자는 기계 기술자와 밀접하게 작업하며 건물의 전기 시스템을 디자인하고 관장한다. 큰 프로젝트에서 전기 기술자는 조명 컨설턴트와 함께 일하며 건물의 구체적인 조명을 제시한다.

음향 기술자는 소리를 다룬다. 그들은 소리가 건물의 재료를 통해 어떻게 이동하는지 이해하여 건물 안에서 음향을 경험할 때 영향을 주는 설명서를 제시한다. 건물들이 여러 다양한 기능을 수용할 필요가 있을 때 음향 기술자는 벽이나 바닥과 같은 구조의 분리를 조언하며 소리의 전달을 줄일 수 있다. 추가로 그들은 공간에서 소리의 감상을 변화시킬 수 있는 재료에 대해 조언할 수 있다.

## 조경 건축가

모든 건축가는 위치나 컨텍스트에 자리를 잡는다. 조경 건축가는 건물을 그 주변에 연결하는데 관여한다.

조경 건축가들은 강우량, 일사량, 기온 범위와 같은 특정 기후 조건들을 이해하고 그 지역의 토착 식물과 식재 조건을 이해하기 위해 대지를 분석하는 것으로 시작할 것이다.

조경 건축가들은 또한 건물의 외부 공간을 통한 여정과 경로 및 이러한 공간과 관련된 활동들을 고려한다. 훌륭한 조경 디자인은 건물을 대지에 엮고, 건축의 모든 측면을 보완하며, 건물로부터 분리될 수 없다.

## 시공업자

건물의 시공업자는 실제로 건물을 짓고, 기술자, 건축가, 측량가로부터 온 정보를 가지고 작업한다. 일반적으로 그들은 프로젝트 매니저나 현장 건축가의 지시를 받는다. 어떠한 프로젝트는 특수 기법을 사용하거나 특정한 방식으로 어떤 것을 만들기 위해 하도급자나 전문가의 도움을 받는다.

건물의 시공업자는 그들이 프로젝트 시작에 작성한 작업 일정을 맞춰 재료, 소매상인, 서비스 이 모두가 건물 프로젝트가 매끄럽게 진행되도록 해야 한다. 서로 다른 서비스의 통합은 건물의 성공적인 완공을 위해서 중요하다.

the designer of the building's mechanical, heating and ventilation systems. These systems need to be considered, specific and integrated into the design idea so that they work effectively with the spatial material and formal architectural concepts.

Electrical engineers work very closely with the mechanical engineers to design and oversee the installation of the electrical systems for the building. On larger projects, electrical engineers can work with lighting consultants to provide a specific lighting strategy for the building.

Acoustic engineers deal with aspects of noise control. They understand how sounds move through the building's materials, and can suggest specifications that will affect the user's experience of sound in the building. When buildings need to accommodate many and varied functions, acoustic engineers can advise about separation of structures, such as walls or floors, to reduce sound transmission. Additionally they can advise on material specifications that can alter sound appreciation in space.

**Landscape architects**
All architecture is positioned in a location or context; landscape architects are concerned with connecting a building to its surroundings.

Landscape architects will start by analysing the site to understand specific climatic conditions, such as rainfall, amount of sunlight or temperature range, and to understand the area's indigenous plants and their planting conditions.

Landscape design also considers aspects of the journey and route through the building's external spaces, and the activities associated with those spaces. Good landscape design binds a building into its site, complements all aspects of the architecture and is inseparable from the building.

**Contractors**
Building contractors physically construct the building, working with information provided by engineers, architects and surveyors. Generally, they are directed by a project manager or architect on site. Some projects may also obtain the services of subcontractors or specialists to make something in a particular way or using a special technique.

Building contractors adhere to a schedule of works that they devise at the start of the project to ensure that the materials, tradesmen and services are all coordinated to allow the building project to progress smoothly. The integration of these different services is critical to the successful completion of the building.

# 지침

지침은 프로젝트의 사양을 제한하고 정의하기 위해 쓰이며, 기능, 시공, 재료, 대지에 대한 관계를 결정한다. 지침은 원래 건축주의 대지에서 의도된 것으로 구성되고, 이후 더 발전되어 대지의 평가, 수용 조건, 내부 배치 필요조건, 특수한 가구 및 장비들과 같은 프로젝트의 필요조건에 대한 상세한 정보를 제시한다.

**프로젝트 지침**

6a 아키텍츠가 사우스 런던 갤러리의 옆에 있는 버려진 빅토리아풍의 주택을 재건축하도록 위탁받았을 때 건축주로부터의 지침은 추가적인 갤러리 공간과 아티스트 레지던시 프로그램을 위한 아파트와 카페를 제공함으로써 방문객의 경험을 향상시키는 것이었다. 또한, 6a 아키텍츠는 대지의 뒤에 교육 스튜디오를 디자인하도록 의뢰받았다. 새로운 교육 공간은 갤러리가 현장에서 매년 수천명의 사람들과 작업이 가능하도록 하는 것이 필요했다.

또한, 갤러리의 빅토리아풍 주택으로 증축이 원래 건물의 '혼'을 잃지 않도록 하고, 이것은 기관 건물로 겹쳐지지 않고 이루어져야 했다. 따라서 이 개조 설계는 주택의 특징을 유지하고 갤러리의 일부로 들여와 방문객을 위한 새로운 고무적인 공간을 제공해야 했다.

6a 아키텍츠는 이 지침을 성공적으로 이루었으며, 대지는 프로젝트에 의해 개방되었다. 건축가의 의도는 공간의 '가사적' 규모를 유지하여 건물의 기존의 성격을 지키는 것이었다. 6a 아키텍츠는 새로운 공간이 '원래의 정면과 후면 방들의 배치를 따를 수 있게 하였고, 건축적 언어는 시간을 따라 옅어진 이미지처럼 축소되고 추상화된다'고 설명했다.

또한, 새로운 폭스 가든은 핵심 공간이 되어야 했다. 이 공간의 디자인과 실행에 이번 프로젝트의 성공 여부가 달려있었다. 규모는 주거지와 비슷하지만, 성격은 웅장하고 높고 공공적이어서, 방문객들이 주택으로부터 더 큰 공공 공간으로 올 수 있게 한다.

\스터디 룸
스터디 룸은 2층 높이의 천장을 갖고 있어, 새로운 '폭스 가든'을 조망할 수 있고, 이곳에는 폴 모리슨의 황금 잎 예술 작품이 설치되어 있다. 사우스 런던 갤러리는 황금 잎 작품이 첫 번째 전시작품으로서 잠시 설치되도록 했지만, 이후에 이 공간에 영구적으로 설치되도록 결정되었다.

**The study room**
The study room, with a double-height ceiling, looks out over the new 'Fox Garden' and includes gold leaf artwork by Paul Morrison. The SLG commissioned the gold leaf piece as part of the inaugural temporary installation, but decided to keep it as a permanent addition to the room.

## THE BRIEF

The brief is written to limit and define the project specifications, determining aspects of function, construction, materiality and relationship to site. The brief is composed initially as a response to the client's intentions for the site, and is then further developed to provide detailed information about the project requirements, including, among other factors, appraisal of site, accommodation requirements, internal layout requirements and specialized fittings and fixtures.

**The project brief**  When 6a Architects were commissioned to refurbish a derelict Victorian house neighbouring the South London Gallery (SLG), the brief from the client was to enhance the visitor experience by providing additional gallery spaces, a flat for a programme of artist residencies and a café. In addition, 6a were asked to design an education studio at the rear of the site. The new education space was required to enable the gallery to work with thousands of people every year on site.

The brief also specified that the expansion of the gallery into the Victorian house should be achieved without losing the 'soul' of the original building, and without it being overwritten as an institutional building. The conversion design therefore needed to retain the house's character, bring it into the life of the gallery and provide new stimulating spaces for visitors.

6a achieved this remarkably successfully, and the site has been opened up and released by the project. The architects' intention was to retain a 'domestic' scale space, which is in keeping with the existing character of the building. As 6a explains, they achieved this by allowing the new spaces to 'follow the arrangement of the original front and back rooms, but the architectural language is abstracted and reduced like an image faded through time.'

The brief also called for the new Fox Garden room to become a key space and its design and execution were central to the success of the conversion. It is residential in scale, but grand, tall and public in character, taking the visitor from the house into the larger public spaces.

# 컨셉

컨셉은 프로젝트를 주도하는 아이디어로 역사적이거나 유형적인 선례뿐만 아니라 건축의 기능, 대지와 지침에 반응할 것이다.

스케치로부터 완전하게 기능적인 건물로의 컨셉을 발전시킬 때, 초기 아이디어를 돌이켜보고 연결하는 것은 도전이다. 이 때문에 건축 프로젝트의 컨셉은 모든 팀 구성원에게 명확하게 이해되어 프로젝트의 모든 단계에서 영향을 미치고 강화될 수 있어야 한다.

**프로젝트 개념**

프로젝트 컨셉은 역사적 건물에 대한 전체적이고 세심한 반응이었다. 6a 아키텍츠에게 가장 큰 도전은 기존 건물을 소중히 여기는 사람들을 소외시키지 않고 사우스 런던 갤러리를 확장하는 것이었다. 그들은 확장된 대지에 흩어진 세 가지 중재를 만들면서 주요 공간을 많이 손대지 않고 남겼다. 완벽하게 접근 가능한 내부와 외부의 공간의

새로운 순서는 가능한 활동과 이벤트를 많이 확장시키며, 신구와 내외부 간의 기대 이상의 영감을 주는 건축적 대화를 확립시켰다.

갤러리 옆의 주택을 복구하고 확장하여 새로운 '마추다이라 윙'을 형성할 때, 좀더 세심한 고려가 이루어져 가사 환경의 친숙함은 유지되며, 재건축 안에 기존 특색이 남도록 하였다.

**가사 공간의 재건축**

사우스 런던 갤러리에 인접한 버려진 주택을 재건축하는 데에 따른 주요 도전 중 하나는 고유의 친숙한 성격을 잃지 않고 가사 공간을 공공 아레나로 통합하는 것이었다. 6a 아키텍츠는 개리 우드리의 예술작품과 세심하게 디자인된 계단과 같은 주요 요소들을 완벽하게 균형을 이루게 하였다.

**단면도**

안뜰 공간을 자르며 가로지르는 새로운 건물의 단면도는 내부와 외부의 관계를 보여준다.
a: No.67 기존의 버려진 주택은 재건축되어 카페와 갤러리 공간을 포함한다.
b: 새로운 정원 공간
c: 폭스 가든
d: 새로운 클로어 에듀케이션 스튜디오

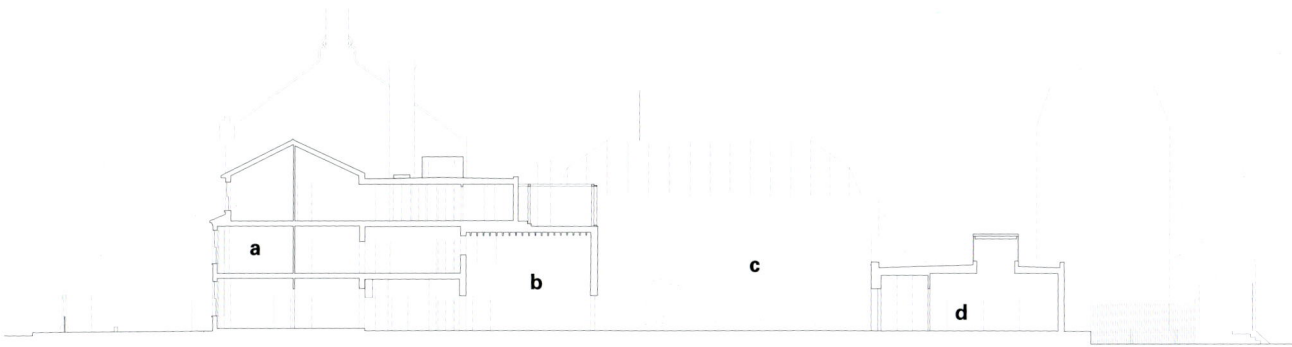

/ **Refurbishing a domestic space**
One of the major challenges with refurbishing the derelict house adjacent to the South London Gallery, was incorporating the domestic space into a public arena, without losing its original intimate character. 6a struck this balance perfectly with key elements such as the carefully detailed staircase with artwork by Gary Woodley.

/ **Section drawing**
The proposed section drawing across the new building cutting through the courtyard space showing the relationship from inside to outside.
a: No. 67, the original derelict house refurbished to include a cafe and gallery spaces.
b: The new Garden Room.
c: The Fox Garden.
d: The New Clore Education Studio.

**THE CONCEPT**

The concept is the driving idea of the project and it will respond to the architecture's function, site and brief, as well as any historic or typological precedents.

Developing the concept from sketch to a fully functional building, one that refers back to and connects with the initial ideas, is a challenge. Because of this, concepts for architectural projects need to be clearly understood by all members of the team so that they can inform and be reinforced at all stages of the project's development.

**The project concept**   The project concept was an integrated, sensitive response to a historic building. The greatest challenge for 6a was to extend the South London Gallery without alienating those who cherished the existing building; they did this by leaving the main space precisely intact by creating a series of three interventions dispersed around an expanded site. A new sequence of fully accessible interior and exterior spaces significantly enlarged the range of possible activities and events, while establishing an unexpected and inspiring architectural dialogue between old and new, inside and outside.

In restoring and extending the neighbouring house to form the new Matsudaira Wing, great care was taken to retain the intimacy of the domestic environment and to retain the original features within the contemporary re-building.

# 대지분석

대지분석은 프로젝트의 특정 면모들이 디자인 아이디어에 영향에 미칠 수 있게 하는 과정이다. 예를 들면, 건물의 디자인이나 공사 기법에서 그 지역에 특수한 역사적 선례가 있을 수도 있다. 또는 건물의 내부와 외부의 관계에 영향을 줄 수 있는 기후 범위나 평균 기온이 있을 수도 있다. 이러한 모든 것들은 디자인 아이디어에 영향을 줄 수 있다.

직접적인 지역성과 주변 구역을 분석하고 이해하는 것은 디자인이 대지나 그 컨텍스트에 더 잘 연결될 수 있도록 한다.

**프로젝트 대지분석**

사우스 런던 갤러리는 1891년 설립자인 윌리엄 로시터의 작은 집 뒤에 시골의 펙험 로드를 따라 지어졌다. 1905년 집은 허물어졌지만, 현재 그곳에 캠버웰 예술 대학을 위한 길을 내 주었다. 사우스 런던 갤러리는 중간에 커다란 천창이 있는 우아한 직사각형 체적으로 런던에서 가장 훌륭한 전시 공간 중 하나로 간주된다.

주요 공간은 그 규모가 인상 깊지만 도로에서는 보이지 않고, 공간으로 향하는 길고 좁은 복도를 통해 들어갔을 때 경외감을 더한다. 건물의 특수한 성격은 오랫동안 예술가들에게 영감을 주어 라이언 갠더, 스티브 맥퀸, 에바 로스쉴드, 마이클 랜디와 같은 영국의 현대 미술가와 크리스 벌든과 알프레도 야르와 같은 국제적으로 명성이 높은 인물들의 전시는 사우스 런던 갤러리의 국제적 명성을 만드는 데 중요한 역할을 하였다.

사우스 런던 갤러리에 인접한 버려진 주택과 정원의 비례와 시공은 완전하게 갤러리의 우아함과는 달랐다. 6a 아키텍츠의 도전은 공공건물을 가사적인 주택과 짝지어 다양한 역할을 수행하는 통합된 공간을 만드는 것이었다.

/ 시공 전 정원

/ 드러난 원래 건물의 재료

/ The garden before construction work.

/ The materials of the original building revealed.

**SITE ANALYSIS**

Site analysis is a process that allows for specific aspects of the project's location to inform the design idea. For example, there may be historical precedents, in terms of building design or construction techniques, which are particular to that locality; or climate ranges and average temperatures that may affect the relationship between a building's interior and exterior. All these factors, and more, can affect the design ideas.

Analysing and understanding the immediate locality and the surrounding area will allow the design to better connect with both the site and its context.

**The project site analysis**  The South London Gallery (SLG) was built in 1891 behind the cottage of its founder, William Rossiter, which stood along rural Peckham Road. In 1905, the cottage was demolished to make way for Camberwell College of Arts, which stands there today. The SLG, widely regarded as one of the finest exhibition spaces in London, is an elegant rectangular volume with a large roof light over the centre.

The main space is impressive in scale, but invisible from the street and the long, narrow corridor leading to it adds to the sense of surprise upon entering. The special character of the building has long inspired artists and as such it has played a vital role in forming the SLG's international reputation for shows by contemporary British artists such as Ryan Gander, Steve McQueen, Eva Rothschild and Michael Landy, alongside those by internationally established figures such as Chris Burden and Alfredo Jaar.

The proportions and construction of the derelict house and garden adjacent to the SLG were starkly different from the elegance of the gallery. 6a's challenge was to marry a public building with a domestic home to produce a unified space that fulfilled a variety of roles.

# 디자인 과정

건물을 디자인하는 과정은 예측할 수 없는 여정이다. 그것은 아마도 일련의 스케치나 몇몇 모형으로 표현되는 컨셉으로 시작하여, 그 아이디어가 발전되면서 주요 고려와 결정이 건축주에 의해 만들어져야 한다. 이러한 것들은 개별 공간의 사용, 건물과 주변의 기능적인 필요조건, 재료의 사용, 또는 난방, 환기 및 조명 전략에 관련된다. 이러한 장점들에 취해지는 결정은 초기 건축 컨셉을 강화해야 한다. 디자인 과정 동안 주요 컨셉을 유지하고 어떠한 결정도 아이디어의 통일성을 위태롭게 해서는 안 된다는 것이 가장 중요하다.

**프로젝트 디자인 과정**  6a 아키텍츠의 사우스 런던 갤러리 작업을 위해, 프로젝트 디자인 과정에서 예술이 접근 가능하고 대중에게 통합된 경험의 부분으로 남아야 한다고 주장하는 건축주의 의사를 반영하기 위해 그와 밀접하게 작업을 하였다. 그 구조와 재료를 포함한 건물의 고유 측면들이 실내의 중요한 특징으로 남을 수 있도록 보장하는 것 역시 중요하였다.

→ 건물의 1층, 2층, 3층 평면

원래의 가공되지 않은 목재 지붕 구조는 노출시켜 흰색으로 페인트칠하여, 과거에 버려진 주택 상태를 보여줄뿐만 아니라 메인 갤러리 공간의 훨씬 웅장한 노출된 트러스에 공명할 수 있도록 하였다. 이는 새로운 건물의 모티브인 주택을 주요 공간에, 메인 건물의 뒤에 놓인 클로어 스튜디오로 연결되는 2층 높이의 방에 영감을 주었는데, 주택의 가사성으로부터 점차 주 갤러리의 공공적인 웅장함으로 변형해간다.

새로운 건물 전체에 걸쳐 이루어진 다른 모티브들은 같은 독특한 성격을 부여하는 다양한 공간들이 조화되며 이뤄진다. 벽돌 부분은 페인트칠이 되거나 노출된 채로 남겼고, 타일들은 모두 사선 패턴으로 깔렸다.

서로 다른 공간들의 사이와 공간들 안에서 내부와 외부 모두에 대한 놀라운 광경은 연결된 건물 집합의 미로 같은 특징을 가지고 있어 흥미를 돋고, 방문객이 한 구역에서 다음 구역으로 인도한다. 상층부에는 창을 통한 전망과 예술가 아파트의 지붕 테라스에서의 전망은 도시 구역 내부 중심의 사우스 런던 갤러리의 매우 특수한 위치를 강조하는데, 바뀐 세기의 예술 대학과 1950년대 주택지 사이에 끼워져 있다.

→ **Plans of the ground, first and second floors of the building.**

## THE DESIGN PROCESS

The process of designing a building is an unpredictable journey. It starts as a concept, perhaps represented as a series of sketches or some models, but as the idea develops, key considerations and decisions have to be made by the client. These will concern the use of individual spaces, the functional requirements of the building and its surroundings, the use of materials, or the heating, ventilation and lighting strategies. The decisions taken on such issues should reinforce the initial architectural concept. During the design process it is vital that the key concept is retained and that any decision-making does not compromise the integrity of the idea.

**Project design process**   For 6a Architect's work on the South London Gallery (SLG), the project design process involved working closely with the client to appreciate their ambitions to ensure that the art remained accessible and part of an integrated experience for the public. It was also key to ensure that original aspects of the building, including its structure and material, remained an important characteristic of the interior.

The original raw timber roof structure has been exposed and painted white, making reference to the house's formerly derelict state but also echoing the far grander exposed trusses of the main gallery space. This inspired the motif for the new buildings – a double-height room linking the house to the main space, and the Clore Studio at the rear of the main building – which gradually transforms from the domesticity of the house to the civic grandeur of the main gallery.

Other motifs carried throughout the new buildings suggest unity through the diverse spaces, equally lending them distinctive character. Areas of brickwork have been painted or left bare; tiles have been laid in a diagonal pattern both inside and out and an emphasis on light is evident throughout.

Surprising views on to, between and through the different spaces, both inside and out, reveal the maze-like quality of the cluster of linked buildings, adding interest and drawing visitors from one area through to the next. On the upper floors, vistas through windows and from the roof terrace of the artist's flat also highlight the SLG's very particular location in the heart of an inner city area, wedged between a turn-of-the-century art college and a 1950s housing estate.

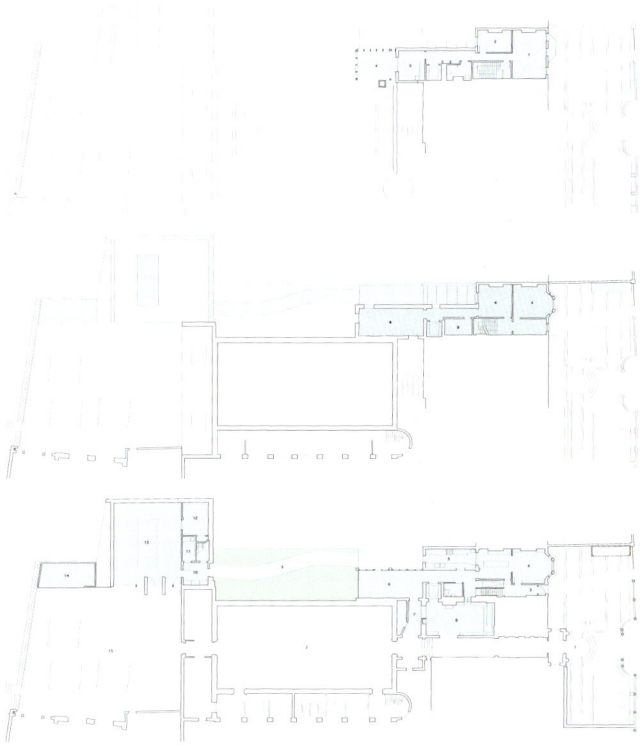

## 세부발전

프로젝트의 이 단계에서는 건물이 지어지도록 도면을 만든다. 이러한 도면들은 그 스케일과 수가 다양할 것이다. 맞춤형 요소들은 시공을 설명하기 위해 수많은 세부적인 부분이 필요 할 것이고, 더욱 표준적인 다른 시공 부분들은 세부 설명이나 도면이 거의 필요 없을 수도 있다.

**프로젝트 세부 발전**  사우스 런던 갤러리는 기존 재료에 대한 세심함을 요구하였다. 건물의 오래되고 새로운 특색을 연결하는 세부적인 부분에 대한 세심한 관심이 필요했다. 건물의 새로운 요소들은 기존 건물을 보완하고 대조를 이루며, 새로운 재료들은 부드러움을 가지고 있어 육중한 빅토리아풍 벽돌 건물과 함께 잘 어울린다.

새로운 클로어 에듀케이션 스튜디오는 가벼운 타일로 치장된 경량의 목재와 철골조로 만들어지는데, 타일은 런던의 벽돌과 쉽게 혼합되면서도 가벼운 현대 재료로써 대조를 이룬다. 위로부터 빛을 공간으로 유입하는 철골의 천창이 있다. 또한, 여름에는 정원 쪽의 벽이 열리며, 내외부 간의 경계를 부드럽게 만들도록 섬세하게 디자인된 피벗 문이 있다. 그 결과, 갤러리와 정원 간에 쉽게 이어지는 공간이 되었다.

실내는 단순하게 처리되어 갤러리를 위한 배경의 역할을 하고, 흰색으로 칠해진 페인트 벽은 빛을 내부로 반사한다. 모든 표면은 세심하게 고려되어 작지만, 내부 공간을 확실하게 만들었다.

↑ 기존의 세부적인 모습이 잘 드러나는 재건축의 마감된 건물의 일부

↗ 사우스 런던 갤러리가 위임한 단 페르요브스키의 예술작품을 특별히 포함하는 새로운 클로어 에듀케이션 스튜디오

↑ Part of the finished refurbished building, with original details still clearly evident.

↗ The new Clore Education Studio featuring artwork by Dan Perjovschi (commissioned by the SLG).

### DETAIL DEVELOPMENT

At this stage in the project, drawings are produced to allow the building to be constructed. These drawings will vary in scale and number; bespoke elements will need lots of detail to explain construction whereas other, more standard, aspects of construction will need little detailed explanation or drawings.

**Project detail development**   The South London Gallery (SLG) project required sensitivity to the existing materials. There needed to be careful attention to detail, linking the old and new features of the building. The new elements of the building complement and contrast with the existing building, and the new materials have a softness that work well alongside the heavy Victorian brick building.

The new Clore Education Studio is made from a lightweight timber and steel frame clad in light tiles, which blend easily with the London brick, but contrast as light contemporary materials. There is a steel frame roof light that floods the space with light from above. In addition it has carefully designed pivoting doors that transform the garden wall into an open edge in the summer, softening the threshold between inside and outside. The result is a space that flows easily between the gallery and the garden.

The interior is treated simply to act as a discrete backdrop to the gallery, painted white walls reflecting light internally. All surfaces have been carefully considered to ensure the internal spaces, although small in scale, appear light and open.

# 완공 건물

모든 건축은 프로젝트의 시작부터 건축가에 의해 상상되어야 한다. 모든 프로젝트의 흥미로운 측면은 이러한 상상된 아이디어가 얼마나 잘 실현되어 건물과 연결되느냐이다. 놀라움을 주는 건축은 이런 측면을 항상 가지고 있다. 예를 들어 복잡한 실제 모형과 캐드 모델로도 공간에서 분위기를 바꾸는 자연 채광의 느낌을 예측하는 것이 항상 가능한 것이 아니다. 실내 공간의 경험과 그것들이 어떻게 연결하는가는 건물이 완성될 때까지 완전히 이해될 수 없다. 완공되면, 건축 작품의 성공은 두 가지 요소에 달려 있을 것이다. 그것은 건물이 그 의도된 목적에 맞는지와 건물이 초기 지침에 잘 대응했는가이다.

↗ **클로어 에듀케이션 스튜디오**
새로운 에듀케이션 건물은 피벗 벽을 포함하는데, 이는 건물 내부를 정원에 연결한다.

### 완공 갤러리

6a 아키텍츠의 사우스 런던 갤러리 증축은 대성공이었다. 1층의 카페, 2층의 전시 공간, 3층의 아티스트-인-레지던스 아파트 모두 미술관의 풍부한 삶에 편입되었다. 집 뒤의 3개 층의 증축이 새로운 정원 방을 통해 갤러리로 연결하는 2개 층 높이의 방을 만들어 두 건물을 효과적으로 엮는다.

대지의 후면에는 클로어 에듀케이션 스튜디오가 넉넉한 하나의 체적으로 있는데, 중앙 조명이 그 꼭대기에 설치되어 있다. 이것은 노출된 지붕 구조가 있는 주택으로부터 고요함과 따뜻함을 만들기 위해 특정 부분을 발전시킨다. 사우스 런던 갤러리에서와 마찬가지로, 공간의 전반적 단순함은 일종의 경외감을 숨기는데, 서쪽 벽의 피벗은 후면 정원과 실내 사이에 연속의 장을 만든다. 밤에는 벽과 셔터들이 닫혀 전체 건물은 추상적인 어두운 상자가 된다.

전반적으로 사우스 런던 갤러리는 그 지침에 잘 대응한다. 건축주는 기존 건물에 대한 세심함과 제공된 새로운 시설에 대해 만족해한다. 그 계획은 방문객들이 미술관의 예술작품의 진가를 알아볼 수 있게 하는 일련의 세심하게 고려된 새로운 공간들을 형성한다.

/ **The Clore Education Studio**
The new education building includes a pivoting wall, which connects the inside of the building to the garden.

## THE FINISHED BUILDING

All architecture needs to be imagined by the architect at the start of the project. The interesting aspect of any project is how well this imagined idea connects with the realized building. There are always aspects of architecture that surprise; even with complex physical and CAD models it is not always possible to predict, for example, the sensation of natural light changing the mood in a space. The experience of the interior spaces and how they connect cannot fully be understood until the building is finished. Once completed, the success of any piece of architecture will rest upon two key factors: does the building suit its intended purpose, and does it respond well to the initial brief?

**The finished gallery** 6a Architect's expansion of the South London Gallery has been a great success. The café on the ground floor, exhibition spaces on the first floor and flat for the artist-in-residence on the second, have all been incorporated into the rich life of the museum. Behind the house, the three-storey extension creates a double-height room that leads to a link-back to the gallery through the new garden room, effectively joining the two buildings.

At the rear of the site, the Clore Studio is a generous single volume, topped by a central lantern. It develops themes from the house with an exposed roof structure to create calmness and warmth. Like so much at the South London Gallery, the overall simplicity of the space hides some surprises: the west wall pivots to open a continuous field between the back garden and the interior. At night the walls and shutters close the whole building down into an abstract dark box.

Overall, the South London Gallery responds well to its brief; the client is pleased with its sensitive response to the existing building and to the new facilities that have been provided. The scheme creates a carefully considered series of new spaces to allow visitors to appreciate the artwork of the gallery.

# 결론

건축은 우리 주변 어디에나 있고, 건축은 우리가 일하고 살고 존재하는 공간에 틀을 잡는다. 개별 건물에 관한 것만이 아니라 이들 사이와 주변의 공간들과 그리고 건축이 속해있는 도시에 관한 것이다. 기술과 재료는 건축의 시공과 제작에서 영향을 준다. 이는 우리가 건축에 가지는 기대뿐만 아니라 우리 건물의 본질이 지속적으로 바뀌는 역동적인 환경이다.

이 책은 건축가가 건물을 생각하고, 고려하고 디자인하는 방법에 대한 창을 제공하기 위해 기획되었다. 건축 작품을 만들기 위해서는 겹겹의 엄청난 상상과 협력이 수반된다. 건축가는 새로운 공간과 장소를 디자인하고 기존 건물과 장소를 다루는 것에 대한 열정이 있어야 한다.

훌륭한 건축을 만들기 위해서는 엄청난 창의적인 에너지와 열정이 필요하다. 그 여정은 흥미진진하며, 최고의 건축을 경험하는 것은 영감을 줄 수도 있다.

/ **플라워 타워**
데이비드 마티아스, 2002
이 이미지는 여러 건축적 아이디어와 표현을 합친다. 그것은 컴퓨터 모델링과 프리핸드 드로잉으로 그려졌는데, 도시 대지를 가로지르는 입면도, 평면도, 투시도로 구성된다.

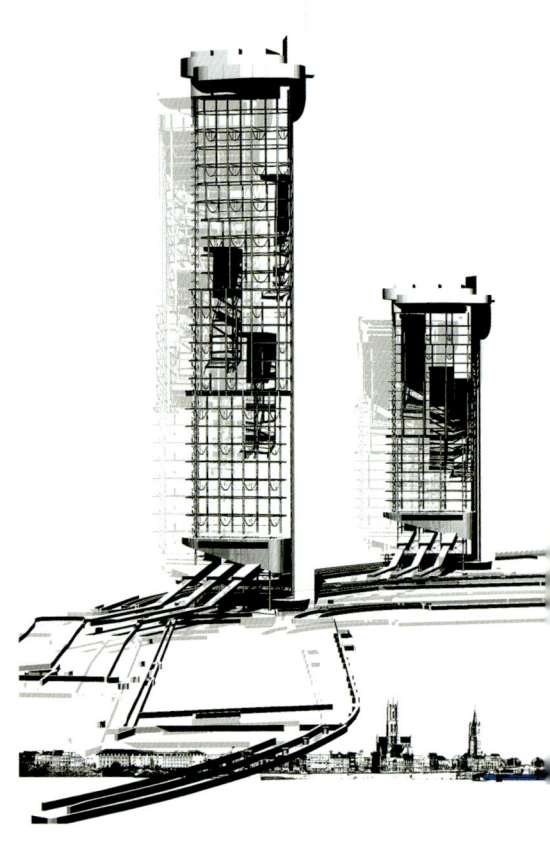

/ **Flower Towers**
**David Mathias, 2002**
This image brings together a range of architectural thinking and expression. It has been created using computer modelling and freehand drawing, and includes a plan, a perspective drawing and a strip elevation across an urban site.

## CONCLUSION

Architecture is everywhere around us, it frames the spaces where we work, live and exist. Architecture is not just about the individual buildings, but about the spaces between and around them and the cities they are part of. Technology and materials inform architecture in terms of construction and making buildings. This is a dynamic environment where the substance of our buildings is constantly changing as well as the expectations we have for architecture.

This book is designed to provide a window into the ways that architects think, consider and design buildings. It involves incredible vision and collaboration at many levels to make a piece of architecture. Architects are passionate about designing new spaces and places and adapting existing buildings and places too.

It takes a great deal of creative energy and enthusiasm to make good architecture. The journey is exciting and the experience of the best pieces of architecture can be inspirational.

## 참고문헌 Bibliography

Ambrose, G., Harris, P. and Stone, S. (2007)
The Visual Dictionary of Architecture
AVA Publishing

Anderson, J. (2010)
Basics Architecture 03: Architectural Design
AVA Publishing

Baker, G. (1996)
Design Strategies in Architecture: An Approach to the Analysis of Form
Von Nostrand Reinhold

Ching, F. (2002)
Architectural Graphics
John Wiley & Sons

Ching, F. (1995)
Architecture, Space, Form and Order
Von Nostrand Reinhold

Clark, R. and Pause, M. (1996)
Precedents in Architecture
John Wiley & Sons

Crowe, N. and Laseau, P. (1984)
Visual Notes for Architects and Designers
John Wiley & Sons

Cullen, G. (1994)
Concise Landscape
The Architectural Press

Curtis, W. (1996)
Modern Architecture Since 1900
Phaidon

Deplazes, A. (2005)
Constructing Architecture
Birkhauser

Farrelly, L. (2007)
Basics Architecture 01: Representational Techniques
AVA Publishing

Farrelly, L. (2008)
Basics Architecture 02: Construction + Materiality
AVA Publishing

Fawcett, P. (2003)
Architecture Design Notebook
The Architectural Press

Le Corbusier (1986)
Towards a New Architecture
Architectural Press

Littlefield, D. (2007)
Metric Handbook: Planning and Design Data (Third Edition)
The Architectural Press

Marjanovic, I. and Ray, K.R. (2003)
The Portfolio: An Architectural Press Student's Handbook
The Architectural Press

Porter, T. (2004)
Archispeak
Routledge

Porter, T. (1999)
Selling Architectural Ideas
Spon Press

Rasmussen, S. (1962)
Experiencing Architecture
M.I.T. Press

Richardson, P. (2001)
Big Ideas, Small Buildings
Thames & Hudson

Robbins, E. (1994)
Why Architects Draw
M.I.T. Press

Sharp, D. (1991)
The Illustrated Dictionary of Architects and Architecture
Headline Book Publishing

Unwin, S. (1997)
Analysing Architecture
Routledge

von Meiss, P. (1990)
Elements of Architecture
E & FN Spon Press

Weston, R. (2004)
Materials, Form and Architecture
Laurence King Publishing

Weston, R. (2004)
Plans, Sections and Elevations
Laurence King Publishing

## 참고 웹사이트 Webography

**미국 건축가 협회**
www.aia.org
이 웹사이트는 미국 건축 교육과 실무에 대한 정보를 담고 있다.

**아키인폼**
www.archinform.net
국제 건축을 위한 이 데이터베이스는 원래 건축을 공부하는 학생들의 흥미로운 건물 프로젝트들을 기록하는 데에서 시작하였는데, 전 세계의 건축가와 과거에서 현재에 이르는 건물들을 다룬 가장 큰 온라인 데이터베이스이다.

**아키텍쳐 링크**
www.architecturelink.org.uk
아키텍쳐 링크는 건축과 디자인의 주제에 관심 있는 모든 사람을 모으는데 첫 번째 포트가 되는 것이다. 그 주요 목적은 건축과 건조 환경에 대한 대중의 공감대를 높이고 건축과 정보를 쉽게 전파할 수 있도록 하는 수단을 제공하는 것이다.

**게티 이미지**
www.gettyimages.com
이 사이트는 건축 프레젠테이션 아이디어를 보완할 수 있는 많은 이미지들와 시각 자료 사용이 가능하다.

**구글 어스**
www.earth.google.com
구글 어스는 위성 사진과 지도를 합쳐 세계의 지리 정보를 사용할 수 있게 한다. 지도는 세계의 대지에 대해 다양한 스케일로 구체적인 정보를 제공하도록 접근할 수 있게 되어 있다.

**그레이트 빌딩**
www.greatbuildings.com
이는 수백 명의 세계적인 건축가와 그들의 작품의 3차원 모델, 평면, 사진을 제공하는 건축 참고 사이트이다.

**국제 건축가 연맹**
www.uia-architectes.org
UIA는 1948년 로잔에 설립된 국제 비-정부 기관으로 전 세계 모든 나라의 건축가들을 국적, 인종, 종교, 건축 사조 학파에 상관없이 연합한다. UIA는 모든 건축가를 연합하는 유일한 세계 네트워크이다.

**퍼스펙티브즈**
www.archfilms.com
시카고에 기반을 둔 자료원인 퍼스펙티브즈는 건축과 디자인에 대한 수준 높은 비디오를 제작한다. 또한, 관광 계획, 개발 회사, 역사 보존 기구, 문화 협회나 커뮤니티를 위한 특수 비디오나 제품을 제작하기도 한다.

**영국건축학회**
www.architecture.com
RIBA 웹사이트는 건축가의 실무와 훈련에 대한 참고 정보와 조언을 제공한다.

**스케치업**
www.sketchup.com
스케치 업은 건물을 3차원 모델로 신속하게 만드는 소프트웨어이다. 사용하기 쉽고 직관적인 프로그램으로 손으로 스케치한 것과 같은 모델을 만들어낸다.

**The American Institute of Architects**
www.aia.org
This website has information about the education and practice of architecture in the USA.

**archINFORM**
www.archinform.net
This database for international architecture, originally emerging from records of interesting building projects from architecture students, has become the largest online database about worldwide architects and buildings from past to present.

**Architecture Link**
www.architecturelink.org.uk
Architecture Link aims to be the first port of call for all those interested in the subject of architecture and design. Its main objective is to foster public appreciation of architecture and the built environment, and also to provide a means for easily disseminating information on architecture and design.

**Getty Images**
www.gettyimages.com
This site makes available many images and visuals that can complement architectural presentation ideas.

**Google Earth**
www.earth.google.com
Google Earth combines satellite imagery and maps to make available the world's geographic information. Maps can be accessed to provide specific information about any site in the world at varying scales.

**Great Buildings**
www.greatbuildings.com
This is an architecture reference site that provides three-dimensional models, plans and photographic images of hundreds of international architects and their work.

**International Union of Architects**
www.uia-architectes.org
The UIA is an international non-governmental organisation founded in Lausanne in 1948 to unite architects from all nations throughout the world, regardless of nationality, race, religion or architectural school of thought. The UIA is a unique world network uniting all architects.

**Perspectives**
www.archfilms.com
A Chicago-based resource, Perspectives produces high-quality videos on architecture and design. It also creates specialized videos and products for tourism planning, development firms, historic preservation agencies, cultural institutions and communities.

**Royal Institute of British Architects (RIBA)**
www.architecture.com
The RIBA website provides reference information and advice about the practice and training of architects.

**SketchUp**
www.sketchup.com
SketchUp is a piece of software that quickly creates a three-dimensional model of a building. It is an easy to use, intuitive program that produces models that look like they have just been sketched freehand.

# 용어 해설

1. 반컨텍스트적
반컨텍스트적이란 재료와 또는 형태의 측면에서 반대하여 의도적으로 반응하는 건물이나 아이디어를 말한다.

2. 의인화
인간의 특징이나 생각을 동물, 자연요소, 움직이지 않는 물체나 형태에 적용하는 것을 뜻한다.

3. 브리즈 솔레일
건물의 입면에 적용되어 건물로 들어오는 일광을 줄이는데 사용되는 장치

4. 콜라주
콜라주는 프랑스 용어인 꼴레(붙이다)에서 유래되었다. 피카소와 같은 큐비즘 예술가들이 1920년대에 사용한 기법이다. 콜라주는 다른 생각의 요소들이나 참조를 사용하는 건축 컨셉에 적용되어, 새로운 건축 작품을 만들 수 있다.

5. 컴퓨터 지원 디자인(캐드)
컴퓨터 지원 디자인은 건축을 디자인하고 발전시키며 건축적 표현을 생산하기 위해 특수한 소프트웨어와 컴퓨터를 사용하는 것이다.

6. 컨셉
이것은 건축 디자인의 발전에 영향을 미치는 초기 아이디어이다. 가장 훌륭한 컨셉은 건축 프로젝트의 마지막에 상세, 평면, 건물의 전반적인 해석에서 명확하게 읽힐 수 있다.

7. 컨텍스트
건축적 용어로는 컨텍스트는 건축의 배경이나 자리 놓임을 의미한다.

8. 형상과 배경
건물의 형상이나 형태가 땅이나 그 주변 공간으로부터 분리되어 드러나는 도시의 지도를 바라보는 것이다. 1748년 로마의 놀리가 사용한 컨셉이 가장 유명하다. 도시의 그 주변 건물로부터 공간이 분리되어 읽힐 수 있게 한다.

9. 자유로운 평면
이 개념은 르코르뷔지에로부터 시작된 것으로 건물에 골조 구조를 이용하는 그의 아이디어를 반영하는데, 이 프레임은 도미노 프레임이다. 내부 공간을 자유롭게 만들어 벽과 같은 요소가 평면 안에서 자유롭게 위치하도록 한다.

10. 지니어스 로사
이 용어는 장소의 정신이나 본질을 의미한다. 건축 작품은 장소의 분위기에 긍정적으로 관련될 수 있다.

11. 체계
건축에서 체계는 공간, 아이디어, 형태에 대한 지시이다. 공간은 평면이나 건물에서 상대적인 중요도를 가질 수 있다. 공간이나 요소를 물리적으로 더 크거나 작게 만드는 것은 상대적인 중요성을 제시한다.

12. 계층화
층위는 건축을 여러 층위에서 설명할 수 있다. 물리적으로 공간은 층위로 디자인될 수 있는데, 건물의 외부에서 내부로 이동하면서 각 층위는 서로 따로 인식된다. 바르셀로나 파빌리온과 같은 모더니즘의 공간은 공간 내부와 외부 사이의 층위를 나누도록 시도한다.

13. 은유
건축적 은유는 건물을 디자인하는 컨셉 단계에서 이용된다. 르 코르뷔지에는 '건물은 주거를 위한 기계'라고 했다. 어떠한 은유는 형태에 연관되며 또 어떠한 은유들은 더욱 파생적이다.
컨셉과 같은 정교한 은유는 문자 그대로라기보다는 미묘하다. 보트에 영감을 받은 건물은 반드시 보트를 물리적으로 닮을 필요는 없다. 하지만 그것은 재료, 모양, 제작에 보트와 비슷한 참조를 가질 것이다.

14. 모듈
모듈이나 측량 시스템은 건축에서 필수적이다. 모듈은 벽돌이나 사람의 손 또는 밀리미터(mm)일 수도 있다. 그것은 일관적이고 인식 가능해야 한다.
르 코르뷔지에의 르 모듈러는 기하학과 은유를 사용하여 비례적인 측량 시스템을 형성하는 것이다.

15. 오더
이는 여러 고전 기둥을 의미하는데, 5가지 오더는 토스카나, 도리아, 이오니아, 코린트, 콤포지트이다.

16. 건축 디자인의 기본 설계
이것은 건축적 아이디어를 평면, 단면, 입면 같은 다이어그램으로 축소하는 도면을 나타낸다. 이 도면은 다이어그램이 단순하고, 건축적 아이디어의 주요 쟁점을 알아보게 한다.

17. 필로티
이는 르코르뷔지에에 의해 이용되었으며 건물을 대지로부터 띄어 올리는 기둥을 말하는 프랑스 용어이다.

18. 장소
건축에서 장소는 건물의 대지 또는 위치 이상이다. 장소는 물리적 정의를 가지고 어디엔가 존재하며 지리적 좌표와 지도를 참고하여 설명될 수 있다. 그런데, '장소'는 위치나 대지의 정체성을 확립하는 것에 대한 것이며 대지의 정신적이고 감정적인 측면을 보여준다. 건축가는 장소를 만드는데 관여하며, 실제 대지를 플랫폼으로 사용한다.

19. 프리패브리케이션
프리패브리케이션은 공장과 같이 통제된 환경에서 사물을 제작하는 과정을 말한다. 프리패브리케이션은 건물 현장에 옮겨와 조합할 수 있는 큰 규모의 요소들을 제작하는 것이다. 부엌이나 화장실부터, 주택에 이르기까지 그 규모가 다양하다. 프리패브리케이션은 신속한 설치와 품질의 통제가 가능하나, 엄청난 양의 계획과 설치 프로그래밍이 필요하다.

20. 프롬나드
건축적 프롬나드는 르 코르뷔지에와 건축적 장치로서 건물을 통과하는 통제된 순서의 이동에 대한 아이디어에서 유래되었다. 그것은 질서, 축, 건축적 아이디어에 대한 방향을 제공한다.

21. 비례
건축적 아이디어나 건물 디자인의 요소들과 전체의 만족스러운 관계를 말한다. 비례 시스템은 인체와 기하학의 적용을 관련시킨 고전 및 르네상스 시기에 사용됐다.

22. 스케일
스케일은 인식된 시스템에서 건물과 요소들의 상대적인 크기를 이해하는 것에 대한 것이다. 도면과 다른 정보는 건물이 이해되어 지어질 수 있도록 하기 위해 준비되어야 하고 그 스케일이 인식되어야 한다. 이러한 스케일은 원 크기에 대한 비율로 표현되며 보통 미터 법이나 임페리얼 법을 따른다.

23. 점진적 전망
'도시경관 요약(1961)'에서 골든 컬른은 연속적인 광경이나 전망으로써 도시 속에서의 운동을 표현하는 아이디어를 의미하며, 이동의 아이디어가 광경이나

**Glossary**

1. Acontextual
Buildings or ideas that deliberately react against their location in terms of material and/or form can be described as acontextual.

2. Anthropomorphic
Refers to the application of human characteristics or ideas to animals, natural elements and inanimate objects or forms.

3. Brise soleil
A device that is used to reduce the sunlight entering a building and is applied to the building façade.

4. Collage
Collage derives from the French term coller (to stick). It was a technique that cubist artists, such as Picasso, used in the 1920s. Collage can be applied to architectural concepts that use elements or references from other ideas, to create a new architectural piece.

5. Computer-aided design (CAD)
Computer-aided design is the use of computers and specially designed software to design and develop architecture and produce architectural representation.

6. Concept
This can be described as an initial idea that informs the development of the architectural design. The best concepts can be read clearly at the end of the architectural project in the detail, the plan and the overall interpretation of the building.

7. Context
In architectural terms, context refers to the setting or placing of the architecture.

8. Figure ground
The idea of looking at maps of a city that reveal the figure or form of buildings as separate entities from the ground or space around them. It is a concept most famously used by Nolli in Rome in 1748. This allowed spaces to be read in cities separately from the buildings around them.

9. Free Plan
This concept originates from Le Corbusier and reflects his idea of using a frame structure for building: the Dom-ino frame. This liberates the internal spaces and allows elements such as walls to be located freely within the plan.

10. Genius loci
This term refers to the spirit or essence of place. A piece of architecture can relate positively to the genius loci.

11. Hierarchy
In architectural application a hierarchy is an ordering of space, idea or form. Spaces can have more or less relative importance in a plan or building. Making spaces or elements physically larger or smaller suggests relative importance.

12. Layering
Layers can explain architecture at many levels. Physically, spaces can be designed as layers so that one moves from the outside of a building through to the inside spaces and identifies each layer separately from another. Modernist spaces, such as the Barcelona Pavilion, attempt to break down layers between inside and outside space.

13. Metaphor
Architectural metaphors are used at the concept stage of designing buildings. Le Corbusier has used the phrase 'a building as a machine for living'. Some metaphors are associated with form and others are more derivative. Sophisticated metaphors as concepts are subtle rather than literal. A building inspired by a boat will not necessarily resemble a boat physically. It may, however, have boat-like references to material, shape and manufacture.

14. Module
Modules or measuring systems are essential in architecture. A module could be a brick or a human hand or a millimetre. It needs to be consistent and recognizable. Le Corbusier's Le Modulor uses geometry and anthropometrics to create a proportional measuring system.

15. Order
This refers to the range of classical columns; the five orders are Doric, Ionic, Corinthian, Tuscan and Composite.

16. Parti
This represents a drawing which reduces an architectural idea to a diagram as a plan, section and/or elevation. The essence of this drawing is that the diagram is simple; it identifies the key issues of the architectural idea.

17. Piloti
This was used by Le Corbusier and is a French term to describe the columns that raise a building off the ground.

18. Place
For architecture, place is more than a site or location of a building. A place has physical definitions, it exists somewhere and can be described as geographical coordinates and map references. However, 'place' is about establishing the identity of a location or site, describing spiritual and emotional aspects of the site. Architects are involved in creating 'places', using the physical site as a platform.

19. Prefabrication
Fabrication describes the process of making objects in a controlled environment, such as a factory. Prefabrication involves the making of large-scale elements that can then be brought to a building site and assembled. These elements can range in scale from a kitchen or bathroom, to a house. Prefabrication allows quick installation and quality control, however it involves large amounts of planning and programming of installation.

투시도 스케치로 표현될 수 있도록 한다. 큰 건물이나 도시 공간을 경험의 관점에서 보는 것은 매우 유용한 도구이다.

### 24. 서비스를 제공하는 공간/ 서비스 받는 공간
루이스 칸은 이 용어를 사용하여 건축에서의 대조되는 공간 유형을 설명하였다. 서비스를 제공하는 공간은 기능적이며, 엘리베이터, 계단, 화장실, 부엌, 환기 장치, 난방 시스템과 복도와 같은 서비스를 수용한다. 서비스를 받는 공간은 이용되고 기념되는 공간으로, 집의 거실 공간, 미술관의 전시 공간이 해당된다. 이러한 공간들 사이에는 명확한 체계가 있다.

### 25. 스토리보딩
여러 이미지와 스틸로 해설이나 이야기를 설명하기 위해 만화나 영화 디자인에 사용되는 방법이다. 건축가가 건물의 아이디어나 컨셉을 차례로 배열하는 데 사용하기 위해 매우 유용한 방법이며 건축가들이 계획된 여러 공간을 통한 여정이나 시각적 프레젠테이션을 계획할 수 있도록 한다.

### 26. 텍토닉
'텍토닉'은 시공 과학을 말한다. 기술은 시공과 생산의 모든 아이디어에 적용된다.

### 27. 경계
원래 경계를 넘는 생각은 공간이나 영역에 발을 들여놓는 것이다. 이는 경계가 한 공간에서 다른 공간으로의 전환을 상징한다. 보통 전환은 내부에서 외부로 이루어지지만, 내부 공간들 사이를 나타내는 데 사용할 수 있다. 경계는 보통 인식되고 표시된다. 전통적으로 이는 돌계단에 의해 이루어지며 지면 층에서의 재료의 변화나 과장은 경계점을 알린다.

### 28. 유형
이해와 표현의 분류나 모델을 의미한다. 건축에서 건물들은 어떠한 집합에 속한다. 이들은 형태, 기능 또는 모두에 관련될 수 있다. 주거, 학교, 공공건물, 미술관, 박물관은 모두 기능에 연관된 유형으로 설명될 수 있다.

### 29. 포장
명확하게 설명하자면, 벽은 단순한 공간의 주변을 '포장한다'이다.

### 30. 시대정신
이것은 말 그대로 '시대의 정신'을 뜻하는 데, 건축용어에서 시대정신은 순간을 초월하는 무엇이며 광범위하고 문화적으로 모두 포괄하는 아이디어를 뜻한다.

### 31. 동물 형태를 본땀
동물의 모양에 영향을 받은 아이디어들은 동물 형태를 본떴다고 언급된다. 그것들은 실제 모양이나 재료의 측면에 의해 영감을 받을 수도 있다.

## 20. Promenade
An architectural promenade derives from Le Corbusier and his idea of a controlled sequenced journey through a building that can act as an architectural device. It provides an order, axis and direction to the architectural idea.

## 21. Proportion
Describes the pleasing relationship between elements of an architectural idea or a building design and the whole. Proportioning systems were used in the classical and Renaissance period that related to the human body and the application of geometry.

## 22. Scale
Scale is about understanding the relative size of buildings and elements in recognized systems. Drawings and other information have to be prepared to recognized scales to allow buildings to be understood and built. These scales are expressed as a proportion of full size and are usually in metric or imperial.

## 23. Serial Vision
In The Concise Townscapes (1961), Gordon Cullen refers to the idea of expressing movement through a city as a series of views or serial vision, to allow an idea of a journey to be described as views or sketch perspectives. It is a very useful device to describe a large building or urban space from an experiential point of view.

## 24. Servant / served
Louis Kahn used this term to describe the contrasting types of space in architecture. The servant spaces are functional, housing services such as lifts, stairs, toilets, kitchens, ventilation units, heating systems and corridors. Served spaces are those that are experienced and celebrated, the living spaces of a house, the exhibition spaces of a gallery. There is a clear hierarchy between these spaces.

## 25. Storyboarding
This is a technique used in comic strip and film design to explain a narrative or story as a series of images or stills. It is a very useful planning device for architects to use to sequence an idea or concept of a building and allows them to plan a visual presentation or a journey though a series of designed spaces.

## 26. Tectonic
'Tectonics' describes the science of construction. Technology applies to all ideas of construction and manufacture.

## 27. Threshold
Originally the idea of crossing a threshold was to step into a space or territory, as a threshold represents a transition from one space to another. Usually the transition is from inside to outside, but it can be used to describe definitions between internal spaces. Thresholds are normally identifiable and marked; traditionally this was by a stone step, but a change or exaggeration of material at ground level identifies the threshold point.

## 28. Typology
This refers to classifications or models of understanding and description. In architecture buildings tend to belong to certain groups; these can be associated with form, function or both. Housing, schools, civic buildings, galleries, museums can all be described as typologies associated with function.

## 29. Wrapping
The way in which a wall can be clearly understood to 'wrap' around a simple space.

## 30. Zeitgeist
This literally translates as the 'spirit of the age'. In terms of architecture, it is something that transcends the moment and refers to an idea that is broad and all encompassing culturally.

## 31. Zoomorphic
Ideas that are informed by animal shapes are referred to as zoomorphic. They may be inspired by physical forms or by material aspects.

## 이미지 출처 Picture credits

Cover image: Photographs in the Carol M. Highsmith Archive, Library of Congress, Prints and Photographs Division.

Introduction
Page 7: Copyright Pawel Pietraszewski and courtesy of Shutterstock.com.
Page 8: Courtesy and copyright of Jan Derwig / RIBA Library Photographs Collection
Page 8: Courtesy of David Cau.
Page 9: Courtesy of David Cau.

Chapter One
Page 11: Courtesy of Ewan Gibson
Page 12: Courtesy and copyright of Thomas Reichart
Page 13: Copyright of Graham Tomlin and Courtesy of Shutterstock.com.
Page 14: Courtesy of Jim Collings.
Page 15: Courtesy of Luke Sutton.
Page 16: Student group project courtesy of University of Portsmouth School of Architecture;
Page 17: Courtesy of Aaron Fox.
Page 18-19: Courtesy of Paul Craven-Bartle
Page 20: Courtesy of Richard Harrison; Courtesy of Luke Sutton and The Urbanism Studio (Portsmouth School of Architecture), 2011.
Page 21 Courtesy of Rosemary Sidwell; Courtesy of Luke Sutton, Edward Wheeler and Portsmouth School of Architecture.
Page 22: Courtesy and copyright of Simon Astridge
Page 23: Courtesy and copyright of Bernard Tschumi Architects.
Page 24: Courtesy and copyright of Chris Ryder.
Page 25: Courtesy and copyright of Bernard Tschumi Architects
Page 25: Courtesy and copyright of Adam Parsons.
Page 27: Courtesy of Richard Rogers Partnership and copyright Katsuhisa Kida/PHOTOTECA.
Pages 29–30, all images courtesy and copyright of Design Engine Architects.

Chapter Two
Page 35: Courtesy and copyright of Niall C Bird.
Page 43: Courtesy and copyright of George Saumarez Smith, ADAM Architecture.
Page 45: Courtesy and copyright of Damdi Publishing.
Page 47: Courtesy of Emma Liddell.
Page 49: Copyright of Vladimir Badaev and courtesy of Shutterstock.com.; Courtesy of Simon Astridge.
Page 50: Copyright of Khirman Vladimir and courtesy of Shutterstock.com.
Page 51: Courtesy and copyright of Niall C Bird.
Page 53: Courtesy of Martin Pearce; Copyright of Worakit Sirijinda and courtesy of Shutterstock.com.
Page 54: Copyright of Andy Linden and courtesy of Shutterstock.com.
Page 55: Copyright of 1000 Words and courtesy of Shutterstock.com.
Page 57: Copyright of Pecold and courtesy of Shutterstock.com.
Page 58: Copyright of Miguel(ito) and courtesy of Shutterstock.com.
Page 59: Courtesy and copyright of Niall C. Bird; courtesy and copyright of RIBA Library Photographs Collection

Page 60: Le Corbusier, Le Modulor, 1945. Plan FLC 21007. (c) FLC/DACS, 2011. Courtesy of ProLitteris.
Page 61: Courtesy and copyright of Jan Derwig / RIBA Library Photographs Collection.
Page 62: Copyright of Ute Zscharnt for David Chipperfield Architects.
Page 63: Courtesy and copyright of David Chipperfield Architects.
Page 64: Copyright Stiftung Preussischer Kulturbesitz / David Chipperfield Architects, photographer: Jörg von Bruchhausen
Page 65: Copyright Stiftung Preussischer Kulturbesitz / David Chipperfield Architects, photographer: Ute Zscharnt
Page 67: Courtesy of Melissa Royle and Chris Ryder.

Chapter Three
Page 69: Copyright of Semen Lixodeev and courtesy of Shutterstock.com.
Page 70: Copyright of Angelo Giampiccolo and courtesy of Shutterstock.com.
Page 71: Courtesy of Caruso St John Architects LLP. Copyright Héléne Binet.
Page 72: Copyright of Jody and courtesy of Shutterstock.com.
Page 73: Courtesy and copyright of RIBA Library Photographs Collection.
Page 74: Courtesy of Luke Sutton
Page 75: Courtesy of Philippa Beames.
Page 76: Courtesy of Roger Tyrell
Page 77: Copyright of John Kasawa and courtesy of Shutterstock.com.
Page 79: Courtesy and copyright of Damdi Publishing.
Page 82: Courtesy of Martin Pearce.
Page 84: Courtesy of Simon Astridge
Page 85: Copyright of Mike Liu and courtesy of Shutterstock.com.
Page 88: Courtesy and copyright of David Mathias & Peter Williams.
Page 89: Copyright of ssguy and courtesy of Shutterstock.com.
Page 91: Courtesy of Nick Hopper.
Page 92: Copyright Nito and courtesy of Shutterstock.com
Page 93: Courtesy of Copyright Godrick and courtesy of Shutterstock.com.
Page 95: Beddington Zero Energy Development images courtesy and copyright www.zedfactory.com.
Page 97: Copyright of Carlos Neto and courtesy of Shutterstock.com;

Copyright of fuyu liu and courtesy of Shutterstock.com.
Pages 99-101: section drawing courtesy and copyright of Foster + Partners. All other photographs courtesy and copyright of Nigel Young/ Foster + Partners

Chapter Four
Page 105: Courtesy of Natasha Butler and Joshua Kievenaar.
Page 107: Courtesy of Lucy Smith
Page 108: Courtesy of Charlotte Pollock; Courtesy of James Scrace.
Page 111: Courtesy of Jonathon Newlyn.
Page 111: Courtesy of Lucy Smith
Page 112-113: Courtesy of Ewan Gibson.
Page 114: Courtesy of Serpentine Gallery © Peter Zumthor Photography: Walter Herfst.
Page 115: Courtesy of Colin Graham.
Page 116: Courtesy of Niall Bird
Page 117: Courtesy of Tim Millard.
Page 119: Courtesy of Gavin Berriman.
Page 122: Courtesy of Stephen James Dryburgh (FM+P); Courtesy of Lucinda Lee Colegate.
Page 123: Courtesy of Paul Cashin and Simon Drayson; Courtesy of Luke Sutton; Courtesy of Nick Corrie.
Pages 125-127: All images courtesy and copyright of John Pardey Architects. www.johnpardeyarchitects.com
Page 128: Courtesy of Derek Williams
Page 128-129: Courtesy of Jo Wickham
Page 129: Courtesy of Paul Craven-Bartle.
Page 130: Simon Astridge
Page 131: Courtesy of Jeremy Davies.
Page 132: Courtesy of Shaun Huddleston (Studio 2)
Page 133: Courtesy of Owen James French; Courtesy of Enrico Cacciatore.
Page 134: Courtesy of Ewan Gibson.
Page 135: Courtesy of Lucy Devereux.
Page 136: Courtesy of Luke Sutton.
Page 137: Courtesy of David Holden
Page 137: Courtesy of Claire Potter.
Page 138: Courtesy and copyright of David Mathias & Peter Williams
Page 139: Courtesy of Niall Bird.
Page 142-143: Courtesy of Luke Sutton.
Page 146: Courtesy of Nicola Crowson.
Pages 151-153: All images courtesy of Steven Holl Architects. Copyright Andy Ryan.
Page 155: Courtesy of Melissa Royle and Chris Ryder.

Chapter Five
Page 157: Courtesy of Zaha Hadid Architects.
Page 158: Courtesy of Martin Pearce.
Page 159: Courtesy of Martin Pearce.
Page 160: Courtesy of Martin Pearce.
Page 161: Courtesy of Martin Pearce.
Page 162: Courtesy of Martin Pearce.
Page 163: Courtesy of Martin Pearce.
Pages 166-167: Photographs in the Carol M. Highsmith Archive, Library of Congress, Prints and Photographs Division.
Page 168: Courtesy and copyright of Aivita Mateika (4AM).
Page 169: Copyright KarSol and courtesy of Shutterstock.com; Copyright fotokik_dot_com and courtesy of Shutterstock.com
Page 170: Courtesy of Zaha Hadid Architects.
Copyright Christian Richters.
Page 171: Courtesy of Robin Walker.
Page 173: Copyright of Simon Detjen Schmidt and courtesy of Shutterstock.com.
Page 174: Copyright of Daniel Schweinert and courtesy of Shutterstock.com
Page 175: Copyright of Giancarlo Liguori and courtesy of Shutterstock.com.
Page 176: Copyright of Cosmin Dragomir and courtesy of Shutterstock.com.
Page 177: Copyright of Jonathan Noden-Wilkinson and courtesy of Shutterstock.com.
Pages 179-181: All images courtesy of Zaha Hadid Architects.
Page 183: Courtesy of Melissa Royle and Chris Ryder.

Chapter Six
All images courtesy and copyright of 6a Architects. Photographs on pages 203 and 205 (c) David Grandorge.

Conclusion
Page 207: Courtesy and copyright of David Mathias